普通高等教育"十四五"规划教材
安徽工业大学研究生一流教材系列

多元金属氧化物纳米材料

Multi-Element Metal Oxide Nanoscale Materials

裴立宅　李俊哲　蔡征宇　编著

北 京
冶 金 工 业 出 版 社
2025

内 容 提 要

本书共分八章，系统介绍了钛酸盐纳米材料、钒酸盐纳米材料、铋酸盐纳米材料、氧化铋基纳米材料、锗酸盐纳米材料、羟基锡酸盐纳米材料、含镉氧化物纳米材料，以及含锆氧化物纳米材料的制备、表征、分析与应用，并深入介绍了国内外关于多元金属氧化物纳米材料的研究与应用的最新进展情况。

本书叙述深入浅出、信息量大、可读性强，可以作为材料科学与工程专业的研究生教材，也可以作为无机非金属材料工程、材料科学与工程、材料物理及材料化学相关专业的本科生教材，同时可供从事纳米材料及相关材料研究、生产应用的工程技术研究人员和大专院校相关专业的师生阅读参考。

图书在版编目（CIP）数据

多元金属氧化物纳米材料／裴立宅，李俊哲，蔡征宇编著. -- 北京：冶金工业出版社，2025. 2. --（普通高等教育"十四五"规划教材）（安徽工业大学研究生一流教材系列）. -- ISBN 978-7-5240-0043-3

Ⅰ. TB383

中国国家版本馆 CIP 数据核字第 2024C6U542 号

多元金属氧化物纳米材料

出版发行	冶金工业出版社	电　　话	（010）64027926
地　　址	北京市东城区嵩祝院北巷 39 号	邮　　编	100009
网　　址	www. mip1953. com	电子信箱	service@ mip1953. com

责任编辑　刘　博　美术编辑　吕欣童　版式设计　郑小利
责任校对　李欣雨　责任印制　范天娇
三河市双峰印刷装订有限公司印刷
2025 年 2 月第 1 版，2025 年 2 月第 1 次印刷
787mm×1092mm　1/16；13 印张；314 千字；200 页
定价 39.00 元

投稿电话　（010）64027932　投稿信箱　tougao@ cnmip. com. cn
营销中心电话　（010）64044283
冶金工业出版社天猫旗舰店　yjgycbs. tmall. com
（本书如有印装质量问题，本社营销中心负责退换）

前　　言

多元金属氧化物纳米材料种类繁多，是电子技术、催化、磁性器件、光学技术、传感技术、能源技术及光电技术等现代科技发展不可替代的重要基础性材料，由于其成分构成可以调控，因此在催化、纳米电子器件、纳米传感器件、纳米存储器件、纳米光学、纳米磁学及纳米光电器件等领域有着广泛的应用。

多年来，我们在进行纳米材料的研究及教学过程中认识到，由于纳米材料科学与技术的飞速发展，多元金属氧化物纳米材料的发展日新月异，在高等院校的学生中普及多元金属氧化物纳米材料的基本知识及最新进展，有利于推动纳米材料的研究、应用及专业人才的培养。本书适应新时期材料科学与工程专业建设的教材需求，作为研究生用教材，针对研究生的学习特点，将教师个人的科研成果融入教学中，培养学生从事科学研究的能力，从而使课程具有很强的实用性和专业特色，对于材料科学与工程专业研究生后续专业技能的深入学习和科学研究具有重要的意义。

本书由安徽工业大学材料科学与工程学院裴立宅教授、李俊哲副教授、蔡征宇副研究员撰写，并最终由裴立宅教授统稿。在本书撰写过程中参考了国内外学者的著作和文献，特向相关作者致谢。感谢研究生从倩敏、谢义康、刘汉鼎、杨连金、刘汉鼎、林楠、魏天、林飞飞、林楠、裴银强、薛泽洋、陶飞虎、杨永、王帅、仇方吕、宇春虎、黄剑峰、陈鸿骏在本书撰写过程中的支持与帮助。本书属于"安徽工业大学研究生一流教材系列"，特向在本书撰写、出版过程中给予帮助和支持的所有人员及其单位表示谢意。

由于编者水平有限，书中不妥之处，敬请同行、读者批评指正。

作　者

2024 年 12 月于马鞍山

目　　录

钛酸盐纳米材料

氧化物纳米材料具有良好的电学、磁学、光催化、传感特性及光学性能，在纳米光学器件、传感器件、电子器件、光电器件及光催化领域具有良好的发展前景。由于多元氧化物一维纳米材料可以通过掺杂或添加合金元素来调控其性能，因此对于多元一维氧化物纳米材料的可控合成成为研究热点之一。钛酸盐属于重要的多元氧化物材料，其纳米材料在电化学传感器、光催化、光学及纳米电子器件方面具有很好的应用前景，引起了人们的研究兴趣，主要包括钛酸钠、钛酸钡、钛酸钾、钛酸铋、钛酸锶、钛酸锂及其掺杂钛酸盐。从晶体结构来看，钛酸盐主要有两种结构类型，即含铋层状结构和钙钛矿结构。钙钛矿结构是由氧八面体组成，其中心是 B 位离子，在氧八面体内包含着大半径比的 A 位离子。因为钙钛矿结构有一个很重要的特点，即 B 位和 A 位上的离子可以被价位和粒径不同的各类离子在比较宽的浓度范围内单独或复合取代，可以在较大范围内调控材料的性能以适应各种不同应用要求，所以钙钛矿结构铁电体有着广泛的应用。含铋层状结构的钛酸盐组成依然是氧八面体，但是其晶体结构比较复杂。

1.1　钛酸铋纳米材料

钛酸铋纳米材料由于其特殊结构、形态、尺寸及纳米维度，因此具有显著增强光催化性能和降解有机污染物的能力。

1.1.1　结构特征及性能

Bi_2O_3 和 TiO_2 反应可以形成多种晶相结构的复合氧化物，例如 $Bi_4Ti_3O_{12}$、$Bi_2Ti_2O_7$、$Bi_2Ti_4O_{11}$、$Bi_{12}TiO_{20}$ 及 $Bi_{20}TiO_{32}$ 等，统称为钛酸铋化合物。在这些钛酸铋结构中均存在 TiO_6 八面体或 TiO_4 四面体，而与之相连接的 BiO_n 多面体中存在因拥有 $6s^2$ 孤对电子对而具有立体活性的 Bi^{3+} 离子，这一特殊的晶体结构和电子结构使得科研工作者对钛酸铋的光催化性能产生了广泛的研究兴趣。$Bi_{12}TiO_{20}$、$Bi_4Ti_3O_{12}$ 及 $Bi_2Ti_2O_7$ 三种钛酸铋化合物对水溶液中甲基橙的降解脱色具有较强的光催化活性，表明这些钛酸铋化合物具有半导体光催化剂的特性，其中 $Bi_{12}TiO_{20}$ 的光催化活性最强。采用固相法能够制备出 $Bi_{12}TiO_{20}$ 和 $Bi_4Ti_3O_{12}$ 粉末，并以 3% 的甲基橙溶液作为目标污染物，在紫外光的照射下，这两种钛酸铋粉末分别在 1.5 h 和 4 h 的照射后获得了良好的光催化降解效果。此外，科研工作者还进行了 Ba 掺杂 $Bi_{12}TiO_{20}$ 的研究，结果表明掺杂质量分数为 0.5% 的 Ba 可以显著提高 $Bi_{12}TiO_{20}$ 的光催化活性。

1.1.2　钛酸铋纳米材料的制备

由于钛酸铋系化合物在可见光下具有良好的光催化性能，因此近年来科研工作者采用多种方法合成了钛酸铋系化合物。钛酸铋系化合物的制备方法主要有固相法和液相法两种，其中固相法应用较少，主要使用液相法。液相法首先选择一种或多种合适的可溶性金属盐，根据所制备的材料组成计量配制成溶液，使各元素呈离子或分子态；然后选择一种合适的沉淀剂，通过蒸发、升华、水解等过程，使金属离子均匀沉淀结晶；最后将沉淀或结晶脱水或者加热分解从而得到钛酸铋低维纳米材料。液相法主要有沉淀法、水热合成法、化学溶液分解法和微乳液法等。

1.1.2.1 沉淀法

沉淀法是在溶液中添加适当的沉淀剂，使得溶液中的阳离子形成各种形式的沉淀物，再经过滤、洗涤、干燥及加热分解等过程得到纳米粉末，也可以借助表面活性剂控制颗粒生长和防止颗粒团聚，获得纳米粉末。沉淀法是目前实验室和工业上广泛使用的一种合成纳米材料的方法，分为共沉淀法、均相沉淀法及络合沉淀法。以五水硝酸铋 [$Bi(NO_3)_3 \cdot 5H_2O$]、五氧化二钒和钛酸四丁酯[$(C_4H_9O)_4Ti$] 作为原料，稀硝酸和浓氨水作为沉淀剂，通过共沉淀法能够制备出钒掺杂钛酸铋纳米粉末，合成温度与固相法相比降低了250 ℃，所得钒掺杂钛酸铋纳米粉末的颗粒尺寸 50~100 nm。以五水硝酸铋、钛酸四丁酯及硝酸为原料，通过共沉淀过程，并于 550~650 ℃ 温度条件下煅烧能够制备出 $Bi_{12}TiO_{20}$ 晶相的钛酸铋纳米粉末，在 500 ℃、550 ℃ 及 650 ℃ 温度条件下煅烧后所得钛酸铋纳米粉末的颗粒尺寸分别为 50 nm、61 nm 及 70 nm。固体紫外-可见光漫反射光谱结果显示，所得钛酸铋纳米粉末的吸收边为 450 nm，相应半导体带隙为 2.75 eV。光催化特性研究表明：以钛酸铋纳米粉末作为光催化剂，分别在紫外光及可见光的照射下，在水溶液中可以有效光催化降解苯酚，在 550 ℃ 温度条件下所得钛酸铋纳米粉末的光催化降解苯酚的效果最好。

1.1.2.2 水热合成法

水热合成法是指在密封反应器（如高压釜）中，以水溶液作为反应介质，通过对反应体系加热到达或接近临界温度而产生高压，从而制备出低维纳米材料的一种有效方法。以四氯化钛、硝酸铋作为原料，乙醇作为溶剂，氢氧化钠作为矿化剂，通过水热过程能够合成出 $Bi_4Ti_3O_{12}$ 钙钛矿结构的钛酸铋纳米粉末。以 $Bi(NO_3)_3 \cdot 5H_2O$ 和钛酸四丁酯作为原料，氢氧化钾作为矿化剂，控制矿化剂浓度、反应温度和反应时间等水热条件，通过水热法能够制备出纯度高、结晶度好、具有良好的分散性及尺寸为 10 μm 的 $Bi_{12}TiO_{20}$ 单晶，紫外-可见光分析结果显示，所得钛酸铋粉末在紫外光区和可见光区均具有良好的光吸收性能。

以硝酸铋、钛酸四丁酯作为原料，在碱性氢氧化钾溶液中通过水热过程，于180 ℃ 保温 24 h 制备出了层状 $Bi_4Ti_3O_{12}$ 晶相的钛酸铋纳米球状结构，纳米球的平均尺寸约 50 nm，氢氧根离子对于控制钛酸铋纳米球状结构的成核与生长起到了关键作用。紫外-可见光漫反射光谱显示，所得钛酸铋纳米球状结构的带隙为 2.79 eV，表明此种球状结构可以吸收可见光。以钛酸铋纳米球状结构作为光催化剂，在可见光照射下可以有效降解甲基橙，光催化降解甲基橙的稳定性好，比氮掺杂二氧化钛具有更好的光催化降解能力。以 $Bi(NO_3)_3 \cdot 5H_2O$、$Ti(OC_3H_7)_4$ 作为原料，聚乙烯醇（PVA）作为表面活性剂，将 pH 值调至 14，于

150~180 ℃保温 0~48 h，通过水热过程能够制备出不同形貌的钛酸铋纳米结构，例如钛酸铋纳米球、纳米线、微米级花状结构及球状结构。随着水热温度从 150 ℃增加至 180 ℃，所得钛酸铋产物由纳米球状形貌转变为了微米级花状结构、纳米线及微球状结构，通过奥斯特瓦尔德熟化水热机制可以解释这些钛酸铋纳米结构的形成与生长。与块体钛酸铋相比，这些钛酸铋纳米结构在可见光照射下，在光催化降解罗丹明 B（RhB）时具有更好的光催化降解能力，其光催化性能与钛酸铋的形态、尺寸及晶相密切相关。

　　以硝酸铋、钛酸四丁酯为原料，23 mL 的反应釜作为反应容器，在碱性溶液条件下，通过水热过程于 180 ℃保温 24 h 制备出 $Bi_{12}TiO_{20}$ 晶相的钛酸铋纳米棒，所得钛酸铋纳米棒的直径为 50~100 nm。通过调整水热溶液中 OH^- 浓度可以控制一维纳米材料的长径比，OH^- 在水热溶液中对于钛酸铋纳米棒的形成与生长起到了表面活性剂的作用。钛酸铋纳米棒的紫外-可见光漫反射光谱表明其带隙为 2.58 eV，低于块体钛酸铋的带隙（2.83 eV），说明纳米化后的钛酸铋的吸收边出现了明显的红移。在可见光的照射下，以钛酸铋纳米棒作为光催化剂，在水溶液中可以有效降解 RhB，具有良好的光催化活性。以硝酸铋、钛酸四丁酯为原料，PVA 作为表面活性剂，调节氢氧化钾溶液 pH 值至 14，通过水热过程可以制备出立方 $Bi_{12}TiO_{20}$ 晶相的单晶钛酸铋纳米线，所得纳米线为弯曲形貌，长度 1~10 μm，直径分布范围窄，平均直径约 50 nm。与块体钛酸铋相比，钛酸铋纳米线光催化降解甲基橙时具有更好的光催化降解能力。

　　以钛酸四丁酯作为钛源、乙酸铋作为铋源，未添加任何表面活性剂，采用简单的水热过程能够制备出钛酸铋纳米棒，通过奥斯特瓦尔德熟化机制能够解释钛酸铋纳米棒的形成与生长。所得钛酸铋纳米棒具有立方 $Bi_2Ti_2O_7$ 晶相（图 1-1，JCPDS 卡，PDF 卡号：32-0118），强烈的衍射峰说明所得钛酸铋纳米棒具有良好的结晶度。此种立方 $Bi_2Ti_2O_7$ 晶相与采用硝酸铋、异丙氧基钛作为原料，控制溶液的 pH 值，通过水热过程获得的钛酸铋纳米棒的晶相是相同的。从低倍率的 SEM 图像［图 1-2（a）］可以观

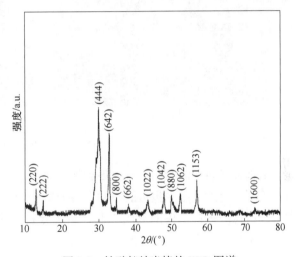

图 1-1　钛酸铋纳米棒的 XRD 图谱

察到产物由棒状结构构成，更高倍率的 SEM 图像［图 1-2（b）］显示，所得钛酸铋纳米棒的直径和长度分别是 50~200 nm 和 2 μm。整根纳米棒的直径较均匀，从图中没有观察到其他形态的纳米结构，说明此法所得产物为形态单一的钛酸铋纳米棒。图 1-3（a）所示为钛酸铋纳米棒的 TEM 图像，与 SEM 的观察结果是一致的。HRTEM 图像［图 1-3（b）］表明，所得钛酸铋纳米棒具有良好的单晶结构，此种单晶结构与文献中报道的钛酸铋纳米球、纳米线、微米级花状结构和微球形貌的单晶结构是一致的。

　　制备参数对于钛酸铋的形貌控制具有重要作用，采用乙酸铋、钛酸异丙酯作为原料，通过水热过程能够制备出多种纳米形貌的钛酸铋结构，通过控制水热参数，例如水热温

(a) 低倍率　　　　　　　　　　　　　　　(b) 高倍率

图 1-2　钛酸铋纳米棒不同放大倍数的 SEM 图像

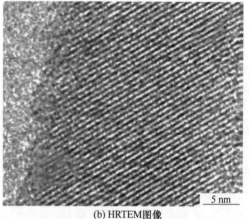

(a) TEM图像　　　　　　　　　　　　　　(b) HRTEM图像

图 1-3　钛酸铋纳米棒的透射电子显微镜图像

度、溶剂种类及保温时间，可以得到钛酸铋纳米球、纳米线、微米级花状结构及微球。然而，不同于上述文献中报道的不同形貌的钛酸铋，此种产物为单一形态的钛酸铋纳米棒。为了分析钛酸铋纳米棒的形成机制，系统分析了水热生长条件对钛酸铋纳米棒形成的影响。于 180 ℃保温 0.5 h 所得产物主要由短棒结构构成，这些短棒的直径与长度分别为 30~50 nm 和 400 nm，这些尺寸远低于 180 ℃保温 24 h 所得钛酸铋纳米棒的直径与长度。当保温时间为 6 h 时，所得产物全部由钛酸铋纳米棒构成，产物中没有观察到纳米颗粒，纳米棒的直径与长度分别为 50 nm 和 800 nm。随着保温时间进一步增加至 12 h，所得钛酸铋纳米棒的直径与长度分别增加到 50~100 nm 和 1 μm。于 80 ℃保温 24 h 所得产物主要由纳米颗粒构成，然而，从产物中也观察到了少量的纳米棒，直径与长度分别约 30 nm 和 300 nm。这些纳米颗粒被认为是形成钛酸铋纳米棒的晶核。当制备温度增加至 120 ℃保温 24 h 时，所得产物中的纳米棒含量明显增加，纳米棒的直径和长度明显增加，分别为 60 nm 和 1 μm。图 1-4 所示为钛酸铋纳米棒的形成过程示意图。在水热反应的初始阶段，钛酸四丁酯水解形成了氢氧化钛，氢氧化钛和乙酸铋反应生成了钛酸铋，钛酸铋从水热溶液中析出形成了钛酸铋晶核。在低水热温度（80 ℃）和保温时间较短（0.5 h）时，根据奥斯特瓦尔德熟化过程，从钛酸铋晶核中形成了短的钛酸铋纳米棒。随着水热温度和反应时间的增加，纳米棒逐渐生长，最终形成了具有一定长度的钛酸铋纳米棒。

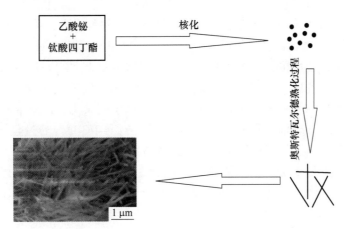

图 1-4 钛酸铋纳米棒的形成过程示意图

1.1.2.3 化学溶液分解法

化学溶液分解法（Chemical Solution Decomposition，CSD）是在溶胶-凝胶法（Sol-gel）和金属有机物分解法（Metal Organic Decomposition，MOD）基础上发展起来的一种合成低维纳米材料的方法。这种方法采用的原料为金属无机盐或无机盐和有机化合物，不需要发生水解缩聚反应形成前驱体溶液。CSD 法具有可以有效控制产物的结构、均匀性，以及制备过程简单、成本较低等特点。以钛酸四丁酯和硝酸铋为原料，采用化学溶液分解法可以制备出 $Bi_{12}TiO_{20}$ 多晶纳米粉末，对钛酸铋多晶纳米粉末的吸光性和对有机染料的光催化降解的研究结果显示，所得钛酸铋多晶纳米粉末在宽广的波长范围（385～560 nm）内对紫外光和可见光具有强烈的吸收特性。以硝酸铋、钛酸四丁酯为原料，乙酸为溶剂，于 100 ℃、保温 10 min，然后于 400～700 ℃、保温 20 min 制备出了立方结构的 $Bi_{12}TiO_{20}$ 钛酸铋纳米粉末，颗粒尺寸20～110 nm。

1.1.2.4 微乳液法

微乳液法是指两种互不相溶的溶剂在表面活性剂的作用下形成乳液，在微乳液中经过成核、聚结及团聚，经热处理获得纳米粉末。微乳液通常由表面活性剂、溶剂和水组成，由于微乳液能对纳米材料的粒径和稳定性进行有效控制，限制了纳米粒子的成核、生长、聚结及团聚等过程，从而使得形成的纳米粒子表面包裹一层表面活性剂，并有一定的凝聚态结构。以聚乙烯醇壬基苯酚醚（OP）作为乳化剂，环己烷为油相，正丁醇为助剂，硝酸铋和硫酸钛分别作为铋源和钛源，采用反相微乳液法合成 $Bi_4Ti_3O_{12}$ 晶相的钛酸铋纳米粉末。结果显示与传统共沉淀法所制备出的钛酸铋纳米粉末相比，此法所合成的钛酸铋纳米颗粒不仅尺寸较小（35 nm），而且形状规则，粒径分布均匀，所得钛酸铋纳米粉末在可见光区具有良好的可见光吸收特性。

1.1.2.5　其他方法

学术界除了采用沉淀法、水热合成法、化学溶液分解法及微乳液法制备出钛酸铋低维纳米材料外，还有关于采用其他方法制备钛酸铋纳米材料的报道。通过气相诱导自组生长过程（EISA）能够制备出微孔钛酸铋纳米粉末。此种方法以硝酸铋、普兰尼克 P-123 作为原料，添加乙酸、乙酸酐及乙酰丙酮，于 100 ℃保温24 h，再于 180 ℃保温 12 h，最后于 380 ℃煅烧 5 h 制备出 $Bi_{20}TiO_{32}$ 微孔钛酸铋纳米粉末。紫外-可见光漫反射光谱分析显示，所得微孔钛酸铋纳米粉末的带隙为 2.5 eV，远低于三氧化二铋的带隙（2.8 eV），在可见光照射下可以有效光催化降解 2，4-二氯苯酚（2，4-DCP）。通过金属-有机聚合前驱体制备过程也可以制备出钛酸铋纳米粉末。此种方法以硝酸铋、柠檬酸为原料首先合成柠檬酸铋，然后与钛酸四丁酯、乙二醇及氨水混合于 60 ℃保温 12 h 得到含铋、钛源的凝胶，最后于 100 ℃干燥可以得到钛酸铋纳米粉末，所得钛酸铋纳米粉末的尺寸分布范围窄，尺寸 11~46 nm。

1.1.3　不同晶相种类的钛酸铋

1.1.3.1　$Bi_{12}TiO_{20}$

采用水热方法能够制备出由纳米线构成的 $Bi_{12}TiO_{20}$ 三维网状钛酸铋纳米结构，所得钛酸铋纳米结构经可见光照射 180 min 后，RhB 的降解率可达 96%，表明 $Bi_{12}TiO_{20}$ 晶相的钛酸铋纳米结构具有良好的光催化活性。采用水热方法可以制备出由纳米棒构成的 $Bi_{12}TiO_{20}$ 晶相的钛酸铋微米花，以所制备的 $Bi_{12}TiO_{20}$ 微米花作为光催化剂，经可见光照射 120 min 后，RhB 的降解率可达 92%。

1.1.3.2　$Bi_2Ti_2O_7$

通过水热方法在合成 $Bi_{12}TiO_{20}$ 晶相的钛酸铋纳米棒的同时，通过控制矿化剂 KOH 的浓度，可以制备出直径可控的 $Bi_2Ti_2O_7$ 晶相的纳米棒构成的钛酸铋微米球，钛酸铋纳米棒的直径 200~750 nm，此种钛酸铋微米球可以吸收可见光，在可见光照射下具有良好的光催化活性。钛酸铋微米球在 RhB 水溶液中，经可见光照射 180 min 后，RhB 的降解率可达 91%。采用静电纺丝技术能够制备出 TiO_2 纤维，然后以 TiO_2 纤维作为反应物和模板，通过原位水热合成了 $Bi_2Ti_2O_7$ 和 TiO_2 复合纤维纳米材料，在可见光照射下，其光催化活性比纯相 TiO_2 纤维的光催化活性明显提高。

通过水热法能够制备出立方 $Bi_2Ti_2O_7$ 晶相的钛酸铋纳米棒。通过固体 UV-Vis 漫反射光谱分析钛酸铋纳米棒的光学性能，如图 1-5 所示。根据方程式 $E_g = 1240/\lambda_g(eV)$ 计算所得钛酸铋纳米棒的带隙为 2.58 eV。钛酸铋纳米棒的带隙远低于氧化锌和氧化钛的带隙。有文献报道，块体钛酸铋的带隙为 2.83 eV，与块体钛酸铋相比，钛酸铋纳米棒的吸收边出现了红移。层状钙钛矿 $Bi_4Ti_3O_{12}$ 结构的钛酸铋微球的带隙为 2.79 eV，$Bi_{12}TiO_{20}$ 晶体的带隙为 2.75 eV，于 600 ℃煅烧所得 $Bi_{12}TiO_{20}$ 晶体的带隙为 2.78 eV。因此，钛酸铋纳米棒的带隙小于微米级钛酸铋晶体的带隙。钛酸铋纳米棒小的带隙说明钛酸铋纳米棒可以吸收可见光，在可见光催化降解有机污染物方面具有良好的应用前景。

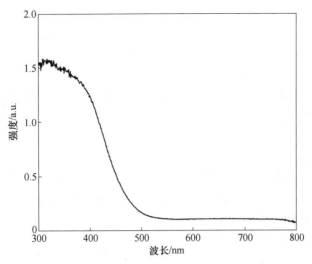

图 1-5 钛酸铋纳米棒的固体 UV-Vis 漫反射光谱

MB 和 RhB 是两种重要的有机染料污染物，经常作为有机污染物模型来评估光催化剂的催化性能，以氧化锌和氧化钛作为光催化剂，在紫外光照射下可以有效光催化降解 MB 和 RhB。然而，在可见光照射下，MB 和 RhB 难以被降解。到目前为止，一些研究者已经分析了可见光光催化降解 MB 和 RhB 的光催化活性，例如以硫化镉复合二氧化钛纳米晶作为光催化剂，在可见光照射下光催化降解 MB。由于二氧化钛基光催化剂在可见光下的光催化降解效率有限，因此有必要探索在可见光照射下具有高光催化活性的光催化剂，高效率地降解有机污染物具有重要的研究意义。

首先以钛酸铋纳米棒作为光催化剂，分析了在太阳可见光照射下，钛酸铋纳米棒光催化降解 MB 的光催化性能。作为对比，分别以不同的光催化剂在不同的光催化条件下，例如只用钛酸铋纳米棒未使用光照和只采用太阳光（5 月中午时分）光照而未使用钛酸铋纳米棒，以及采用商业二氧化钛作为光催化剂，在可见光照射下等 3 种光催化下对 MB 的光催化降解性能进行了对比分析，结果如图 1-6 所示。图 1-6 所示为以钛酸铋纳米棒作为光催化剂，采用太阳可见光光照处理 MB 不同时间后，所得 MB 溶液的 UV-Vis 吸收光谱。

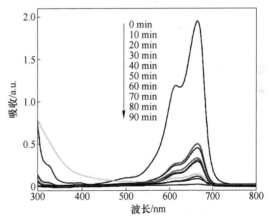

图 1-6 以钛酸铋纳米棒作为光催化剂，采用太阳可见光照射处理 MB 不同时间后所得 MB 溶液的 UV-Vis 吸收光谱

初始 MB 浓度和钛酸铋纳米棒用量分别为 10 mg/L 和 10 mg/10 mL。MB 溶液的 UV-Vis 吸收光谱的最强吸收峰位于 665 nm 处，随着太阳可见光光照时间的增加，光催化处理后 MB 溶液最强吸收峰的强度明显降低。经太阳可见光光照处理 90 min 后，MB 溶液的浓度降至 0 mg/L，MB 溶液的颜色从深蓝色变为无色。此结果说明，钛酸铋纳米棒在太阳可见光光照下，可以完全降解 MB。图 1-7 所

示为不同光催化条件下处理前后 MB 溶液的浓度比率（C/C_0）。仅以钛酸铋纳米棒作为光催化剂，未采用可见光光照处理，在黑暗条件下研究了光催化降解 MB 的光催化活性。从 C/C_0 浓度比率与时间的关系曲线（图 1-7）可以看出，以钛酸铋纳米棒作为光催化剂，未采用可见光光照处理后 MB 是稳定的。以商用二氧化钛作为光催化剂，经太阳可见光光照处理 90 min 后，MB 的降解率可以达到 21.85%。为了分析二氧化钛作为光催化剂，光催化降解 MB 的原因，仅通过太阳可见光照射，而未添加任何光催化剂分析 MB 的脱色行为。从图 1-7 中可以看出，仅以可见光照

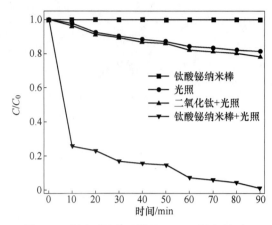

图 1-7　采用可见光照射处理 MB 不同时间与
未处理前 MB 溶液的浓度比率

射，MB 的降解比率与使用二氧化钛时的 MB 降解比率几乎相同。此结果表明，在太阳可见光照射下，二氧化钛对于 MB 没有光催化活性。因此，二氧化钛在太阳可见光照射下的光催化降解 MB 的效果有限。

下面进一步研究钛酸铋纳米棒的用量对光催化降解 MB 的影响。太阳可见光光照时间和 MB 溶液的浓度分别为 90 min 和 10 mg/L。随着钛酸铋纳米棒的质量分数（下文又称为浓度）从 50%（10 mg/10 mL MB 溶液）降低到 20%（2.5 mg/10 mL MB 溶液），MB 的降解率减少到 89.76%。此结果说明，钛酸铋纳米棒的用量对于光催化降解 MB 具有重要作用。虽然采用钛酸铋纳米棒光催化降解 MB 的机制尚不清楚，但是光催化结果显示，在可见光照射下，钛酸铋纳米棒可以较容易地光催化降解 MB。钛酸铋纳米棒属于氧化物半导体，氧化物半导体的光催化降解过程是直接吸收光子的光催化反应过程，这一过程类似于半导体的表面敏化过程。MB 分子作为一种光敏剂，不仅有利于产生氧气，还可以形成超氧自由基或者羟基自由基。由于羟基自由基具有强烈的氧化电势，因此可以氧化分解 MB 等有机污染物。在太阳可见光照射下，钛酸铋纳米棒可以光催化降解 MB，提高光催化降解效率。钛酸铋纳米棒表面吸附的水分子可能与价带中的电子反应形成羟基自由基，并释放出氢离子，因此在太阳可见光照射下，钛酸铋纳米棒可以直接诱导 MB 的光催化降解过程。

电子-空穴对具有强烈的氧化还原能力，钛酸铋纳米棒表面产生的电子-空穴对使其拥有很强的还原能力，增强了降解 MB 的光催化性能，使得 MB 分子被还原为 SO_4^{2-}、NH_4^+ 和 NO_3^- 离子。在目前的光催化反应系统中，钛酸铋纳米棒被可见光照射前将钛酸铋纳米棒与 MB 溶液进行混合。因此，光催化反应过程中第一步是将 MB 分子吸附于钛酸铋纳米棒的表面，吸附有 MB 分子的钛酸铋纳米棒在可见光照射下能够形成超氧自由基及羟基自由基。MB 的光催化降解反应过程如式（1-1）~式（1-3）所示。

$$\text{钛酸铋纳米棒} \longrightarrow \text{钛酸铋纳米棒}(h^+ + e^-) \qquad (1\text{-}1)$$

$$H_2O + h^+ \longrightarrow \cdot OH + H^+ \qquad (1\text{-}2)$$

$$O_2 + e^- \longrightarrow O_2^- \qquad (1\text{-}3)$$

在式（1-1）中，导带中产生了电子，价带中产生了空穴；式（1-2）为水分子被空穴的氧化过程。MB 分子被羟基自由基氧化的反应方程式如下。

$$MB + O_2 \rightarrow HCl + H_2SO_4 + HNO_3 + CO_2 + H_2O \tag{1-4}$$

与钛酸铋纳米棒光催化降解 MB 的光催化性能相似的是，在可见光照射下，钛酸铋纳米棒在光催化降解 RhB 方面也具有良好的光催化性能。图 1-8 所示为以钛酸铋纳米棒作为光催化剂，采用太阳可见光照射处理 RhB 不同时间后所得 RhB 溶液的 UV-Vis 吸收光谱，从图中可以看出，随着光照时间的增加，紫外光吸收峰强度显著降低。仅以钛酸铋纳米棒作为光催化剂，而未使用可见光光照，在黑暗条件下处理 RhB 溶液 120 min 后，所得 RhB 溶液的浓度与处理前没有变化（图 1-9）。有文献报道了在没有使用任何光催化剂的条件下，仅在可见光照射下，处理后的 RhB 溶液浓度与处理前出现了微小的变化，经分析认为这种微小变化是由于 RhB 溶液的汽化引起的。作为对比，采用不同的光催化条件，例如仅采用可见光而未使用光催化剂和同时采用可见光照射及商业二氧化钛粉末两种光催化条件，研究了光催化降解 RhB 溶液的光催化性能。仅以可见光照射而未采用光催化剂处理 RhB 溶液 120 min 后，RhB 溶液的浓度与光催化处理前几乎是相同的，此结果说明仅采用可见光照射处理而未添加光催化剂时，RhB 不能被光催化降解，可见光对 RhB 没有光催化降解作用，这与上述文献中的报道结果是一致的。以商业二氧化钛粉末作为光催化剂，在可见光照射 120 min 后，RhB 的光催化降解比率仅有 9.76%。因此，钛酸铋纳米棒在可见光照射条件下，引起了 RhB 的光催化降解，这可能是由光生电子、空穴的分离与光催化反应引起的。

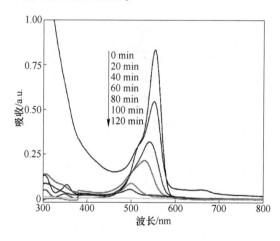
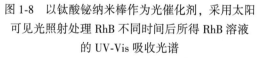

图 1-8　以钛酸铋纳米棒作为光催化剂，采用太阳可见光照射处理 RhB 不同时间后所得 RhB 溶液的 UV-Vis 吸收光谱

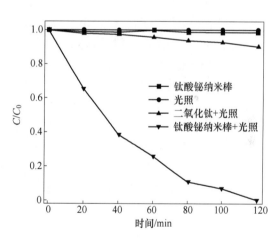

图 1-9　采用可见光照射处理 RhB 不同时间与未处理前 RhB 溶液的浓度比率

与钛酸铋纳米棒光催化降解 MB 的光催化机制类似，钛酸铋纳米棒光催化降解 RhB 的过程与钛酸铋纳米棒表面产生的光生电子与光生空穴密切相关。固体 UV-Vis 漫反射光谱结果显示，钛酸铋纳米棒属于典型的半导体。在典型的有机污染物光催化降解过程中，当半导体光催化剂被一定波长的光照射时，光生电子可以从价态转移至导带，并在价态中形成空穴，于是光生空穴可以形成羟基自由基，这种羟基自由基可以氧化有机污染物。光

生导带中的电子（e^-）可能与溶液中溶解的氧分子反应，形成过超氧自由基（$\cdot O_2^-$），于是在光生过氧羟自由基（HO_2^-）产生的氢氧根离子（OH^-）强烈的氧化作用下，RhB被分解。

1.1.3.3 $Bi_{20}TiO_{32}$

由于 $Bi_{20}TiO_{32}$ 光催化剂的带隙为 2.38 eV，低于二氧化钛和三氧化二铋的带隙，因此 $Bi_{20}TiO_{32}$ 可以吸收宽范围波段的可见光，具有更强的光催化性能。$Bi_{20}TiO_{32}$ 纳米片经太阳光照射 90 min 后，对含偶氮基有机污染物的降解率高达 98.7%。

1.1.3.4 $Bi_4Ti_3O_{12}$

在 $Bi_4Ti_3O_{12}$ 晶相的钛酸铋纳米材料的制备和光催化性能研究方面，采用化学溶液分解法能够制备出包括 $Bi_4Ti_3O_{12}$ 及锌掺杂的钛酸铋光催化剂，但是采用化学溶液分解法难以可控合成不同形貌的纳米钛酸铋，此种纳米钛酸铋具有良好的光催化活性。

1.1.3.5 $Bi_4Ti_3O_{12}$ 及稀土掺杂 $Bi_4Ti_3O_{12}$

通过水热法可以制备出 $Bi_4Ti_3O_{12}$ 晶相的钛酸铋纳米片和直径可控的 $Bi_4Ti_3O_{12}$ 晶相的钛酸铋微米球，通过控制 OH^- 的浓度可以控制钛酸铋微米球的直径，其直径为 200 ~ 800 nm。所得 $Bi_4Ti_3O_{12}$ 微米球具有良好的可见光光催化活性，甲基橙降解率可达 80%，其可见光光催化活性相较于传统的光催化剂 TiO_2 要高得多。

采用水热法能够制备出 $Bi_{3.25}La_{0.75}Ti_3O_{12}$ 纳米线及 $Bi_{3.25}La_{0.75}Ti_3O_{12}$ 纳米片，所得纳米线的直径约 25 nm，长度可达数微米，其长径比约 40，纳米线内部由平均尺寸约 4 nm 的球形纳米颗粒构成。La 掺杂可以进一步减少光生电子和空穴的复合概率，更有利于提高光催化剂的光催化活性。La 掺杂能够明显提高钛酸铋的光催化活性，在可见光照射 360 min 后，甲基橙的降解率从 80% 提高到 95%。通过控制 OH^- 的浓度可以可控合成不同形貌的纳米 $Bi_{3.25}La_{0.75}Ti_3O_{12}$。在低的 OH^- 浓度下，仅得到纳米颗粒，提高 OH^- 的浓度，这些纳米颗粒聚集并且长大而形成纳米片。进一步提高 OH^- 的浓度，形成的单一纳米线结构的光催化活性显著提高，当可见光照射 360 min 后，$Bi_{3.25}La_{0.75}Ti_3O_{12}$ 纳米片和纳米线对甲基橙的降解率可达 93% 和 96%。

钛酸铋系低维纳米材料光催化剂在可见光区的光催化活性虽然较二氧化钛已有明显提高，但其光量子效率依然不高，离实际应用仍存在较大距离。提高钛酸盐光催化活性的本质是提高钛酸盐的可见光吸收能力，而关键在于抑制光生电子和空穴的复合概率。目前大多数研究通过改进合成方法、复合和掺杂等手段来提高钛酸铋光催化剂的活性，但对其光学性能、能带结构及降解机理仍然需要系统研究。

1.2   钛酸锂纳米材料

1.2.1   结构特征及性能

钛酸锂（$Li_4Ti_5O_{12}$）具有尖晶石结构，20 世纪 70 年代作为超导材料进行了大量研究，20 世纪 80 年代末曾作为锂离子电池的正极材料进行了研究，但因为相比于锂电位偏低，能量密度也较低，理论容量为 175 mA·h/g，所以未引起人们的广泛关注。$Li_4Ti_5O_{12}$ 是一种金属锂和低电位过渡金属钛的复合氧化物，属于 AB_2X_4 系列，具有缺陷的尖晶石结构，属于固溶体 $Li_{1+x}Ti_{2-x}O_4$（$0.5<x<1$）体系，可写为 $[Li_{1/3}Ti_{5/3}]O_4$，立方体结构，晶胞参数 a 为 0.836 nm，空间群为 Fd3m，具有锂离子的三维扩散通道，为不导电的白色晶体，在空气中可以稳定存在，其中构成面心立方 FCC 点阵，在 32e 位置，一部分 Li^+ 位于 8a 的四面体间隙位中，剩余的 Li^+ 和 Ti^{4+} 以 1:5 的比例位于 16d 的八面体间隙中，因此可按结构将其描述为 $[Li_{1/3}Ti_{5/3}]_{16d}[O_4]_{32}$。

电极活性材料都应是电子和离子混合导电化合物，离子导电的本质是离子在固体晶格中的长程移动。在可嵌锂反应的锂离子电池活性材料中，嵌入离子 Li^+ 在离子通道中的扩散是通过空位跃迁或离子填隙跃迁的方式进行的。在 Li^+ 迁移的同时，固体化合物的主体晶格不断发生化学组成和电化学性质的变化。$Li_4Ti_5O_{12}$ 虽然导电性差，但是具有较好的 Li^+ 导电性，当外来的 Li^+ 嵌入尖晶石结构中时，进入四面体 8a 附近的八面体 16c 位置，而 $Li_4Ti_5O_{12}$ 晶格中原位于 8a 的 Li^+ 也开始迁移到 16c 位置，最后所有的 16c 位置都被 Li^+ 占据，形成了 NaCl 岩盐相 $[Li_{1/3}Ti_3]_{16}d[O_4]_{32}$。随着 Li^+ 嵌入量的增加，$Li_4Ti_5O_{12}$ 由绝缘体逐渐转化成导电性能良好的 $Li_7Ti_5O_{12}$。由于 Ti^{3+} 出现，$Li_2[Li_{1/3}Ti_{5/3}]O_4$ 电子导电性较好，电导率约 10 S/cm。反应前后晶格参数 a 变化很小，从 0.836 增加到 0.837，这种变化属于可逆过程，称为"零应变"电极材料。在充放电过程中钛酸锂的结构稳定，使钛酸锂成为安全及长寿命锂离子电池极有潜力的电极材料。

1.2.2　钛酸锂纳米材料的制备

钛酸锂的制备方法主要有固相反应法、溶胶-凝胶法和水热离子交换合成法。

1.2.2.1　固相反应法

固相反应法的反应原理和制备工艺比较简单，具有可以规模化生产的优势，是目前材料制备的首选方法。为采用此种方法制备钛酸锂时，所用钛源主要为二氧化钛，分为无定形、锐钛矿型及金红石型 3 种晶体结构，锂源主要为 Li_2CO_3、LiOH 和 $LiNO_3$ 或者三者的混合物。通过对比实验和正交实验等方法，可以探索钛酸锂的制备工艺，影响钛酸锂制备的重要因素包括反应时间、温度、$n(Li)/n(Ti)$ 摩尔比、原料特性及混料工艺、烧结气氛等。固相反应受扩散过程控制，在一定反应温度下，反应时间越长，晶体生长越完整，晶粒越大，所得钛酸锂的循环容量也越大，但是与小尺寸的钛酸锂晶体相比，粗晶粒的锂离子嵌入反应路径较长，不利于大电流充放电。因此，要合成高性能的钛酸锂，必须在不同的反应温度下选择合适的煅烧时间。

$Li_4Ti_5O_{12}$ 属于半导体材料，尺寸大的颗粒不利于锂离子的传输，在较大的放电倍率下充放电时将产生大的浓差极化，使比容量降低。以 LiOH 和锐钛矿型 TiO_2 作为原料，分别在 600 ℃、700 ℃、800 ℃及 900 ℃下保温 12 h 可以制备出钛酸锂，600 ℃下所得产物含有大量未反应完的 TiO_2。随着烧结温度的增加，三维结构的 $Li_4Ti_5O_{12}$ 结晶度明显增加，锂在其中的迁移可逆性也增加。因此，$Li_4Ti_5O_{12}$ 的制备温度一般控制在 800～1000 ℃、煅烧时间 12～36 h。含锂化合物在高温下都存在锂的挥发问题，为弥补损失，一般使含锂化合物过量8%。传统固相反应法制备出的钛酸锂存在团聚现象，粒径分布不均匀、颗粒较大，内电阻和极化往往较大。从混料工艺入手改进传统的固相反应方法，采用高能行星式球磨或振荡研磨等机械法混料，可以得到颗粒细小，甚至纳米级的非晶态产物，有效提高了钛酸锂的电化学性能，并且使烧结温度明显降低，减少了高温下由于挥发而导致的锂损失。烧结气氛也是钛酸锂制备的重要影响因素之一，主要有惰性气氛、还原气氛（氢气）和氧化气氛（空气和纯氧）。在烧结制备低价态材料时必须使用惰性甚至还原气氛，而 $Li_4Ti_5O_{12}$ 的合成原料中元素均为最高价态，此合成反应为复合反应，而非氧化还原反应，可以在空气中烧结，但当进行碳的掺杂包覆时则必须采用惰性或还原气氛。以二氧化钛、氢氧化锂为原料，添加 HCl，在反应釜内于 160 ℃保温 48 h 制备出了单晶 $Li_4Ti_5O_{12}$ 纳米粉末，所得钛酸锂纳米粉末的颗粒尺寸约 40 nm。由于锂离子扩散路径的减少，导致在高电流充放电后，钛酸锂纳米粉末的电荷输运电阻明显降低。

1.2.2.2 溶胶-凝胶法

溶胶-凝胶法是制备纳米级 $Li_4Ti_5O_{12}$ 的主要方法，由于电极材料粒径越小粒度分布越均匀，电极各部位电阻、电流密度及反应状态就越稳定，对电极的整体性能越有利，因此在大电流下具有更高的电容。溶胶-凝胶法具有以下优点：（1）化学均匀性好，由金属盐制成的溶胶可以达到原子级均匀分布；（2）化学计量比可以精确控制；（3）热处理温度降低、时间缩短；（4）可以制备成纳米粉体和薄膜；（5）通过控制溶胶凝胶制备参数，可以实现对材料结构的精确控制。溶胶-凝胶法制备钛酸锂常用的钛源为钛酸四丁酯，也常用 TiC 等无机物作为钛源，锂源常用乙酸锂、LiOH 及 $LiNO_3$。制备过程是将原料分别溶于无水乙醇、异丙醇等有机溶剂中，并以乙酸或柠檬酸作为螯合剂，将原料在 50～70 ℃的水浴中缓慢滴加混合，并强烈搅拌，得到透明的溶胶，再经陈化、煅烧得到钛酸锂。溶液初始 pH 值、络合剂用量及烧结温度等制备条件对溶胶-凝胶法合成的 $Li_4Ti_5O_{12}$ 的形成与纯度有着重要影响。有文献报道了钛酸锂的最佳工艺条件：溶液 pH 值为 8、脱水温度为 70～80 ℃及煅烧温度为 800 ℃，此法所得钛酸锂的粒度分布均匀且尺寸小，具有良好的高倍率充放电性能，5 ℃时充放电容量可达 100 mA·h/g。

1.2.2.3 水热法

水热法是制备电极材料较常见的湿法合成法。张治安等采用水热法，于 130～200 ℃的水热条件下制备出 $Li_4Ti_5O_{12}$ 纳米管及纳米线，其电化学性能优良。钛酸锂纳米粉末的充放电容量与理论容量很接近，达到 170 mA·h/g。以钛酸四丁酯、乙酸锂作为原料，在乙醇溶液中于 180 ℃保温 24 h 制备出了尖晶石 $Li_4Ti_5O_{12}$ 晶相的微孔钛酸锂。微孔钛酸锂的孔尺寸分布窄，平均约 4 nm，这些微孔结构提高了钛酸锂的电化学特性。以二氧化钛、氢氧化锂作为原料，在体积比为 1∶1 的乙醇与水的混合溶液中于 180 ℃、保温 12 h 能够制备出钛酸锂前驱体，并于 500 ℃保温 1 h 制备出尖晶石 $Li_4Ti_5O_{12}$ 晶相的微孔钛酸锂，在水热反应过程中，乙醇促进了微孔钛酸锂的形成与生长。此种 $Li_4Ti_5O_{12}$ 晶相的微孔钛酸锂作为锂离子电池的阳极材料，具有良好的高速充放电特性。

以钛酸四丁酯作为钛源，乙酸锂作为锂源，乙二胺作为结构诱导剂，通过简单的水热过程能够制备出钛酸锂纳米棒；采用乙二胺诱导的水热核化与晶体生长过程能够解释钛酸锂纳米棒的形成过程。图 1-10 所示为添加质量分数为 5% 的乙二胺，于 180 ℃保温 24 h 所得钛酸锂纳米棒的 XRD 图谱。根据检索可知，产物的所有衍射峰对应于斜方 $Li_2Ti_3O_7$ 晶相结构（JCPDS 卡，卡号 34-0393），而从图中未观察到其他晶相的衍射峰，表明所得产物为单一斜方 $Li_2Ti_3O_7$ 晶相的钛酸锂纳米棒。所得产物中除了少量尺寸低于 1 μm 的无规则颗粒外，主要由钛酸锂纳米棒构成 ［图 1-11（a）］，钛酸锂纳米棒的直径和长度分别为 40~150 nm 和 1 μm ［图 1-11（b）］。

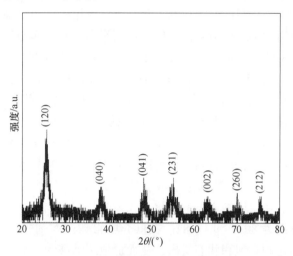

图 1-10　钛酸锂纳米棒的 XRD 图谱

(a) 低倍率　　　　　　　　　　　　　(b) 高倍率

图 1-11　钛酸锂纳米棒不同放大倍率的 SEM 图像

当添加质量分数为 5% 的乙二胺，在 180 ℃保温 0.5 h 后所得产物主要由亚微米级及纳米尺寸的球状颗粒构成。随着保温时间增加至 6 h，产物中除了存在微米级和亚微米尺寸的球状颗粒外，还存在少量长度小于 400 nm 的纳米棒状结构。随着保温时间进一步增加至 12 h，纳米棒的含量明显增加，纳米棒的长度增加至 500 nm。这些亚微米级和纳米级尺寸的球状颗粒被认为是形成纳米棒的晶核，这在随后的水热温度对钛酸锂纳米棒的影响研究得到了证实。不同水热温度、保温 24 h 所得产物主要由亚微米级和纳米级尺寸的球状颗粒构成，说明这些球状颗粒是形成钛酸锂纳米棒的晶核。

由于乙二胺作为一种重要的结构诱导剂，可以诱导纳米棒的形成与生长，因此乙二胺可能在钛酸锂纳米棒的形成与生长过程中起到了关键作用。未添加乙二胺时未观察到任何纳米棒状结构，产物由亚微米级的无规则颗粒构成。当添加质量分数为1%的乙二胺时，产物中除了无规则的颗粒外，还存在一些直径与长度分别为 30 nm 和 400 nm 的纳米棒。随着乙二胺的质量分数增加至 3%，产物中钛酸锂纳米棒的数量明显增加。

表面活性剂对于纳米材料的形貌控制也具有重要作用，十六烷基硫酸钠（SDS）是一种重要的阴离子表面活性剂，可以降低液体的表面张力，具有润湿、乳化及分散能力，可以促进特殊结构纳米材料的形成与生长。与使用乙二胺所得钛酸锂纳米棒明显不同的是，添加 SDS 后，所得产物由具有一定弧度的纳米片状结构构成，这种纳米片的厚度约 50 nm，整个纳米片的尺寸约 1 μm。水热温度、保温时间、乙二胺浓度及 SDS 对钛酸锂纳米棒形成的影响结果显示，乙二胺对钛酸锂纳米棒的形成具有关键作用。以 SDS 作为表面活性剂时，所得产物为纳米片状结构。提出了乙二胺辅助核化与晶体生长过程解释了钛酸锂纳米棒的形成与生长。乙二胺属于强烈的二齿配位体，可以与 Li^+ 进行配位反应形成 $Li(C_2H_8N_2)_m^{3+}$。同时，钛酸四丁酯通过水解反应形成氢氧化钛，$Li(C_2H_8N_2)_m^{3+}$ 与氢氧化钛反应形成了钛酸锂。钛酸锂纳米棒的核化与晶体生长与溶剂的介电常数密切相关，水与乙二胺的介电常数分别为 80.1 和 13.82。在低介电常数的溶剂中，反应形成的钛酸锂在含有乙二胺的溶液内达到过饱和状态析出，从而形成了钛酸锂晶核。乙二胺作为结构诱导剂促进了钛酸锂晶核的定向生长，随着水热温度和保温时间的增加，最终形成了具有一定长度的钛酸锂纳米棒。

通常来讲，光催化降解有机污染物的原理是，当半导体吸收的能量等于或者大于半导体的带隙宽度时，通过半导体价带中的电子被激发来光催化分解有机物。在光催化过程中，钛酸锂纳米棒吸收紫外光，在纳米棒表面产生光生电子-空穴对，随后通过氧化还原反应来达到光催化降解有机污染物目的。采用从 20% 到 66.7% 的不同质量分数的钛酸锂纳米棒分析了光催化降解 MB（MB 浓度 10 mg/L）的光催化活性。图 1-12 所示为不同用

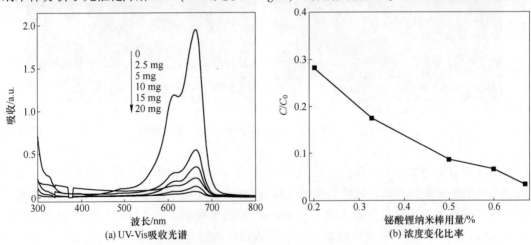

图 1-12   不同用量的钛酸锂纳米棒光催化降解 MB 后的 UV-Vis 吸收光谱及 MB 降解前后的浓度变化比率

量的钛酸锂纳米棒光催化降解 10 mL MB 溶液后的 UV-Vis 吸收光谱及 MB 降解前后的浓度变化比率，采用紫外光照射，光照时间为 240 min。随着钛酸锂纳米棒含量的减少，位于 665 nm 波长处 MB 溶液的最大吸收峰的强度明显增加［图 1-12（a）］。随着钛酸锂纳米棒的质量分数从 66.7%（20 mg/10 mL MB 溶液）降低至 20%（2.5 mg/10 mL MB 溶液）［图 1-12（b）］，MB 的降解率从 96.63% 降低到了 71.68%。MB 降解率的减少可能是由于钛酸锂纳米棒表面光催化活性位置的减少引起的。因此，钛酸锂纳米棒表面吸附的 MB 分子的减少导致了 MB 降解率的降低。

1.3　钛酸铈纳米材料

　　钛酸铈作为一种重要的钛酸盐具有良好的光学、电学及热学性能，在减反射涂层、电变色器件及半导体器件等方面具有良好的应用前景。另外，钛酸铈也具有良好的半导体光催化特性，可以吸收紫外光和可见光，有效降解 MB、RhB 及甲基橙等有机染料污染物，可望作为光催化剂应用于工业废水处理、自清洁涂料及自清洁玻璃，实现废水处理及产品的自清洁功能。氧化铈和氧化钛是两种应用广泛的无机功能材料，相互复合形成氧化铈/氧化钛复合氧化物，可以克服单一氧化物各自局限性，发挥出各自氧化物固有的性能；还可以形成与单一氧化物的物理和化学性质完全不同的新的稳定化合物，例如 $Ce_4Ti_9O_{24}$、$CeTi_2O_6$ 等钛酸铈。目前，氧化铈/氧化钛复合氧化物和钛酸铈在光催化剂、CO 氧化催化剂载体、电极材料和化学机械抛光等领域具有良好的应用前景。与微米级尺寸的钛酸铈粉末及薄膜相比，钛酸铈一维纳米材料，例如钛酸铈纳米棒的光学、电学及热学性能更加优良，可应用于保温涂层、半导体器件，尤其是钛酸铈纳米棒的比表面积大，吸附能力强，可提高其半导体光催化性能，增强工业废水处理效果及涂料、玻璃的自清洁能力，在工业废水处理及环保自清洁性涂料、玻璃方面具有良好的应用前景。钛酸铈纳米棒也可作为陶瓷的添加剂，增强陶瓷的韧性。

　　以钛酸四丁酯作为钛源，乙酸铈作为铈源，SDS 作为表面活性剂，通过水热过程能够制备出钛酸铈纳米棒，通过 SDS 辅助的水热生长过程能够解释钛酸铈纳米棒的形成过程。图 1-13 所示为添加质量分数为 5% 的 SDS，于 180 ℃ 保温 24 h 所得钛酸铈纳米棒的 XRD 图谱。通过检索可知，所得钛酸铈纳米棒由菱方 $CeTi_{21}O_{38}$ 晶相构成（JCPDS 卡片，卡号 08–0291），此种菱方 $CeTi_{21}O_{38}$ 晶相是与以硝酸铈、异丙氧基钛作为原料，在乙醇溶剂中得到的 $Ce_2Ti_2O_7$ 晶相的钛酸铈不同的。所得产物由自由分布的纳米棒构成，而未观察到其他的纳米结构，说明采用此种简单的水热过程可以制备出形貌单一的钛酸铈纳米棒。钛酸铈纳米棒的长度分布较均匀，表面光滑，纳米棒的直径和长度分别为 50~200 nm 和 1~2 μm。

　　TEM 图像［图 1-14（a）］表明所得产物由自由分布的钛酸铈纳米棒构成，这与 SEM 的观察结果是一致的。钛酸铈纳米棒的直径和长度分别为 50~200 nm 和 1~2 μm。图 1-14（a）右上角插入图为钛酸铈纳米棒的选区电子衍射（SAED）花样，从点状衍射花样可以看出，所得钛酸铈纳米棒为单晶结构。图 1-14（b）所示为钛酸铈纳米棒典型的 HRTEM 图像，图中清晰的晶格条纹表明所得纳米棒为良好的单晶结构，经过 HRTEM 高分辨电镜附带的 Digital Micrograph 测试软件（Gatan Inc.，Pleasanton，CA）计算确定了纳米棒的晶面间距大约 0.41 nm，对应于菱方 $CeTi_{21}O_{38}$ 晶相的（113）晶面的晶面间距。此结果表明，所得钛酸铈纳米棒由良好的菱方 $CeTi_{21}O_{38}$ 单晶结构构成。

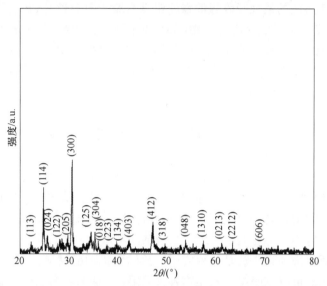

图 1-13　钛酸铈纳米棒的 XRD 图谱

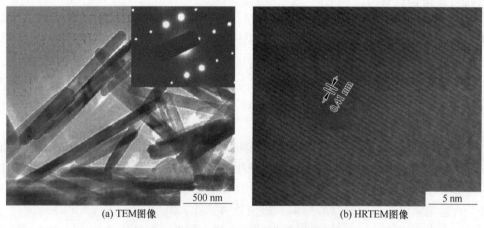

(a) TEM图像　　　　　　　　　　　　　　　　　(b) HRTEM图像

图 1-14　钛酸铈纳米棒的透射电子显微镜图像

通过改变水热温度和保温时间可以调控产物的形貌及尺寸。当水热温度为 180 ℃、保温时间为 0.5 h 时，所得产物中除了含有少量的纳米棒外，主要由微米级及纳米级尺寸的无规则颗粒构成。随着保温时间分别增加至 6 h 和 12 h，无规则的纳米颗粒数量明显减少，而纳米棒数量明显增加。钛酸铈纳米棒的直径和长度分别为 50~200 nm 和 1~2 μm。于 80 ℃保温 24 h 所得产物由无规则的颗粒构成，而未观察到任何纳米棒。当水热温度和保温时间分别为 120 ℃和 24 h 时，所得产物除了无规则的纳米颗粒外，还存在一些直径和长度分别为 50~200 nm 和 1~2 μm 的纳米棒。

表面活性剂已被广泛应用于不同形貌纳米材料调控研究，SDS 是一种重要的表面活性剂，可以降低水等液体的表面张力，增加液体与其他物质之间的接触面积，诱导不同形态的一维纳米材料的形成与生长，例如 CdS 纳米线和纳米管、银纳米线和氧化亚铜纳米线。当未添加 SDS 时所得产物中仅存在无规则的亚微米级颗粒，而无任何纳米棒存在，表明 SDS 对于钛酸铈纳米棒的形成起到了关键作用。当 SDS 的质量分数为 1% 时，所得产物主要由直径约 300 nm 的球状颗粒构成，而未观察到不规则的颗粒，然而在产物中也观察到了少量长度小于 500 nm 的纳米棒，分析认为，这些长度短的纳米棒是由球状颗粒生长而产生的。随着 SDS 的浓度增加至 3%，除了少量的纳米颗粒外，产物主要为直径和长度分别为 50~200 nm 和 1~2 μm 的钛酸铈纳米棒。

当原料中未添加 SDS 时，产物中只能得到无规则的颗粒，表明 SDS 对于钛酸铈纳米棒的核化、成形及生长控制起到了重要作用。因此，采用 SDS 辅助核化与晶体生长过程解释了钛酸铈纳米棒的形成与生长。在初始的反应阶段，钛酸四丁酯水解生成了氢氧化钛，氢氧化钛与乙酸铈反应生成了钛酸铈，钛酸铈在水热溶液中达到过饱和状态析出，形成钛酸铈晶核。SDS 分子作为结构诱导剂，吸附于钛酸铈晶核的表面，诱导了钛酸铈纳米棒的形成与生长。随着保温时间和水热温度的增加，纳米棒持续生长，最终形成了形貌均匀、长度较长的钛酸铈纳米棒。

通过分析固体 UV-Vis 漫反射光谱估计钛酸铈纳米棒的带隙，如图 1-15 所示。从图中可以看出，所得钛酸铈纳米棒为典型的半导体，钛酸铈纳米棒的吸收边为 468 nm，带隙为 2.65 eV。钛酸铈纳米棒的带隙比二氧化钛 3.2 eV 的带隙窄得多。通过掺杂不同的元素可以调控二氧化钛的带隙，例如氮掺杂、铁掺杂及氮铁共掺杂二氧化钛的带隙分别为 3.18 eV、3.11 eV 和 3.07 eV。钛酸铋粉末和纳米钛酸铋的带隙分别为 3.47 eV 和 2.83 eV。钛酸铈纳米棒的带隙远小于掺杂二氧化钛及钛酸铋的带隙。钛酸铈纳米棒小的带隙表明钛酸铈纳米棒可以吸收可见光，经过可见光照射，在光催化降解有机污染物方面可望具有良好的光催化性能。

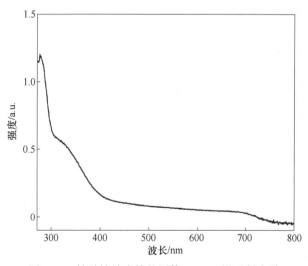

图 1-15　钛酸铈纳米棒的固体 UV-Vis 漫反射光谱

在可见光照射下，研究钛酸铈纳米棒光催化降解 MB 的光催化特性。图 1-16 所示为添加 10 mg 的钛酸铈纳米棒，采用可见光照射 10 mL 浓度为 10 mg/L 的 MB 溶液不同时间后所得 MB 溶液的 UV-Vis 光谱。图 1-17 所示为在不同的光催化条件下，光催化降解前后

MB 的浓度变化比率与时间的关系曲线。在黑暗条件下，仅添加钛酸铈纳米棒对比分析了钛酸铈纳米棒光催化降解 MB 的光催化能力，从图中可以看出，当未采用可见光照射时，钛酸铈纳米棒对 MB 没有光催化活性。未添加钛酸铈纳米棒，仅采用可见光照射240 min 后，MB 的降解率为 27.36%，这与文献中的报道是一致的。未添加钛酸铈纳米棒，仅以可见光照射时 MB 出现了降解。然而，MB 的降解率低。同时采用钛酸铈纳米棒和可见光照射，MB 的降解率明显提高。随着可见光照射时间的增加，位于 665 nm 处的最大吸收峰的强度明显减少。在可见光照射 30 min 后，MB 的降解率快速增加到 95.56%。随着可见光照射时间进一步增加至 240 min，MB 被完全降解。钛酸铈纳米棒为白色絮状粉末，在光催化降解 MB 后，钛酸铈纳米棒粉末仍为白色，表明采用钛酸铈纳米棒作为光催化剂不仅仅只是一种简单的吸附过程。在可见光照射下，钛酸铈纳米棒可以很容易地降解 MB。

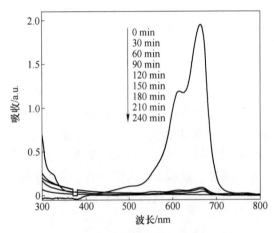

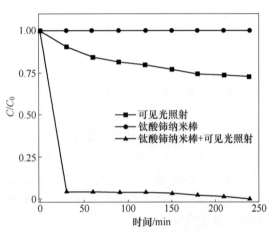

图 1-16　以钛酸铈纳米棒作为光催化剂，采用可见光照射 MB 不同时间后所得 MB 溶液的 UV-Vis 吸收光谱

图 1-17　采用可见光照射 MB 不同时间与未照射前 MB 溶液的浓度变化比率

钛酸铈纳米棒属于半导体，可以吸收可见光。在可见光照射下，钛酸铈纳米棒价带中的电子会转移到导带，在价带和导带上分别形成电子（e^-）和空穴（h^+）。在空穴和纳米棒吸附的水反应过程中形成了羟基自由基，从而导致 MB 的光催化降解。控制钛酸铈纳米棒的含量，分析在 MB 溶液中质量分数从 20% 到 50% 范围内的钛酸铈纳米棒对 MB 的光催化性能。随着钛酸铈纳米棒含量的减少，位于 665 nm 波长处的最大吸收峰强度明显增加，随着钛酸铈纳米棒的质量分数从 50%（10 mg/10 mL MB 溶液）减少至 20%（2.5 mg/10 mL MB 溶液），MB 的降解率降低到 85.84%。MB 降解率的降低可能是由纳米棒表面光催化活性位置减少引起的。

加入稀土元素可以丰富能级结构和增强二氧化钛的光学、电学及光催化特性，稀土元素掺杂改性后的二氧化钛不仅可以加快光生电子-空穴对的分离速度，还可以在禁带中引入杂质能级，使二氧化钛光谱响应波长向可见光方向移动，从而提高二氧化钛在紫外光及可见光下的光催化活性。稀土元素的掺杂还可以使二氧化钛的晶粒尺寸减小，比表面积增大，吸附能力提高，在波长 400～500 nm 之间具有较强的吸收峰，进而改善其光催化性能。稀土元素 Ce 由于具有 Ce^{3+}（$4f_1^{5}d_0$）和 Ce^{4+}（$4f_5d_0$）的特殊电子结构，在改性二氧化钛的光催化剂中备受关注，通过铈离子的掺杂，或与二氧化钛反应形成钛酸铈可以使二氧化钛的带隙明显变窄，吸收边发生红移，有利于其光催化活性的提高。简丽以 $TiCl_3$ 为原料，$Ce(NO_3)\cdot 6H_2O$ 作为掺杂剂制备出铈掺杂二氧化钛纳米粉末，其粒径随着溶液 pH 值的降低而减小。当铈掺杂量为 4%（摩尔分数）时，铈掺杂二氧化钛的光催化活性最好。袁文辉等利用硝酸铈及钛酸丁酯作为原料，通过溶胶-凝胶法制备出纳米铈掺杂二氧化钛光催化剂。铈的引入降低了纳米二氧化钛粒子的半径，提高了纳米二氧化钛的比表面积和光催化活性。当铈掺杂量为 2.3%（摩尔分数）时，铈掺杂二氧化钛的光催化活性最高。在晶体二氧化钛中掺杂少量稀土元素，可以在 TiO_2 晶格中引入缺陷位置或改变结晶度，从而提高其光催化特性。采用溶胶-凝胶法也可以制备出尺寸约 20 nm 的纳米铈掺杂的二氧化钛光催化剂，铈掺杂加快了二氧化钛由锐钛矿相向金红石相的转变。适量铈掺杂可以提高二氧化钛的光催化活性，当铈掺杂为 0.05%（摩尔分数）时光催化活性达到最佳值，甲基橙的降解率可达 90%。

1.4　其他钛酸盐纳米材料

碱金属钛酸盐的化学通式为 $A_2Ti_nO_{2n+1}$（$3 \leqslant n \leqslant 8$，A＝Na、K、Li），属于单斜晶系。当 $n=3$ 或 4 时，晶体中的（Ti_3O_7）$^{2-}$ 层与碱金属离子结合形成层状结构，从而具有很强的阳离子交换能力；而当 $n=6 \sim 8$ 时，形成含碱金属较少的钛酸盐晶体呈隧道状结构，碱金属离子包覆其中，具有较高的化学稳定性。钛酸钠（$Na_2Ti_nO_{2n+1}$）是二氧化钛的前驱体，最常见的是三钛酸钠（$Na_2Ti_3O_7$）和六钛酸钠（$Na_2Ti_6O_{13}$），$Na_2Ti_3O_7$ 和 $Na_2Ti_6O_{13}$ 的晶体存在着比较大的区别。$Na_2Ti_3O_7$ 晶体的 Na 与 TiO_6 正八面体结合成为层状结构，因此具有较强的吸附性能和离子交换性能，而 $Na_2Ti_6O_{13}$ 晶体为隧道型结构，Na^+ 被包裹在 TiO_6 构成的"隧道"中，具有较好的化学稳定性。正是由于晶体参数和结构的不同使这些晶体结构的钛酸钠具有不同的形貌和性质。

采用水热过程可以制备出 $Na_2Ti_3O_7$ 纳米线，所得钛酸钠纳米线具有良好的湿敏性能，是制备湿敏传感器的良好材料。通过水热过程能够制备出钛酸钠纳米棒，分别经 400 ℃、500 ℃、600 ℃ 和 800 ℃ 热处理 2 h 后所得钛酸钠纳米棒没有明显变化，说明所得钛酸钠纳米棒具有良好的热稳定性，直径 50～150 nm，长度达数微米。光催化结果显示，对 4-氯硝基苯的光催化降解反应为一级动力学反应，经 500 ℃ 热处理后的钛酸钠纳米棒具有良好的光催化降解能力，表观速率常数为 0.04215 min^{-1}，是普通商用二氧化钛粉末的 2 倍。六钛酸钠具有特殊的光电特性，在保温、耐热和机械强度等方面的性能突出，常用于制备 O_2、CO_2 等气体传感器和染料敏化太阳能电池，六钛酸钠和其他钛酸盐可以加工成离子交换剂或絮凝剂等环境功能材料。另外，六钛酸钠也是石棉的替代品。研究 $Na_2Ti_6O_{13}$ 的光催化性能对光催化技术的实际应用具有重要的研究意义，例如六钛酸钠制备的离子交换剂或者絮凝剂同时具有光催化活性，可以成为多功能的环境净化材料。采用具有光催化活性的 $Na_2Ti_6O_{13}$ 可制出自洁的保温、隔热和建筑材料，能够大大减少清洗维护费用；$Na_2Ti_6O_{13}$ 也可以用于陶瓷添加剂，其具有良好的光催化性能，可使陶瓷制品具有自清洁杀菌的功能。

半导体光催化可以利用光能将水分解成氢气和氧气，也能降解有机污染物，被认为是能源和环境领域的技术革命。将呈隧道结构的 $Na_2Ti_6O_{13}$ 制备成一维纳米材料，例如钛酸钠纳米管、纳米带、纳米晶须等，此类钛酸钠一维纳米材料具有较高的长径比，更有利于光生电子-空穴传输和有机污染物的渗透，有望成为新型的光催化剂。采用微乳液法和熔盐法相复合能够制备出 $Na_2Ti_6O_{13}$ 纳米带，研究了钛酸钠纳米带在紫外光照射下对偶氮染料活性艳橙（X-GN）的光催化降解能力，探讨了溶液 pH 值、催化剂含量和外加双氧水氧化剂对 X-GN 光催化降解效率的影响。结果表明，钛酸钠纳米带具有良好的光催化性能，在功率为 30 W 的紫外灯照射处理 60 min 对 25 mg/L X-GN 的降解率最高可达 94.1%。反应溶液的 pH 值过高或者过低都会影响钛酸钠纳米带的光催化活性，溶液 pH 值的最佳数值为 5.7。在一定范围内，光催化降解效率随着钛酸钠纳米带含量的增加而增加，但当钛酸钠的含量高于 1.0 g/L 时，X-GN 的光催化降解效率反而下降，适当增加双氧水的含量可以显著提高 X-GN 的光催化降解率。

直径为 30~50 nm 的钛酸锌纳米线可以作为充电锂离子电池的阳极材料，具有良好的可逆充电—放电能力和良好的循环稳定性，这是由于钛酸锌纳米线的本征特性引起的。钛酸锌纳米线缩短了锂离子和电子在固相中的扩散距离，使锂离子电池具有良好的循环稳定性。通过静电纺丝法也可以制备出链状单晶钙钛矿结构的钛酸铅纳米线，所得钛酸铅纳米线的长度达数十微米，纳米线的直径 100~200 nm，所得钛酸铅纳米线在电场作用下具有一定的表面光生伏特效应，说明在光电器件方面具有良好的应用前景。采用微波水热法还可以得到体心结构的钛酸铅纳米线，这种钛酸铅纳米线具有针状形态，沿 [001] 方向生长。所得钛酸铅纳米线经 560 ℃ 退火后会由体心四方晶相转变为了四方钙钛矿晶相，生长方向为 [110] 方向，这是由于四方钙钛矿结构钛酸铅的 (110) 晶面能更低引起的。

2 钒酸盐纳米材料

因为低维微纳米结构具有良好的电子输运特性，所以可控合成钒酸盐纳米材料，如纳米棒及管状结构，有可能得到更加优良的物理和化学性能，引起了人们的广泛关注。目前已有研究者报道了多种钒酸盐纳米结构的形成及其可能的应用，例如通过水热方法可以合成钒酸锂纳米棒和钒酸银纳米棒，采用纳米多孔氧化铝模板可以合成钒酸铈纳米棒阵列和钒酸铁纳米棒及纳米颗粒，通过低温化学方法可以得到钒酸银纳米棒，这些钒酸盐纳米结构在锂离子电池、电化学传感器、光学器件及催化领域具有良好的应用前景。目前关于钒酸盐纳米材料的研究方向主要集中于钒酸钙、钒酸锰、钒酸铜、钒酸锌、稀土钒酸盐、钒酸铋、钒酸银、钒酸铟、钒酸锂及钒酸铁等方面。这些钒酸盐纳米材料作为重要的多元钒酸盐，具有良好的光学、电学及电化学性能，在光学器件、锂离子电池和电化学传感器方面也具有良好的应用潜力，有望成为微纳米领域的新材料。目前主要通过高温固相烧结方法可以制备出块体钒酸盐，而关于其纳米材料，尤其是一维纳米材料的报道较少。因此，低成本、高效可控合成钒酸盐纳米材料，研究其光学、电学、电化学传感性能和光催化等特性具有重要的理论及实际研究意义。

2.1 钒酸钙纳米材料

钒酸钙是一种化学稳定性良好、耐热性及结晶性能良好的无机化合物，在光学器件、锂离子电池及电化学传感器等方面具有良好的应用潜力。目前关于钒酸钙的报道较少，只有少量关于钒酸钙的高温固相及液相合成、掺杂及其发光、电化学性能的研究。

通过高温固相反应及液相过程可以合成晶体钒酸钙。以 $Li_{1.1}V_3O_8$ 为原料，通过液相法能够制备出含水的钒酸钙，于 250 ℃、真空加热后生成了无水 $Ca_{0.5}V_3O_8$ 晶相的钒酸钙。X 射线衍射分析表明，所得钒酸钙由 V_3O_8 层状结构形成，Ca^{2+} 占据了 V_3O_8 层内空间的八面体位置；电化学分析表明，所得钒酸钙具有良好的锂离子嵌入性能，稳定电容量为 125 mA·h/g。以碳酸钙、五氧化二钒为原料，首先于 400 ℃ 预热 6 h，然后于 750 ℃ 加热 24 h，制备出 $Ca_2V_2O_7$ 单相的钒酸钙。光致发光（PL）分析表明，所得 $Ca_2V_2O_7$ 在 400~800 nm 的波长范围内具有宽广的荧光发射峰，这是由于 $Ca_2V_2O_7$ 中 VO_4 四面体结构引起的。由单斜 $CaV_6O_{16}\cdot9H_2O$ 构成的针状钒钙石是一种水化矿物，采用溶液沉淀方法可以得到这种水化矿物，通过加热处理可以得到 $CaV_6O_{16}\cdot7H_2O$、$CaV_6O_{16}\cdot3H_2O$ 和无水 CaV_6O_{16}。

采用高温固相法和液相沉淀法可以制备出不同晶相的钒酸钙。高温固相法主要存在高能耗问题，液相沉淀法工艺过程较复杂，难以精确控制。燃烧法作为一种简单、高效的方法，在新材料制备方面具有良好的应用价值。采用柠檬酸溶胶燃烧法可以制备出有 Eu^{3+} 掺杂的 $Ca_3(VO_4)_2$ 和 $Ca_2KMg_2V_3O_{12}$，钙钒摩尔比为 4:5，制备温度为 900 ℃。Eu^{3+}、

Na$^+$及 Li$^+$共掺杂可以明显提高 Ca$_3$(VO$_4$)$_2$ 的 PL 发光强度。Ca$_2$KMg$_2$V$_3$O$_{12}$ 的 PL 分析表明，其发射光谱覆盖整个可见光区，发射光主峰位于 520~530 nm 的波长范围内。

　　不同于块体钒酸钙，由于一维纳米材料具有纳米维度结构及有效的电子输运特性，因此钒酸钙纳米棒等一维纳米材料可能会具有新颖的物理、化学性能。钒酸钙纳米棒的比表面积大，将其修饰电极表面，可以提高生物催化活性，加快电子转移，改善生物传感器的性能。以乙酸钙、钒酸钠为原料，未使用表面活性剂，通过简单的水热过程能够制备出钒酸钙纳米棒，所得钒酸钙纳米棒由六方结构的 Ca$_{10}$V$_6$O$_{25}$ 晶相（JCPDS 卡，卡号：52-0649）构成。图 2-1 所示为在 180 ℃保温 24 h 所得钒酸钙纳米棒不同放大倍率的 SEM 图像。低倍率 SEM 图像［图 2-1（a）］观察所示所得钒酸钙产物由棒状纳米结构构成，其长度为 3 μm。除了钒酸钙纳米棒以外没有观察到其他纳米结构或者杂质，说明通过水热合成方法所得产物是一种高纯的钒酸钙纳米棒。图 2-1（b）所示为更高倍率的 SEM 图像进一步说明所得产物为纳米棒状结构，平均直径约 50 nm。所得钒酸钙纳米棒形成了一种"捆状结构"的特殊形态，这种纳米棒捆状结构的头部和底部为散开结构，而中间部分的尺寸很小，所以被称为"捆状结构"，捆状结构的长度大约有 3 μm。

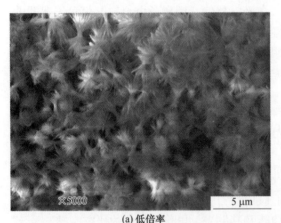

(a) 低倍率　　　　　　　　　　　　　　　　　　　(b) 高倍率

图 2-1　钒酸钙纳米棒不同放大倍率的 SEM 图像

　　TEM 观察可进一步验证所得钒酸棒纳米棒的捆状结构，如图 2-2（a）所示。纳米棒呈笔直结构，表面光滑，钒酸钙纳米棒直径均匀，平均直径约 50 nm，这与 SEM 的观察是一致的。图 2-2（a）中左上角所示为钒酸钙纳米棒的选区电子衍射花样（SAED）。根据钒酸钙纳米棒的 SAED 花样可知，所得纳米棒为单晶结构。单根钒酸钙纳米棒的 HRTEM 图像显示，所得纳米棒由单晶结构构成［图 2-2（b）］与钒酸钙纳米棒 SAED 点状衍射结果是一致的。根据 HRTEM 测量用 Digital Micrograph（Gatan Inc.，Pleasanton，CA）软件测量及计算可知，纳米棒的晶面间距约 0.84 nm，与六方 Ca$_{10}$V$_6$O$_{25}$ 晶体（100）晶面的晶面间距一致。

　　自然界中的一些矿物材料也会形成捆状结构，通过晶体分裂过程可以形成自然界中的捆状结构。在捆状结构的形成过程中，单个的晶体会分裂，在主晶体上形成亚晶体，最终形成捆状结构。由于不同种类的晶体结构不同，不同的材料具有不同的晶体分裂能力，例如斜方结构的 CaCO$_3$ 比菱方结构的 CaCO$_3$ 具有更好的晶体分裂能力。通过不同的水热条

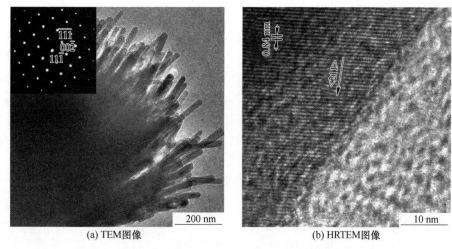

(a) TEM图像　　　　　　　　　(b) HRTEM图像

图 2-2　钒酸钙纳米棒的透射电子显微镜图像

件，以乙酸钙和钒酸钠作为原料，可以较容易地合成 $Ca_{10}V_6O_{25}$ 晶相的钒酸钙纳米棒捆状结构，此结果说明具有 $Ca_{10}V_6O_{25}$ 晶相的钒酸钙有一定的晶体分裂能力。另外，晶体生长也与晶体的快速生长及在溶液中的过饱和度有密切关系，如果过饱和度超过临界点，晶体就有可能出现分裂现象。基于不同的过饱和度，材料可能会出现不同程度的晶体分裂，导致在主晶体上出现一些亚晶体。钒酸钙纳米棒捆状结构的形成与生长可以采用基于晶体分裂的核化、晶体生长过程来解释。图 2-3 所示为钒酸钙纳米棒捆状结构的形成与生长示意图。在反应的初始阶段，例如当采用较低的水热温度及较短保温时间时，乙酸钙与钒酸钠反应生成含有六方 $Ca_{10}V_6O_{25}$ 主晶相及少量的单斜 $Ca_{0.17}V_2O_5$ 晶相的钒酸钙。这些由六方 $Ca_{10}V_6O_{25}$ 和单斜 $Ca_{0.17}V_2O_5$ 晶相构成的钒酸钙在水溶液中析出形成钒酸钙晶核。随着水热温度及保温时间的增加，根据奥斯特瓦尔德熟化及晶体生长过程在水热条件下形成了钒酸钙纳米棒。捆状结构的形成要求快速的晶体生长，$Ca_{10}V_6O_{25}$ 晶相具有一定的晶体分裂能力，过快的生长可以使晶体处于一种亚稳定状态，在这种非稳定的状态下，晶体容易出现分裂现象，从而使得钒酸钙纳米棒形成捆状结构。随着水热温度和保温时间的继续增加，纳米棒中单斜 $Ca_{0.17}V_2O_5$ 晶相完全转变为了六方 $Ca_{10}V_6O_{25}$ 晶相，导致钒酸钙纳米棒捆状结构的最终形成。

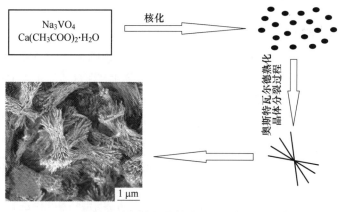

图 2-3　钒酸钙纳米棒捆状结构的形成与生长示意图

PL 光谱分析表明，钒酸钙纳米棒在发射中心 425 nm 和 488 nm 波长处分别存在强烈的紫外光及蓝光发射现象。块体金属钒酸盐 AVO_3（A = K、Rb 和 Cs）在 400 ~ 700 nm 的波长范围内具有宽广的 PL 发射峰。块体 $M_2V_2O_7$（M = Ca、Sr 和 Ba）在 400 ~ 800 nm 的波长范围内具有宽广的 PL 发射峰。$M_2V_2O_7$ 的发光可能是由于钒酸盐中的 VO_4 四面体从 O 2p 到 V 3d 轨道的电荷输运引起的。钒酸钙纳米棒在光发射中心 425 nm 和 488 nm 波长处的紫外光和蓝光发射现象与以上的报道是相似的。因此，钒酸钙纳米棒的光致发光现象可能是由于钒酸盐中的 VO_4 四面体从 O 2p 到 V 3d 轨道的电荷输运引起的。

钙源对钒酸钙纳米棒形成的影响显示，以氯化钙为钙源可以得到钒酸钙纳米棒，而以硫酸钙为钙源可以得到硫酸钙纳米片及钒酸钙纳米棒构成的花状结构。钒源对钒酸钙纳米棒的形成的影响结果表明，以偏钒酸铵和乙酸钠为原料，通过水热过程可以得到六方 $Ca_{10}V_6O_{25}$ 晶相的钒酸钙纳米棒。

钒酸钙纳米棒可以作为玻碳电极修饰材料紧密附着在玻碳电极表面。从酒石酸在钒酸钙纳米棒修饰电极上的电化学行为结果显示，在其电化学循环伏安特性曲线中存在一对准可逆的氧化还原电化学循环伏安特性峰。钒酸钙纳米棒修饰电极对于酒石酸的检测性能分析表明，钒酸钙纳米棒的检测限 2.4 μmol/L，线性范围是 0.005 ~ 2 mmol/L。钒酸钙纳米棒修饰玻碳电极在检测酒石酸时具有良好的稳定性和可重复性，在酒石酸分析用电化学传感器上具有良好的应用前景。

2.2　钒酸锰纳米材料

钒酸锰中的钒、锰原子为四面体结构，具有层状结构，拥有良好的光学及电化学性能，在光学器件、电化学传感器及锂离子电池领域具有良好的应用前景。目前关于钒酸锰微纳米结构的研究主要集中于无规则形态的钒酸锰微纳米粉末、钒酸锰纳米棒、钒酸锰纳米带、钒酸锰纳米片及钒酸锰管状结构，通过固相法和水热法合成，主要研究其光学及电化学性能。

2.2.1　钒酸锰粉末

采用不同的钒源和锰源，通过高温固相法和水热法都可以得到钒酸锰粉末。以氧化锰和五氧化二钒为原料，通过高温固相法于 1100 ℃ 可以得到无规则形态、面心立方 $Mn_2V_2O_7$ 结构的钒酸锰颗粒。以二水硝酸锰、偏钒酸铵作为原料，首先添加柠檬酸可以制备出锰钒前驱物，然后于 100 ℃、保温 12 h 热处理得到锰钒前驱物，再将热处理后的锰钒前驱物于 400 ~ 550 ℃ 热分解 8 h，最终可以得到无规则形态的单相 $Mn(VO_3)_2$。通过 TEM 分析得知，不同热分解温度所得钒酸锰粉末的尺寸有所区别，400 ℃ 热分解所得钒酸锰为纳米粉末，随着热分解温度增加至 550 ℃，其粉末尺寸增加到了微米级。随着热分解温度的增加，钒酸锰的结晶程度明显增加。对 550 ℃ 所得钒酸锰制作成锂离子电池的阳极材料。室温充放电测试显示，当电压为 0.0 ~ 3.5 V 时，其初始电容量为 645.9 mA·h/g，循环 40 次后，其电容量仍保持在 441.1 mA·h/g，说明所得钒酸锰适合作于锂离子电池的阳极材料。

聚合物辅助合成法具有制备过程简单、结晶良好及产物形态可控的特点，引起了人们的研究兴趣。分别以四水乙酸锰、五氧化二钒为锰、钒源，聚乙烯醇（PVA）聚合物为辅助剂可以得到锰钒前驱物，PVA 与金属原子的摩尔比 2∶5。将所得锰钒前驱物于 300℃预处理 2 h，再于 450℃热分解 2 h 可以得到单相 MnV_2O_6。PVA 链状结构中含有烃基，与金属离子反应可以起到均匀混合及抑制产物中杂质的作用。所得钒酸锰颗粒较均匀，尺寸小于 1 μm。电化学分析显示，所得钒酸锰可以作为锂离子电池电极材料，首次充放电结果表明其电容量为 1400 mA·h/g，但在充放电过程中，钒酸锰由晶相状态转变为了无定形结构，经多次循环后，其电容量可保持在 800 m·Ah/g。

高温固相法的能耗高，从而增加了钒酸锰粉末的制备成本，而采用沉淀法也可以合成高质量的钒酸锰粉末，降低了钒酸锰的制备成本。以硝酸锰和偏钒酸铵为原料，通过共沉淀法于 80℃、保温数小时能够制备出斜方结构的 $Mn_{1.1}(VO_3)_2·2H_2O$。此种钒酸锰可以作为锂离子电池电极材料，其充放电性能主要由锰原子及锰钒摩尔比决定。将质量分数分别为 85%、10% 及 5% 的钒酸锰、碳黑及聚四氟乙烯混合形成钒酸锰基复合物，将所得复合物置于表面积 2 cm² 的镍片上制成电极，于 200℃真空热处理 40 h。采用电化学循环伏安法分析所得钒酸锰电极的锂离子电池的电容及稳定性。分析表明，钒酸锰电极的初始电容量为 330 mA·h/g，稳定性良好，这也说明所得钒酸锰电极可以作为锂离子阳极材料，其电压适用范围是 1.5 V。

2.2.2 钒酸锰纳米棒

通过高温固相反应、聚合物辅助合成法及沉淀法可以得到无规则结构的微纳米颗粒，而得不到规则形态的纳米结构，例如钒酸锰纳米棒、管状结构及带状、片状结构。这些特殊的纳米结构由于纳米效应可望提高钒酸锰的电化学及光学特性。

水热法是在密封的压力容器中以水为溶剂，在一定温度、压力条件下进行化学反应来合成特殊结构的微纳米材料的一种方法，近年来已有水热法合成钒酸锰纳米棒的报道。以四水乙酸锰及五氧化二钒为原料，于 135~200℃保温 0.5~10 h 的水热条件下能够制备出单斜 MnV_2O_6 晶相的钒酸锰纳米棒，V 与 Mn 的摩尔比为 2∶1，Mn^{2+} 的物质的量浓度为 0.01~1.0 mol/L。TEM 分析结果显示，所得钒酸锰为纳米棒状结构，直径小于 100 nm，长度可达 1 μm。将所得钒酸锰纳米棒作为电极材料，充放电测试结果显示，循环 10 次以后，其电容可稳定保持在 600 mA·h/g。在放电过程中，V^{5+} 逐渐转变为了 V^{4+}，而在充电过程中，V^{4+} 全部转变为 V^{5+}，从而提高钒酸锰纳米棒的充放电循环性能。

通过普通的水热过程得到的钒酸锰纳米棒是一种自由分散的纳米棒，而定向排列的钒酸锰纳米棒由于其结构的取向性，可能会具有更加优异的电化学性能，因此定向排列的钒酸锰纳米棒也引起了人们的关注。采用溶胶凝胶水热过程能够合成定向的钒酸锰纳米棒，纳米棒直径为 20~30 nm，长 2~4 μm，为单晶单斜 MnV_2O_6 结构。这种方法以四水乙酸锰和五氧化二钒作为原料，首先将五氧化二钒与双氧水混合，静置一天形成氧化钒凝胶，然后将氧化钒凝胶与乙酸锰混合，在 180℃、保温 30 h 的水热条件下进行水热处理，从而得到定向钒酸锰纳米棒。水热条件对产物的影响结果显示，氧化钒凝胶对于钒酸锰纳米棒的定向形态起到了关键性作用，氧化钒凝胶为层状结构，水热反应过程中 Mn^{2+} 与层状氧化钒凝胶反应形成了钒酸锰纳米片，纳米片的头部粗糙，可以作为钒酸锰晶体生长的成核点，通过水热条件下的晶体核化与生长过程形成了定向钒酸锰纳米棒。电化学分析结果显示，所得定向钒酸锰纳米棒的充放电电容为 650 mA·h/g，可保持稳定。

　　以乙酸锰和钒酸钠作为原料、SDS 作为表面活性剂，通过水热过程能够制备出钒酸锰纳米棒。以质量分数为 5% 的 SDS 为表面活性剂，于 180 ℃保温 24 h 所得产物的 XRD 图谱如图 2-4 所示。经检索可知，所有衍射峰均对应于三斜 $Mn_2V_2O_7$ 晶相（JCPDS 卡，卡号：52-1265）的衍射峰，强烈的衍射峰表明所得钒酸锰产物的晶化程度高。此种三斜 $Mn_2V_2O_7$ 晶相与文献中报道的通过水热过程所得钒酸锰微管、中空微球的晶相是相同的。相比微米级尺寸钒酸锰晶体的 XRD 图谱，由于钒酸锰纳米棒的纳米尺寸效应，导致其 XRD 图谱产生了明显的宽化现象。

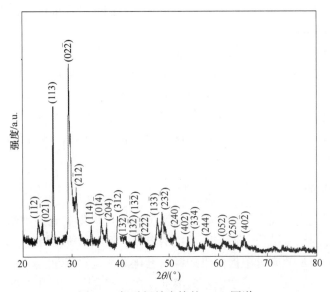

图 2-4　钒酸锰纳米棒的 XRD 图谱

　　SEM 观察结果显示，所得产物为自由分散的纳米棒 [图 2-5 (a)]，纳米棒的表面光滑，长度和直径分别为 5~20 μm 及 50~300 nm。从图中也可以观察到一些长度、直径分别为 1 μm 和 50 nm 的短纳米棒状钒酸锰，这种钒酸锰纳米棒与未添加表面活性剂，采用水热过程所得钒酸锰纳米片、中空微球及微管形态是不同的。从 EDS 能谱图中可明显观察到所得钒酸锰纳米棒由 Mn、V 和 O 构成 [图 2-5 (b) 左上角插入图]。通过 EDS 能谱仪的 Link ISIS300 EDS 软件定量分析显示所得钒酸锰纳米棒中 Mn、V 及 O 原子百分含量分别为 18%、18% 和 64%，Mn、V 及 O 三种元素的原子比为 1:1:3.56，这与 $Mn_2V_2O_7$ 晶相的原子比是相近的。纳米棒的成分分析进一步证实了 $Mn_2V_2O_7$ 晶相的形成。图 2-6 (a) 所示为钒酸锰纳米棒的典型 TEM 图像，这与 SEM 观察结果是相似的。单根钒酸锰纳米棒的 HRTEM 图像 [图 2-6 (b)] 显示，所得纳米棒由单晶结构构成。图 2-6 (b) 中左上角插入图所示为快速傅里叶变换（FFT）衍射花样，进一步说明所得钒酸锰纳米棒拥有良好的单晶结构。

　　由于 SDS 中的官能团（例如 S＝O 和—O—键是亲水基团）可以为阳离子提供配位位置，因此 SDS 分子可以为一维纳米材料的核化提供成核位置。在初始反应阶段，钒酸钠和乙酸锰反应生成钒酸锰，于是钒酸锰颗粒从过饱和溶液中析出。析出的钒酸锰颗粒作为晶核，SDS 吸附在了钒酸锰晶核的表面，诱导钒酸锰的一维生长。在低水热温度及短保

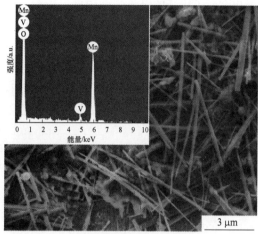

(a) 低倍率　　　　　　　　　　(b) 高倍率(插入图为EDS谱)

图 2-5　钒酸锰纳米棒不同放大倍率的 SEM 图像及 EDS 谱

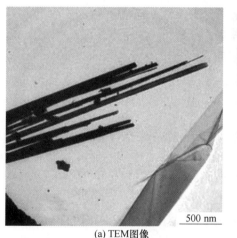
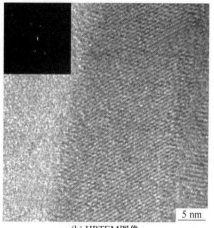

(a) TEM图像　　　　　　　　　　(b) HRTEM图像

图 2-6　钒酸锰纳米棒的透射电子显微镜图像

温时间的条件下所得产物也验证了少量棒状颗粒的形成。此外，SDS 对于钒酸锰从斜方 MnV_2O_5 到三斜 $Mn_2V_2O_7$ 晶相的相变起到了关键作用，SDS 吸附在钒酸锰晶核表面导致了钒酸锰的一维生长。随着水热温度和保温时间的增加，钒酸锰纳米棒持续生长，钒酸钠与乙酸锰完全反应，导致具有三斜 $Mn_2V_2O_7$ 晶相的钒酸锰纳米棒的形成。

　　钒酸锰纳米棒作为玻碳电极修饰材料，可以紧密附着在玻碳电极表面。图 2-7 所示为裸玻碳电极及钒酸锰纳米棒修饰玻碳电极在 0.1 mol/L CH_3COONa-CH_3COOH 溶液中存在与不存在 2 mmol/L L-半胱氨酸时的电化学 CV 曲线，扫描速率为 50 mV/s。裸玻碳电极在 0.1 mol/L CH_3COONa-CH_3COOH 和 2 mmol/L L-半胱氨酸混合溶液中的电化学 CV 曲线显示没有观察到任何电化学 CV 峰。因此，裸玻碳电极在 0.1 mol/L CH_3COONa-CH_3COOH 和 2 mmol/L L-半胱氨酸混合溶液中没有任何电化学活性。从钒酸锰纳米棒修饰玻碳电极在 0.1 mol/L CH_3COONa-CH_3COOH 溶液中的电化学 CV 曲线中观察到很微弱的电流。由于电化学 CV 峰的电流强度很低，不会影响钒酸锰纳米棒修饰玻碳电极对于 L-半胱氨酸的分析。钒酸锰纳米棒修饰玻碳电极在 0.1 mol/L CH₃COONa-CH₃COOH 和 2 mmol/L L-半胱氨酸混合溶液中的电化学反应是不同的。电化学 CV 曲线显示，阳极 CV 峰及阴极 CV 峰分别位于+0.87 V 和+0.51 V 电位处，这是一对半可逆电化学 CV 峰。只在钒酸锰纳米棒修饰玻碳电极在 0.1 mol/L CH₃COONa-CH₃COOH 和 2 mmol/L L-半胱氨酸混合溶液中观察到了强烈的电化学 CV 峰，说明这一对强烈的电化学 CV 峰主要是由 L-半胱氨酸引起的。

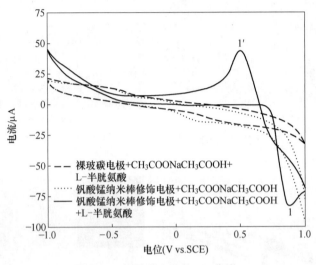

图 2-7   裸玻碳电极的 CV 曲线

以不同材料的修饰玻碳电极检测 L-半胱氨酸时的电化学阳极氧化 CV 峰的电位是不同的。例如分别以碳纳米管及硼掺杂碳纳米管修饰玻碳电极检测 L-半胱氨酸时其阳极氧化 CV 峰电位分别为+0.50 V 和+0.47 V。分别以纳米孔金、石墨氧化物/金纳米复合物修饰玻碳电极检测 L-半胱氨酸时，其阳极氧化峰电位分别为+0.30 V 和+0.39 V。以石墨烯纳米带修饰玻碳电极检测 L-半胱氨酸，阳极氧化峰电位为+0.01 V。钒酸锰纳米棒修饰玻碳电极展现出了比其他材料的修饰玻碳电极具有更高的氧化电位。与其他修饰玻碳电极相比，钒酸锰纳米棒修饰玻碳电极检测 L-半胱氨酸时的电化学阳极氧化峰电位要高，对 L-半胱氨酸的检测限和线性范围分别为 0.026 μmol/L 和 0.00005~2 mmol/L。钒酸锰纳米棒修饰玻碳电极在分析 L-半胱氨酸时具有良好的稳定性和可重复性。

2.2.3   钒酸锰微管

以乙酸锰和钒酸钠为原料，PVP 作为表面活性剂，通过简单的水热过程能够合成钒酸锰微管结构的 SEM 图像如图 2-8 所示。其中，图 2-8（a）为 PVP 质量分数 5%，于 180 ℃保温 24 h 所得产物的 SEM 图像。从图中可以观察到样品由长度数十微米的钒酸锰微管状结构构成，白色箭头所示为产物中的微管结构。除了管状结构外，未观察到其他形态。钒酸锰微管结构的外部直径与内部直径分别为 300 nm~3 μm 和 200 nm~1 μm，管壁厚度 50 nm~1 μm；黑色箭头所示为断裂后的微管，具有明显的弯曲形态。此种钒酸锰微管结构与 ZnO 微管和 BiVO₄ 微管结构是相似的。此结果说明，PVP 辅助水热合成过程是合成钒酸锰微管结构的有效方法。为了分析 PVP 对钒酸锰微管形成的作用，以乙酸锰、钒酸钠为原料，未使用 PVP 进行了实验，相应产物的 SEM 图像如图 2-8（b）所示。从图中仅观察到了亚微米级尺寸的无规则颗粒，这与以 PVP 为表面活性剂所得微管结构是完全不同的。通过水热过程可以得到含水的钒酸锰棒状结构，例如以乙酸锰和五氧化二钒为原料，于 135~200 ℃的水热温度合成了钒酸锰棒状结构，Mn^{2+}的物质的量浓度为 0.01~1.0 mol/L。然而，当未添加 PVP 时仅能得到无规则的钒酸锰颗粒，因此采用钒酸钠代替五氧化二钒作为钒源，PVP 作为表面活性剂，钒酸钠和 PVP 对于水热条件下钒酸锰微管的形成起到了关键作用。所得钒酸锰微管结构由单斜结构的 MnV_2O_6 晶相及少量的四方结构 V_2O_5 晶相、斜方结构 MnO_2 晶相构成。当未添加 PVP 时所得无规则颗粒由斜方 MnV_2O_5 晶相（JCPDS 卡，卡号：51-0203）构成，此种晶相与钒酸锰微管的晶相完全不同，说明 PVP 引起了钒酸锰从微管到无规则颗粒的晶相转变。

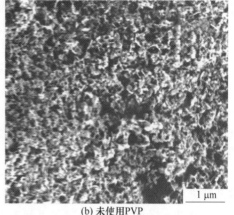

(a) PVP质量分数为5%　　　　　　　　　　(b) 未使用PVP

图 2-8　钒酸锰微管的 SEM 图像

从钒酸锰微管典型的 TEM 图像［图 2-9（a）］可以看出，钒酸锰微管结构表面光滑，外部直径和长度分别为 3 μm 和数十微米。对钒酸锰微管结构头部的 TEM 图像［图 2-9(b)］观察显示所得样品明显为管状结构，其内部直径与外部直径分别约有 300 nm 和 500 nm，管壁厚度约 50 nm。分析钒酸锰微管结构的 HRTEM 图像可能有助于了解样品的晶体结构，然而钒酸锰微管结构直径大，难于进行 HRTEM 测量，所以只测量了钒酸锰微管结构头部的 HRTEM 图像，如图 2-9（c）所示，从图中可看出所得钒酸锰微管具有良好的晶体结构。

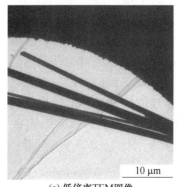

(a) 低倍率TEM图像　　　　　　(b) 高倍率TEM图像　　　　　　(c) HRTEM图像

图 2-9　钒酸锰微管的透射电子显微镜图像

研究钒酸锰微管结构的形成机制对于探索管状结构的形成具有重要作用。目前已有文献采用了几种生长机制解释了管状结构的形成，例如分子层卷曲机制、螺旋形纳米带扭转及连接生长机制以及纳米带向纳米管转变的生长机制，但是以上这些生长机制不能解释钒酸锰微管结构的形成过程。未采用任何表面活性剂，以 NH_3VO_3 和 $MnCO_3$ 为原料，通过水热过程能够合成出 $\beta-Mn_2V_2O_7$ 微管，$\beta-Mn_2V_2O_7$ 微管的长度为 $15\sim25~\mu m$，外部直径为 $2.5\sim3.5~\mu m$ 及管壁厚度为 $0.4~\mu m$，分析认为由于层状氧化物导致了钒酸锰管状结构的形成。然而，不同于以 NH_3VO_3 和 $MnCO_3$ 为原料所得 $\beta-Mn_2V_2O_7$ 微管，制备钒酸锰微管所用原料为 Na_3VO_4、$Mn(CH_3COO)_2$ 及 PVP。因此，所得钒酸锰微管结构的形成过程与以上文献报道不同。

事实上，未添加表面活性剂，以 $Mn(CH_3COO)_2$ 和 V_2O_5 作为原料，通过水热过程已经合成了晶体 MnV_2O_6 的不规则颗粒及棒状结构。通过表面活性剂辅助生长过程控制晶体材料的核化及生长是一种简单而有效的方法，反应系统内的表面活性剂分子可以控制晶体的反应动力过程，从而确定产物的形态。表面活性剂 PVP 的浓度对钒酸锰微管结构形成的影响结果说明，当未加 PVP 时，产物中不存在任何管状结构，只有亚微米级尺寸的颗粒生成，随着 PVP 的添加，产物中形成了钒酸锰微管结构。XRD 结果显示，未加 PVP 作为表面活性剂时所得产物由 MnV_2O_5 晶相构成，与添加 PVP 时所得产物的 MnV_2O_6、V_2O_5 和 MnO_2 三种晶相是不同的。PVP 作为表面活性剂，对于水热条件下钒酸锰微管结构的形成具有本质作用。

一些文献已经报道了表面活性剂可以调制晶体不同晶面的表面能量，以促进晶体在某一表面的优先生长。只有在添加 PVP 时，在水热条件下才能合成钒酸锰微管结构，因此，PVP 可以作为一种结构诱导剂以促进钒酸锰微管结构的形成与生长。钒酸锰微管结构形成与生长的示意图如图 2-10 所示。PVP 是一种长链状聚合物，其中吡咯烷酮组分与聚乙烯主链相连接形成了 PVP 胶团。PVP 胶团由聚乙烯链和水所构成，可以溶解纳米颗粒。在水热条件下，乙酸锰与钒酸钠反应生成 MnV_2O_6，在水热溶液中过饱和析出 MnV_2O_6 纳米颗粒，并形成钒酸锰晶核。因此，MnV_2O_6 纳米颗粒可以存在于水及 PVP 胶团中，PVP 作为一种结构诱导剂，在水热条件下控制 PVP 胶团中的 MnV_2O_6 纳米颗粒分布具有重要作用，根据表面活性剂辅助奥斯特瓦尔德熟化生长过程导致钒酸锰微管结构的形成。当未添加表面活性剂时，样品中只存在无规则的纳米颗粒，然而，钒酸锰纳米颗粒填充于 PVP 胶团内，PVP 胶团改变了钒酸锰晶体的表面能量，促进了钒酸锰晶体在某一晶面的选择性优先生长，最终导致钒酸锰微管结构的形成。

块体 $M_2V_2O_7(M=Ca、Sr$ 和 $Ba)$ 在 $400\sim800~nm$ 的波长范围内具有宽广的 PL 发射峰。$M_2V_2O_7$ 的发光可能是由于钒酸盐中的 VO_4 四面体从 O 2p 到 V 3d 轨道的电荷输运引起的。块体金属钒酸盐 AVO_3（$A=K、Rb$ 和 Cs）在 $400\sim700~nm$ 的波长范围内具有宽广的 PL 发射峰。钒酸锰微管在光发射中心 425 nm 和 492 nm 波长处的紫外光和蓝光发射现象与以上的报道是相似的。钒酸锰微管结构中除了 MnO_2 晶相外，主要存在单斜 MnV_2O_6 和 V_2O_5 晶相。因此，钒酸锰微管结构的光致发光现象可能是由于钒酸盐中的 V—O 键引起的。

钒酸锰微管作为玻碳电极修饰材料，紧密附着在玻碳电极表面。L-半胱氨酸在钒酸锰微管修饰玻碳电极上的电化学行为结果显示，其电化学循环伏安特性曲线中存在一对准可

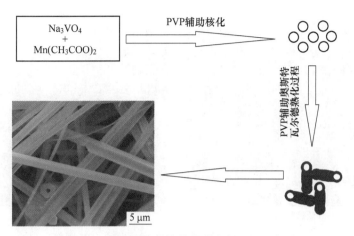

图 2-10　钒酸锰微管结构的形成与生长示意图

逆氧化还原循环伏安特性峰。钒酸锰微管修饰玻碳电极对 L-半胱氨酸的检测限9.2 µmol/L，线性检测范围为 0.01~2 mmol/L。钒酸锰微管修饰玻碳电极在检测 L-半胱氨酸时具有良好的稳定性和可重复性。

2.2.4　钒酸锰纳米带

以乙酸锰、偏钒酸铵作为原料，PVP 作为表面活性剂，调控水热溶液 pH 值，通过 PVP 辅助水热过程能够合成钒酸锰纳米带。钒酸锰纳米带的单斜 $Mn_2V_2O_7$ 晶相不同于采用相似的水热方法制备出的钒酸锰纳米棒、纳米片和纳米颗粒的单斜 MnV_2O_6 晶相，而与以偏钒酸铵、碳酸锰作为原料在180℃下保温 6 h 所得钒酸锰微管的晶相是相同的。所得钒酸锰产物全部由直线及弯曲形态的纳米带状形貌组成，而未观察到其他纳米结构［图 2-11（a）］。这些钒酸锰纳米带为平面结构，其厚度、宽度和长度分别为 20 nm、350 nm~1 µm 及数十至数百微米［图 2-11（b）］。TEM 图像［图 2-12（a）］所示产物由纳米带状形貌构成，纳米带的头部为平面结构，宽度为 350 nm~1 µm。图 2-12（a）中左上角的插入图所示为钒酸锰纳米带的 SAED 衍射花样，从插入图中的衍射斑点可以看出，钒酸锰纳米带由单晶结构构成。从图 2-12（b）的 HRTEM 图像可以清楚地看出纳米带含有规则的晶格条纹，说明钒酸锰纳米带由良好的单晶结构构成。纳米带的晶格间距为 0.52 nm，与单斜 $Mn_2V_2O_7$ 晶相的（110）晶面的晶格间距是一致的。

钒酸锰纳米带的带隙为 2.79 eV，吸收边波长为 445 nm，说明钒酸锰纳米带有着强烈的可见光吸收能力。因此，钒酸锰纳米带由于具有窄的带隙，可以吸收太阳光中的可见光，在可见光光催化降解有机污染物方面具应用潜力。以钒酸锰纳米带作为光催化材料，在太阳光照射下光催化降解 MB 的分析表明，随着太阳光光照时间的增加，MB 溶液的浓度明显降低，光照 10 mg/L 的 MB 溶液 4 h 后，MB 可以被完全降解。随着钒酸锰纳米带的质量分数从 50%（10 mg/10 mL MB 溶液）降低至 20%（2.5 mg/10 mL MB 溶液），MB 的降解率降低到了 75.43%。钒酸锰纳米带光催化降解 GV 的分析表明 10 mL 浓度为 10 mg/L 的 GV 溶液经太阳光光照 4 h 后，GV 的降解率可以达到 94.63%。在太阳光照射下，钒酸锰纳米带可以有效降解有机污染物。

(a) 低倍率　　　　　　　　　　　　　(b) 高倍率

图 2-11　钒酸锰纳米带不同放大倍率的 SEM 图像

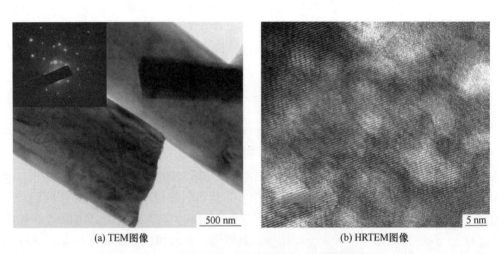

(a) TEM图像　　　　　　　　　　　　(b) HRTEM图像

图 2-12　钒酸锰纳米带的透射电子显微镜图像

2.2.5　其他钒酸锰纳米材料

控制钒源及锰源，通过水热过程可以得到钒酸锰中空微球及微管状结构。以偏钒酸铵和碳酸锰为原料，于 180 ℃保温 16 h 的水热条件下可以得到长度 15~25 μm、外径 2.5~3.5 μm、壁厚约 0.4 μm 的钒酸锰微管结构。控制水热合成参数，先将原料于 90 ℃陈化处理 8 h，再放入反应釜内于 180 ℃处理 16 h 可以得到外部直径约 2 μm 的钒酸锰中空微球结构。这两种结构均由单斜 $Mn_2V_2O_7$ 晶相构成，分析表明，碳酸锰中的 Mn^{2+} 对于钒酸锰中空球状结构及微管结构的形成起到了关键作用。以有机物作为软模板，五氧化二钒和硫酸锰作为原料，通过水热反应于 165 ℃也可以合成外部直径约 20 μm、长达 100 μm 的六方钒酸锰微管结构，由 $(Mn^{2+})_6(Mn^{3+})_{1-2/3z}(OH)_3(VO_4)_3(VO_4)_{1-2z}(V_2O_7)_z(z=2)$ 晶相构成。

以四水乙酸锰及偏钒酸铵为原料，乙酸作为 pH 值调节剂，调节溶液 pH 值到 5~6，可以实现单斜 MnV_2O_6 晶相钒酸锰纳米片的合成，此种纳米片的宽约 0.85 μm、厚约

100 nm,长度可达 1.7 μm。通过多步水热反应还可实现单斜 MnV_2O_6 晶相钒酸锰纳米带的合成。这种方法以四水氯化锰和五氧化二钒作为原料,首先将五氧化二钒放于反应釜内于 200 ℃ 水热反应 1 天,得到黄色溶液,然后将所得溶液与氯化锰混合,放于反应釜内于 180 ℃ 水热反应 8 天,所得钒酸锰纳米带的宽度为 100~300 nm、厚度 20~30 nm。分析显示,在初始反应过程中形成了纳米片状结构,随着长时间的水热处理,纳米片转变成为纳米带。充放电测试结果显示,所得钒酸锰纳米带具有可逆充放电性能,初始电容量为 1085 mA·h/g,多次循环后其电容量可稳定在 1 A·h/g,这种良好的充放电特性可能是由于纳米带的宽度为纳米级,减少了电子的扩散距离引起的。

2.3 稀土钒酸盐纳米材料

2.3.1 稀土钒酸盐粉末

稀土钒酸盐的结构一般用 $LnVO_4$ 来表示,其中 Ln 为稀土元素。在稀土钒酸盐中,钒原子与 4 个氧原子形成 VO_4 四面体结构,而由于镧系收缩,因此除镧系元素外,其他稀土元素与镧系元素只能与氧元素形成八配位的 LnO_8 结构。关于稀土钒酸盐的研究目前主要集中在钒酸钇、钒酸镧,并掺杂一定的稀土元素,以提高其光学性能。稀土钒酸盐具有磁性、光催化、热稳定性及良好的气敏性等,在光学器件、激光材料、磁性材料、化学传感及催化等方面具有广泛的应用前景。

采用提拉法可以生长出 $Nd:YVO_4$、$Nd:GdVO_4$ 及 $Nd:Cd_xLa_{1-x}VO_4$($x=0.8$、0.6、0.45)系列晶体。采用波长 808 nm 的激光激发这 3 种掺杂钒酸盐进行荧光特性分析,结果显示这 3 种钒酸盐在 850~1400 nm 的波长范围内均存在强烈的荧光发射峰。$Nd:YVO_4$ 晶体的主发射峰位于 914.6 nm、1064.3 nm 和 1342.6 nm,$Nd:GdVO_4$ 晶体的主发射峰位于 912.4 nm、1063 nm 和 1341.6 nm,而 $Nd:Cd_xLa_{1-x}VO_4$($x=0.8$、0.6、0.45)晶体的主发射峰位于 912.4 nm、1063 nm 和 1341.6 nm,说明这 3 种钒酸盐均具有良好的发光能力。用激光二极管(LD)泵浦这 3 种钒酸盐晶体,可以实现 1.06 μm 和 1.34 μm 的激光输出。

采用传统的高温固相反应在大于 1200 ℃ 的温度下可以制备出铕掺杂的钒酸钇粉末,通过水热法也可以合成尺寸为 20~30 nm 的铕掺杂钒酸钇粉末。在不同极性的溶剂作用下,采用水热法和微波辐射法可以合成形态可控的微米级及纳米级钒酸钇粉末。利用微波快速、均匀加热的特性,控制溶液快速、一次成核,在不添加任何溶剂的情况下,可得到最小平均粒径为 5 nm 的钒酸钇纳米粉末。光催化降解有机物的结果显示,这种小尺寸、大比表面积的钒酸钇纳米粉末具有优异的光催化特性。

2.3.2 一维稀土钒酸盐纳米材料

除了传统的稀土钒酸盐粉末外,目前还有一维稀土钒酸盐纳米结构的报道,主要集中于钒酸铈纳米棒、钒酸镧纳米棒及钒酸钇纳米棒,这些稀土钒酸盐纳米棒在光学器件及光催化领域具有良好的应用潜力。

采用软模板辅助水热过程可以有效合成 $LaVO_4$ 纳米棒、$CeVO_4$ 纳米棒、YVO_4 纳米棒及钒酸铵纳米带、纳米线。分别以硝酸镧、硝酸铈及硝酸钇为金属盐,钒酸钠为钒源,乙二胺四乙酸（EDTA）、二乙胺四乙酸钠为软模板剂，采用氨水调节溶液 pH 值至 8.5~10，水热反应 200 h 可以合成直径 80~150 nm、长约 1 μm 的 $LaVO_4$ 纳米棒，直径约 80 nm、长约 600 nm 的 $CeVO_4$ 纳米棒及直径 20~50 nm、长 200~400 nm 的 YVO_4 纳米棒。在合成过程中，直接添加摩尔分数为 2%~5% 的 $Eu(NO_3)_3$ 可以得到掺杂 Eu 的 $LaVO_4$、$CeVO_4$ 及 YVO_4 纳米棒。稀土钒酸盐纳米颗粒仅具有较微弱的荧光特性，而稀土钒酸盐纳米棒由于一维晶体的各向异性导致荧光性能有所增强。稀土钒酸盐纳米棒中掺杂 Eu 后，因为纳米棒在红色可见光区出现了强烈的光致发光峰，所以 Eu 的掺杂改善了低维稀土钒酸盐纳米材料的光致发光性能，在红光发射光学器件方面具有良好的应用前景。以偏钒酸铵为钒源，通过盐酸调节溶液 pH 值为 1.5 和 0.5，采用水热反应可以得到钒酸铵纳米带及纳米线。pH 值影响了晶体的表面自由能和水热体系的氢键相互作用，使得钒酸铵纳米晶体各向异性生长成为不同的一维纳米结构。

采用不同的铈源也可以得到钒酸铈纳米棒。以硝酸亚铈为铈源，EDTA 为软模板，于 180 ℃ 保温 24 h 的水热条件下能够合成直径 30~50 nm、长 1~2 μm 的钒酸铈纳米棒。EDTA 浓度、pH 值和水热反应时间对钒酸铈纳米棒的形成有着重要影响，EDTA 可以促进钒酸铈纳米棒的成核，pH 值影响产物的聚集形态，增加水热反应时间有利于得到结晶度更高的钒酸铈纳米棒。以偏钒酸铵为钒源，溶液 pH 值为 10，于 180 ℃ 保温 6 h 可以水热合成钒酸铈纳米棒阵列，需要严格控制 Ce、V、EDTA 摩尔比为 1:1:1.25，否则只能得到自由分布的钒酸铈纳米棒。

2.4 钒酸铋纳米材料

2.4.1 钒酸铋粉末

钒酸铋（$BiVO_4$）具有四方白钨矿型、四方硅酸锆型和单斜白钨矿型晶相，具有良好的光催化、铁电性及热致变色性能，在光催化、铁电器件及固体氧化物燃料电池领域具有广泛的应用前景。

通过高温固相反应法、水热过程及金属醇盐水解法可以制备出单斜晶相的 $BiVO_4$ 粉末。高温固相法通常需要较高的制备温度及较长的反应时间，所得 $BiVO_4$ 粉末形貌不规则，颗粒尺寸较大，一般含有杂质相。水热法虽然可以提高 $BiVO_4$ 粉末的结晶度和纯度，但是需要特殊的高压反应容器，也需要较长的反应时间。金属醇盐水解法具有合成过程简单、化学组成可控等特点，但成本较高，需要添加有机添加物。

采用水相沉淀法可以制备出四方硅酸锆型晶相的 $BiVO_4$ 粉末，但是使用这种方法难以得到单斜或四方白钨矿 $BiVO_4$ 结构，通过选择特殊原料，例如 $K_3V_5O_{14}$、KV_3O_8，可以合成不同晶相结构的 $BiVO_4$。光催化测试结果表明，在可见光照射下，单斜 $BiVO_4$ 比四方 $BiVO_4$ 具有更高的光催化性能。采用液相法，于室温陈化三天能够制备出四方晶相及单斜晶相的钒酸铋，四方相和单斜相 $BiVO_4$ 的带隙分别为 2.9 eV 和 2.4 eV。紫外光分解 $AgNO_3$ 水溶液产生 O_2 的实验显示，单斜相 $BiVO_4$ 比四方相 $BiVO_4$ 具有更高的催化活性。与高温固相反应法相比较，液相法所得到的单斜晶相 $BiVO_4$ 在可见光区具有更好的光催化性能。采用十二烷基苯磺酸钠（SDBS）辅助的水热法也可以合成高纯度、分散性良好

的片状 $BiVO_4$ 粉末。SDBS 可以调控产物形态，在水热反应过程中首先得到四方相的 $BiVO_4$ 纳米晶，随着水热反应的进行，$BiVO_4$ 纳米晶在 SDBS 作用下聚集并产生相变，从而形成了单斜晶相的片状 $BiVO_4$。光催化分析表明，片状 $BiVO_4$ 比相应块体材料的催化活性更高，这可能是由于片状 $BiVO_4$ 具有更大的比表面积引起的。

2.4.2 一维钒酸铋纳米材料

目前学界关于一维钒酸铋纳米材料的研究较少，仅有钒酸铋纳米管及纳米线的报道。以乙酸铋为铋源，多孔阳极氧化铝为模板，通过溶胶凝胶法能够合成钒酸铋纳米管。所得钒酸铋纳米管为斜方多晶 $Bi_2VO_{5.5}$ 结构，外部直径 185~235 nm、壁厚 20~25 nm，长度可达 15 μm。高分辨透射电子显微镜图像结果显示，钒酸铋纳米管的管壁由 5~9 nm 的纳米颗粒构成，通过纳米孔道限制效应导致钒酸铋纳米管的形成。以十六烷基三甲基溴化铵（CTAB）为表面活性剂，以硝酸铋、偏钒酸铵为原料，通过硝酸来调节溶液 pH 值，采用水热法于 160 ℃ 保温 48 h 可以得到单斜 $BiVO_4$ 晶相的钒酸铋纳米线。所得钒酸铋纳米线的平均直径约100 nm、长度可达数微米。

2.5 钒酸银纳米材料

2.5.1 钒酸银粉末

钒酸银具有杂化价带结构，使得钒酸银对光的响应范围可扩展至可见光区，可以作为可见光响应光催化剂。采用化学沉淀及高温固相反应复合方法能够制备出 $α-AgVO_3$、$β-AgVO_3$、$Ag_4V_2O_7$ 和 Ag_3VO_4。钒酸银的吸收边均在可见光区，可见光催化分解水产生氧的结果显示，Ag_3VO_4 具有良好的可见光催化性能。

以五氧化二钒和硝酸银为原料，首先将五氧化二钒溶解于 NaOH 溶液中，并与硝酸银溶液混合得到黄色沉淀，然后将所得沉淀经不同温度水热处理后得到 Ag_3VO_4 粉末。所得钒酸银粉末的尺寸为 1~4 μm。140 ℃ 和 180 ℃ 所得钒酸银的结晶度较差，产物中含有较多杂相银。在 160 ℃ 的水热温度下，所得钒酸银颗粒的结晶度良好，表面光滑，银杂相明显减少。在 160 ℃ 保温 48 h 的水热条件下所得 Ag_3VO_4 的光催化活性最好。过量的钒盐可以提高钒酸银的结晶度，也可以抑制产物中出现银杂相。

2.5.2 一维钒酸银纳米材料

一维钒酸银（$β-AgVO_3$）是一种稳定的钒酸银晶相，其性能与钒酸银的尺寸、形态及表面状态密切相关，在光催化、传感器方面具有良好的应用前景，将钒酸银可控合成不同形态的一维结构，如纳米棒及纳米带，可望提高其光催化、传感性能。

以硝酸银和偏钒酸铵为原料，通过水热过程于 160 ℃ 保温 16 h 可以合成单晶 $β-AgVO_3$ 晶相的钒酸银纳米带。所得钒酸银纳米带厚 20 nm、宽 200 nm，长数十微米。Raman 光谱分析显示，钒酸银纳米带具有表面增强的 Raman 散射效应，这是由于样品的电磁效应至少增强了 10^8 倍，以及样品表面化学吸附分子电荷转移激发增强机制引起的。这种具有表面增强 Raman 散射效应的钒酸银可以用来分析人类血清转铁蛋白及人类血清重组蛋白，检测物质的量浓度上限为 1×10^{-5} mol/L，具有良好的稳定性及可重复利用性。此结果说明，钒酸银纳米带可作为生物传感系统的构造单元，用于检测生物分子。通过调节水热溶液的 pH 值，可以得到其他形态的钒酸银一维纳米结构。以硝酸银、偏钒酸铵为原料，采用乙酸调节溶液的 pH 值到 6.6，于 160 ℃ 保温 16 h 可以得到银纳米颗粒修饰的直径约 60 nm 的钒酸银纳米线，银纳米颗粒的直径 1~20 nm，均匀分布于纳米线的表面。随着原料中硝酸银含量的增加，纳米线表面修饰的银纳米颗粒明显增加，这说明银纳米颗粒的出现是由硝酸银的分解得到的，银纳米颗粒在纳米线表面核化导致纳米线表面银纳米颗粒的形成，这种钒酸银纳米线对于葡萄球菌具有抗菌性。

目前因为关于钒酸银纳米结构的合成通常需要较高温度或较长的反应时间，所以常温合成钒酸银纳米结构对于降低制备成本、简化合成过程具有一定的研究意义。将摩尔比为 1:1 的硝酸银和偏钒酸铵混合，溶液的 pH 值可从 4.6 变为 6.8，获得黄色沉淀物，从而得到钒酸银纳米棒，所得钒酸银纳米棒的直径 100~600 nm，长度可达 20~40 μm。

2.6   钒酸铜纳米材料

钒酸铜（CuV_2O_6）具有三斜层状结构，在锂离子电池方面具有良好的应用潜力。以氧化铜和五氧化二钒作为原料，通过高温固相反应于 600 ℃ 可以得到三斜 CuV_2O_6 晶相的钒酸铜单晶。通过水热法可以合成三斜 CuV_2O_6 晶相的钒酸铜纳米线，充放电测试结果显示这种纳米线具有较高的放电能力。以碱式碳酸铜和偏钒酸铵为原料、CTAB 为表面活性剂，通过 CTAB 辅助水热过程于 80 ℃ 保温 24 h 可以得到单斜 $Cu_3V_2O_7(OH)_2 \cdot 2H_2O$ 晶相的微米级钒酸铜花状结构，这种三维花状结构由纳米片构成，纳米片的厚度为 80 nm，具有单晶结构。以硫酸铜、氯化铜和硝酸铜为铜源，只能得到钒酸铜纳米晶及纳米带，而得不到钒酸铜花状结构，说明碱式碳酸铜对于钒酸铜花状结构的形成具有重要作用。CTAB 作为一种软模板，诱导了三维纳米花的形成。电化学分析表明，这种花状结构具有较高的放电能力。

以钒酸钠与乙酸铜作为原料、PVP 作为表面活性剂，控制水热溶液的 pH 值，通过水热过程能够合成钒酸铜纳米带。当 PVP 质量分数为 3%、pH 值为 2 时，于 180 ℃ 保温 24 h 所得钒酸铜纳米带不同放大倍数的 SEM 图像如图 2-13 所示。低倍率 SEM 图像 [图 2-13（a）] 分析表明，所得产物含有大量自由分布的纳米带状结构，带状结构长度有数十微米，从图像中未观察其他纳米结构，说明所得产物为单一形貌的纳米带。高倍率 SEM 图像 [图 2-13（b）] 分析表明，所得钒酸铜纳米带的厚度和宽度分别为 50 nm 和 300 nm~1 μm。钒酸铜纳米带的宽度均匀，表面光滑。钒酸铜纳米带典型的厚度和宽度分别为 50 nm 和 1 μm [图 2-14（a）]，纳米带具有光滑的表面、均匀的宽度和厚度，这与 SEM 图像的观察是一致的。HRTEM 图像 [图 2-14（b）] 表明，纳米带具有明显的晶格条纹，说明钒酸铜纳米带具有良好的单晶结构。晶格间距为 0.75 nm，对应 $Cu_{2.33}V_4O_{11}$ 晶相的（200）晶面的晶面间距。

采用酸性或者碱性条件下的核化及 PVP 吸附生长机制解释了钒酸铜纳米带的形成与生长。图 2-15 所示为钒酸铜纳米带的生长过程示意图。PVP 属于非离子表面活性剂，可以提供配位位置，在 PVP 分子表面的配位位置可以提供必需的非均匀成核位置点。在初

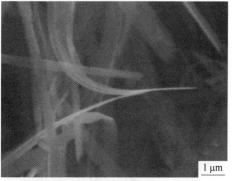

(a) 低倍率   (b) 高倍率

图 2-13 钒酸铜纳米带不同放大倍率的 SEM 图像

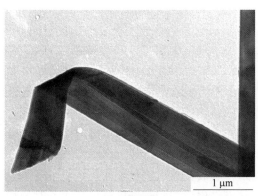

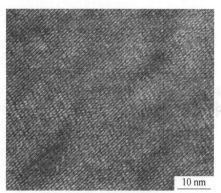

(a) TEM图像   (b) HRTEM图像

图 2-14 钒酸铜纳米带的透射电子显微图像

始反应阶段，钒酸钠与乙酸铜反应形成了钒酸铜。因此，在酸性或者碱性水热条件下，钒酸铜在水热溶液中饱和析出形成了钒酸铜纳米团簇。这些钒酸铜纳米团簇可以作为非均匀的成核位置，形成钒酸铜纳米片，此现象已被 PVP 浓度、保温时间及水热温度关于钒酸铜纳米带的形成分析实验所证实。在酸性或者碱性水热条件下，PVP 吸附在钒酸铜纳米团簇的表面，促进钒酸铜纳米片的形成。在较短的保温时间和较低的水热温度条件下形成少量的片状结构，最终促进了钒酸铜纳米片向纳米带的转变。单斜 $Cu_{2.33}V_4O_{11}$ 晶相的钒酸铜纳米带的生长与单斜 $Cu_{2.33}V_4O_{11}$ 晶相的异向晶体结构密切相关。随着水热温度和保温时间的增加，钒酸铜纳米带持续生长。钒酸钠与乙酸铜完全反应，导致单斜 $Cu_{2.33}V_4O_{11}$ 晶相的钒酸铜纳米带最终形成。

图 2-16 所示为裸玻碳电极和钒酸铜纳米带修饰玻碳电极在 0.1 mol/L KCl、2 mmol/L 抗坏血酸混合溶液中的电化学循环伏安 CV 曲线。从图 2-16 中的电化学 CV 曲线（a）中没有观察到电化学循环伏安特性 CV 峰，说明裸玻碳电极在 0.1 mol/L KCl、2 mmol/L 抗坏血酸混合溶液中没有电化学活性。钒酸铜纳米带修饰玻碳电极在 0.1 mol/L KCl、2 mmol/L 抗坏血酸混合溶液中的电化学 CV 曲线与裸玻碳电极有明显不同。从图 2-16 中的电化学 CV 曲线（b）中可以观察到两对准可逆的电化学循环伏安特性峰，两个阳极 CV 峰

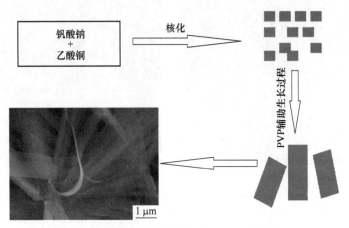

图 2-15   钒酸铜纳米带的生长过程示意图

（cvp1、cvp2）位于+0.12 V 和+0.02 V 电位处，两个阴极 CV 峰（cvp1′、cvp2′）位于+0.04 V 和-0.81 V 电位处。只在钒酸铜纳米带修饰玻碳电极上观察到两对抗坏血酸的电化学 CV 峰，表明电化学 CV 峰是由于钒酸铜纳米带引起的。钒酸铜纳米带修饰电极提供了大量电化学催化活性位置，降低了抗坏血酸的氧化还原反应能量势垒。由于抗坏血酸氧化电子转移是内层电子转移反应，与电极表面关系密切，从而提高了溶液中抗坏血酸与修饰电极之间的电子转移速度。抗坏血酸整个氧化过程可以进行如下解释：抗坏血酸分子首先扩散到最近的电极活性位点，被钒酸铜纳米带吸收，然后将吸收的抗坏血酸分子由钒酸铜纳米带催化氧化成脱氢抗坏血酸。钒酸铜纳米带修饰玻碳电极检测抗坏血酸时的线性检测范围为 0.001~2 mmol/L，检出限为 0.14 μmol/L 和 0.38 μmol/L，对应电化学 CV 峰 cvp1 和 cvp2。钒酸铜纳米带修饰玻碳电极电化学测定抗坏血酸时具有良好的稳定性和可重复性。

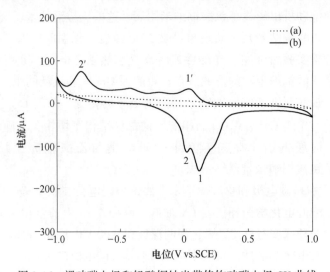

图 2-16   裸玻碳电极和钒酸铜纳米带修饰玻碳电极 CV 曲线

2.7 钒酸锌纳米材料

钒酸锌纳米材料具有带隙窄、比表面积大等特点，在光催化领域具有潜在的应用前景。以氯化锌作为锌源、四价钒氧化物作为钒源，在 N，N-二甲基甲酰胺溶剂中通过溶剂热合成过程制备出中空的钒酸锌纳米结构。以硝酸锌作为锌源也可以制备出中空的钒酸锌球状纳米结构，此种结构具有强烈的吸附 MB 等有机污染物的能力。在苯甲醇中，通过硝酸锌与亚钒酸铵的反应可以得到中空的钒酸锌球状结构，此种结构具有稳定的充放电循环性能，在 50 次循环充放电后比电容为 524 mA·h/g，能够用于锂离子电池的电极材料。以亚钒酸铵和硝酸锌作为原料，在油酸、双氧水和硝酸混合溶剂中能够合成钒酸锌纳米球，此种钒酸锌纳米球可以用作电化学超电容器的电极，在超电容器方面具有良好的应用前景。以硝酸锌和偏钒酸铵作为原料能够制备出单斜 ZnV_2O_6 晶相的钒酸锌纳米线，所得钒酸锌纳米线可以用作阳极材料，在锂离子电池领域具有良好的应用前景。

钒酸锌纳米棒由于带隙窄，可以吸收太阳可见光，因此钒酸锌纳米棒可以作为光催化材料，引起了人们特殊的研究兴趣。然而，目前钒酸锌的制备通常合成过程复杂、制备温度较高。由于纳米材料的特殊形貌与性能具有密切关系，因此采用简单的低温合成路线制备出钒酸锌纳米结构是目前重要的研究内容之一。水热合成具有制备过程简单、成本低、纳米形貌易于控制及设备简单等特点，在合成一维纳米材料方面具有良好的应用前景。以乙酸锌、钒酸钠作为原料、SDS 作为表面活性剂，通过 SDS 辅助水热过程能够合成钒酸锌纳米棒。所得钒酸锌纳米棒由单斜 $Zn_2V_2O_7$ 晶相（JCPDS 卡，卡号：38-0251）构成，此种单斜 $Zn_2V_2O_7$ 晶相明显不同于通过其他方法所得微米级及纳米级的立方 ZnV_2O_4 晶相的钒酸锌。钒酸锌纳米棒的低倍 SEM 图像［图 2-17（a）］显示，所得产物由自由分布的纳米棒构成，钒酸锌纳米棒的直径和长度分别为 50~100 nm 和 5 μm；高倍 SEM 图像［图 2-17（b）］显示，所得钒酸锌纳米棒的表面光滑，头部为半圆形形貌。此种纳米棒形貌与通过水热过程制备出的其他成分的纳米棒形貌是相似的。钒酸锌纳米棒的 TEM 图像［图 2-18（a）］表明，钒酸锌纳米棒的直径为 50~100 nm，为笔直结构，表面光滑。纳米棒的点状 SAED 花样［图 2-18（a）左上角插入图］显示，所得钒酸锌纳米棒由良好的单晶结构构成。钒酸锌纳米棒的 HRTEM 图像［图 2-18（b）］表明，钒酸锌纳米棒具有单一方向的晶格条纹，说明其具有良好的单晶结构。晶格间距为 0.53 nm，对应 $Zn_2V_2O_7$ 晶相的（110）晶面的晶面间距。

通常来讲，在水热条件下低维纳米材料的形成与生长过程可以采用奥斯特瓦尔德熟化过程来解释。然而，表面活性剂 SDS 对于钒酸锌纳米棒的形成具有关键作用。作为一种非离子表面活性剂，SDS 不仅可以作为一种微反应器，而且可以为钒酸锌纳米棒的形成提供成核位置。另外，水热温度和保温时间等水热条件对于钒酸锌纳米棒的形成与生长也起到了重要作用。因此，基于以上不同水热条件对于钒酸锌纳米棒形成的影响分析结果，提出 SDS 辅助核化与生长过程能够解释钒酸锌纳米棒的形成与生长。在水热反应的初始阶段，钒酸钠与乙酸锌反应生成了钒酸锌。钒酸锌在水热溶液中饱和析出形成了钒酸锌纳米团簇，这些钒酸锌纳米团簇可以作为成核位置，钒酸锌晶核的生长可以被水热参数，如水热温度、保温时间和 SDS 浓度等控制。此现象已被 SDS 浓度、保温时间及水热温度关于

(a) 低倍率   (b) 高倍率

图 2-17   钒酸锌纳米棒不同放大倍率的 SEM 图像

 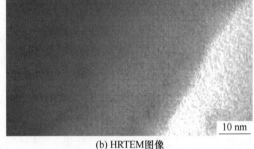

(a) TEM图像   (b) HRTEM图像

图 2-18   钒酸锌纳米棒的透射电子显微图像

钒酸锌纳米棒的形成分析实验所证实。然而，SDS 对于钒酸锌纳米棒的形成起到了本质作用。非离子表面活性剂 SDS 在水热溶液中形成微反应器，SDS 吸附于钒酸锌晶核表面，诱导晶核沿某一晶面选择性生长，促进钒酸锌纳米棒的形成与生长。在较低的水热温度（80℃）和较短的保温时间（0.5 h）时，通过 SDS 辅助的奥斯特瓦尔德熟化核化与晶体生长机制，在钒酸锌晶核中形成了较短的钒酸锌纳米棒。随着水热温度和保温时间的增加，短钒酸锌纳米棒持续生长形成长钒酸锌纳米棒。

图 2-19 所示为钒酸锌纳米棒的固体 UV-Vis 漫反射光谱，通过固体 UV-Vis 漫反射光谱可以确定钒酸锌纳米棒的带隙 E_g。从图 2-19 中可以看出，所得钒酸锌纳米棒为典型的半导体，根据 Kubelka-Munk 方程式计算可知钒酸锌纳米棒的带隙为 2.76 eV。与 3D 手性有机-无机杂化钒酸锌的带隙（3.10 eV）相比，钒酸锌纳米棒的吸收边显示了明显的红移，在可见光区域，其光吸收有明显的增强。钒酸锌纳米棒的吸收边波长为 450 nm，表明钒酸锌纳米棒在可见光区域具有强烈的可见光吸收能力。因此，钒酸锌纳米棒由于带隙窄，可以吸收太阳可见光。

在太阳可见光照射下，研究了钒酸锌纳米棒在水溶液中光催化降解 MB 的光催化活性。作为对比，只添加钒酸锌纳米棒、未经太阳可见光照射和只经太阳光照射、未添加钒酸锌纳米棒，分析了在水溶液中光催化降解 MB 的光催化活性。图 2-20 所示为以钒酸锌纳米棒作为光催化剂，采用太阳光照射 MB 溶液不同时间后所得 MB 溶液的 UV-Vis 光谱，MB 溶液的初始质量浓度和钒酸锌纳米棒的含量分别为 10 mg/L 和 10 mg/10 mL MB。MB 溶液的特征 UV-Vis 吸收峰为 665 nm，随着太阳光照射时间的增加，位于 665 nm 波长处 MB 溶液的最大吸收峰强度明显减少。当太阳光照射时间增加到 4 h 时，MB 溶液的浓度减少到 0 mg/L，MB 溶液的颜色由深蓝色转变为了无色。图 2-21 所示为不

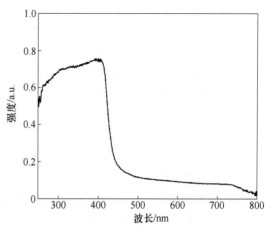

图 2-19　钒酸锌纳米棒的固体 UV-Vis 漫反射光谱

同光催化实验条件下经太阳光照射不同时间后所得 MB 溶液的浓度变化比率。未经太阳光照射，只添加钒酸锌纳米棒，在黑暗条件下分析了钒酸锌纳米棒光催化降解 MB 的光催化活性。C/C_0 比率与光照时间的关系曲线（图 2-21）显示，当未经太阳光照射时，钒酸锌纳米棒对 MB 没有光催化活性。为了了解太阳光在光催化降解 MB 过程中的作用，未添加钒酸锌纳米棒，只经太阳光照射 MB，分析了其光催化降解 MB 后 MB 溶液的浓度变化比率。未添加钒酸锌纳米棒，只以太阳光光照 MB 溶液 4 h 后，MB 的降解比率为 27.36%。当不存在钒酸锌纳米棒时，通过太阳光照射 MB 溶液在一定程度上可以被有限降解，此结果与文献报道的以钒酸铋作为光催化剂光催化降解 MB 的结果是相似的。以钒酸锌纳米棒作为光催化剂，经太阳光照射 4 h 后，MB 可以被完全降解。因此，在太阳光照射下，钒酸锌纳米棒在光催化降解 MB 时具有良好的光催化活性。

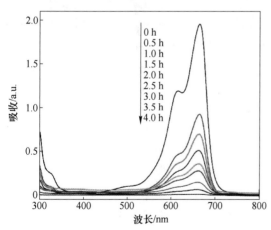

图 2-20　以钒酸锌纳米棒作为光催化剂，采用太阳光照射 MB 不同时间后所得 MB 溶液的 UV-Vis 吸收光谱

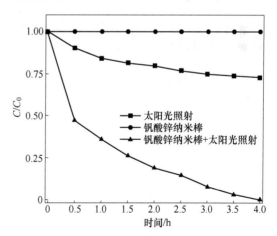

图 2-21　采用太阳光照射 MB 不同时间后 MB 溶液的浓度变化比率

　　水中的光催化剂在光照下，其表面会产生电子-空穴对，这些电子-空穴对会产生具有

高反应活性的·O_2^-和 HO·，而光催化剂的光催化活性与高反应活性的·O_2^-和 HO·相关。光催化剂的光催化活性与其带隙、形貌密切相关，通过降低光催化剂的带隙和增加光催化剂表面吸收的有机污染物数量来提高其光催化活性。钒酸锌纳米棒的带隙窄，具有良好的可见光吸收能力。光催化降解有机污染物分子所需能量低，因此在太阳光下光催化降解有机污染物具有良好的实际应用前景。钒酸锌纳米棒光催化降解有机污染物的光催化反应如下：

$$钒酸锌纳米棒 + h\nu \longrightarrow 钒酸锌纳米棒(e_{CB}^- + h\nu_B^+) \tag{2-1}$$

$$H_2O + h^+ \longrightarrow OH^- + H^+ \tag{2-2}$$

其中，CB 为导带，VB 为价带。

化学反应方程式（2-1）产生了导带中的电子和价带中的空穴；化学反应方程式（2-2）为空穴导致的水的氧化过程。MB 的光催化反应过程如下：

$$MB + O_2 \longrightarrow HCl + H_2SO_4 + HNO_3 + CO_2 + H_2O \tag{2-3}$$

2.8　钒酸铁纳米材料

2.8.1　钒酸铁粉末

钒酸铁（$FeVO_4$）属于 ABO_4 型光催化剂，具有三斜、正交和单斜晶体结构。目前关于 $FeVO_4$ 的制备主要有高温固相反应法、水热法和液相合成法。

以 Fe_2O_3 和 V_2O_5 作为原料，通过高温固相反应法，于 650 ℃保温 6 h，可以制备出三斜晶相的 $FeVO_4$ 粉末。这种方法所得到的 $FeVO_4$ 粉末颗粒尺寸粗大、分布不均匀且易团聚。采用液相法可以降低 $FeVO_4$ 粉末的尺寸，以 $FeCl_3$ 和 $VOCl_2$ 为原料，于 280 ℃保温 40 h，通过水热法合成了正交晶相的 $FeVO_4$，其粒径 100~300 μm。通过湿化学方法合成 $FeVO_4$ 首先将硝酸铁与偏钒酸铵混合，在 75 ℃连续搅拌 1 h 后得到 $FeVO_4$ 的前驱体，然后将所得前驱体于 500~600 ℃温度下煅烧 2 h 可以得到 $FeVO_4$ 粉末。光催化降解橙黄的结果表明，$FeVO_4$ 比 $\alpha\text{-}Fe_2O_3$、Fe_3O_4 和 $\gamma\text{-}FeOOH$ 光催化活性更好。

2.8.2　钒酸铁纳米棒

目前所制备的钒酸铁一般为无规则的微米级颗粒，而对其特定形态的一维纳米结构难于合成，因此探索有效方法来可控合成特定形态的钒酸铁是重要的研究内容之一。

通过两步过程制备出多孔钒酸铁纳米棒，此种方法以摩尔比为 1∶1 的硝酸铁和偏钒酸铵作为原料，首先采用水热过程于 180 ℃保温 3 h 得到钒酸铁纳米棒前驱体 $FeVO_4 \cdot 1.1H_2O$，然后于 550 ℃煅烧 24 h 得到无水的多孔钒酸铁纳米棒。所得钒酸铁纳米棒为三斜晶相的 $FeVO_4$ 结构，平均直径约 100 nm、长度可达数微米、比表面积为 6.7 m^2/g。这种两步法也可以推广到合成其他一维多孔纳米结构。

2.9　其他钒酸盐纳米材料

除了以上钒酸盐微纳米材料外，目前还有关于钒酸铟（$InVO_4$）、钒酸锂（LiV_3O_8）

纳米材料的报道。$InVO_4$ 具有正交和单斜晶相，其带隙为 2.0 eV，在太阳能利用、环境保护等领域引起了人们的关注。采用高温固相反应于 850 ℃ 可以制备出光催化剂 $InVO_4$，在可见光照下可以直接分解水为 H_2 和 O_2。通过低温煅烧方法也可以成功制备出单相纳米 $InVO_4$，500 ℃ 温度下煅烧所得产物为无定形态，当煅烧温度大于 600 ℃ 时可得到纯相 $InVO_4$。与高温固相反应法相比，低温合成可以防止 $InVO_4$ 纳米颗粒的团聚，增加比表面积。由于纳米 $InVO_4$ 的尺寸小，比表面积大，因此其光催化性能明显增加。采用水热法，于 200 ℃ 保温 24 h 也可以合成 $InVO_4$ 纳米颗粒，其粒径不均匀，形态不规则。合成过程中加入十二烷基硫酸钠后，可以得到规则的 $InVO_4$ 纳米棒，纳米棒直径为 100~140 nm，长 200~400 nm。当采用十六烷基甲基溴化胺作为表面活性剂时，所得产物为方片状 $InVO_4$，而当使用乙二胺四乙酸时，所得产物为砖块状 $InVO_4$，尺寸也明显增加。

以硝酸钠和偏钒酸铵为原料，通过水热过程于 180 ℃ 保温 6 h 可以得到三维单斜 $(NH_4)_{0.83}Na_{0.43}V_4O_{10} \cdot 0.26H_2O$ 晶相的钒酸钠花状结构。这种纳米花由厚度约 50 nm、长数微米的纳米片构成。电化学分析显示，钒酸钠花状结构正极具有良好的循环稳定性，这可能是由于花状结构中的 Na^+ 和 NH_4^+ 的晶格改变引起的。

钒酸锂具有较高的电容，在空气中稳定性好及使用电压高，可以作为锂离子电池的正极材料。合成方法对于钒酸锂的形态、结构及电化学性能具有重要影响。以碳酸锂和五氧化二钒为原料，通过传统的高温固相法于 680 ℃ 保温 10 h 可以制备出 LiV_3O_8。然而，此种方法制备的 LiV_3O_8 在 1.8~4.0 V 的使用电压范围内，其电容只有 180 mA·h/g。以五氧化二钒和氢氧化锂作为原料，通过溶剂热过程可以合成纳米片构成的钒酸锂花状结构，纳米片的厚度为 10~20 nm，花状结构的直径为 1~2 μm。这种钒酸锂花状结构的电化学循环稳定性好，电容量增加到了 357 mA·h/g。

通过两步法可以得到钒酸锂纳米棒。首先以氢氧化锂、五氧化二钒及氨水作为原料，于 160 ℃ 保温 12 h 通过水热过程制备出钒酸锂前驱体，锂钒摩尔比为 1∶4，然后将所得前驱体于 300~500 ℃ 煅烧 12 h 可以得到钒酸锂纳米棒。钒酸锂纳米棒的尺寸与煅烧温度密切相关。温度在 300 ℃ 下煅烧所得纳米棒的直径为 40 nm、长度小于 600 nm，结晶度较差。随着煅烧温度增加至 350 ℃，纳米棒的直径和长度分别增加至 70 nm 和 1~2 μm。随着煅烧温度进一步提高至 600 ℃，产物中除了钒酸锂纳米棒外，还存在较多颗粒。电化学分析结果表明，300 ℃ 温度下煅烧所得钒酸锂纳米棒的电容量为 302 mA·h/g，循环 30 次后电容量可以稳定在 278 mA·h/g。

3 铋酸盐纳米材料

铋酸盐纳米材料具有良好的电学、催化和电化学性能，在电学、光催化和电化学传感器领域具有广阔的应用前景，引起了人们广泛的研究兴趣。采用不同的铋酸盐纳米材料修饰电极，例如铋酸锌纳米棒、铋酸铝纳米棒等，对不同种类的生物分子具有良好的电催化活性，铋酸铜和铋酸钡纳米材料在电化学传感器和电学器件中也具有很好的应用前景。铋酸镧、铋酸钙纳米材料作为典型的铋酸盐，具有带隙窄、比表面积大、化学稳定性好、光学性能良好的特点，可以吸收太阳可见光，在光催化处理有机污染物方面具有良好的应用潜力。十二烷基苯磺酸钠（SDBS）、十六烷基三甲基溴化铵（CTAB）等表面活性剂分子吸附于纳米材料的表面，可以促进特殊形貌纳米材料的形成，基于表面活性剂辅助的水热方法具有制备过程简单、纳米材料的形貌可控等特点，可以有效制备多种特殊形貌的铋酸盐纳米材料。

对半导体光催化剂进行掺杂，可以增强半导体光催化剂在可见光范围内的光吸收能力，提高光催化剂在降解有机污染物的光催化性能。不同种类金属掺杂的光催化剂，例如 Nd 掺杂 $BiYO_3$ 纳米管、Fe 掺杂花状 $BiVO_4$、Zr 掺杂 ZnS 纳米粉末、Gd 及 Sn 共掺杂 $BiFeO_3$、MoS_2/V、N 共掺杂 TiO_2 已经应用于光催化处理废水中的有机污染物。钒掺杂能够提高光催化剂可见光的吸收能力及光催化性能，是一种有效的掺杂剂。以钒酸钠作为钒源，对铋酸盐纳米材料进行钒掺杂，可望提高其在太阳光照射下去除有机污染物的光催化活性。本章主要介绍铋酸钠、铋酸钙、铋酸镧、铋酸铜、铋酸锌、铋酸银、铋酸锶、铋酸镁等多种铋酸盐纳米材料。

3.1 铋酸钠纳米材料

铋酸钠具有 $NaBiO_3$ 和 Na_3BiO_5 两种晶体结构，属于钙钛矿型金属氧化物。因为 Na_3BiO_5 在常温、常压下处于一种亚稳定状态，所以较少研究。$NaBiO_3$ 则具有良好的光催化性能，以 $NaBiO_3$ 作为光催化剂，在自然光照条件下，能够催化分解水溶液中的多环芳烃类、苯酚类等多种有机污染物，说明 $NaBiO_3$ 在光催化降解有机污染物方面具有良好的应用潜力。另外，$NaBiO_3$ 在超导、电化学及有机合成等领域也具有良好的应用前景。

铋酸钠纳米材料的制备方法主要有两种：（1）在强碱性溶液中，利用 Cl_2 所具有的强氧化性来氧化 $Bi(OH)_3$；（2）利用 Bi_2O_3 和 Na_2O_2 为原料，在高温反应下获得。这些方法制备出的铋酸钠纳米材料的缺点是晶体粒径较大、纯度低且有较多杂相，通过离子交换方法可以改进铋酸钠纳米材料的制备工艺，从而解决铋酸钠晶体尺寸大、纯度低的问题，但也存在加热时间较长、操作较为复杂的缺点。采用离子交换方法改进铋酸盐的合成工艺，能够改善传统方法制备出的铋酸钠粒径较大且纯度较低的问题，但这些合成方法需要长达数天的加热时间。Bi_2O_3 和 TiO_2 对碱性锌锰电池的二氧化锰正极掺杂修饰后提高了二氧化锰电池的充放电性能。潘军青等发现掺杂铋酸钠的二氧化锰正极的电化学性能明显优于掺杂粒度相当的 Bi_2O_3 的二氧化锰正极。

喻恺等系统研究了在可见光照射下，$NaBiO_3$ 对孔雀石绿（MG）的光催化降解性能。为了比较 $NaBiO_3$ 光催化降解 MG 的效果，选取了 $NaBiO_3$、TiO_2 和 Bi_2WO_6 三种纳米材料作为光催化剂，MG 溶液的浓度为 20 mg/L，处理时间为 17 min，结果表明 $NaBiO_3$、TiO_2 和 Bi_2WO_6 对 MG 的降解率分别为 97%、44% 和 28%，说明 $NaBiO_3$ 在可见光照射条件下对 MG 具有良好的光催化性能。将 $NaBiO_3$ 重复使用 6 次，其光催化活性不变，说明 $NaBiO_3$ 具有稳定的晶体结构。为了研究 MG 的降解过程，进行了气相色谱–质谱联用仪（GC/MS）和液相色谱–质谱/质谱联用仪（LC/MS/MS）测试，发现有 8 种降解产物和 4 类脱甲基产物，表明 $NaBiO_3$ 光催化降解 MG 分子的原理是破坏其生色团与脱甲基。$NaBiO_3$ 的用量（小于 3 g/L）越高，MG 的降解率越高，MG 初始浓度越低，MG 的降解率越高。

采用 $NaBiO_3$ 作为光催化材料，对 MB 溶液进行太阳光照射下的光催化降解实验，结果表明，在可见光照射下，$NaBiO_3$ 对 MB 具有良好的光催化降解性能。郑文婕等研究了在可见光照射下，$NaBiO_3$ 光催化降解苯胺的光催化活性，分析结果表明，$NaBiO_3$ 对苯胺具有良好的光催化降解活性，苯胺的降解速率随着苯胺浓度的增大而降低，光照 120 min 后，苯胺的降解率超过 60%，最高可以达到 95%。$NaBiO_3$ 催化降解处理苯胺溶液的最佳反应条件为：苯胺浓度为 20 mg/L、溶液 pH 值为 5、$NaBiO_3$ 用量 1 g/L。以硝酸铋、过硫酸钠作为原料，通过常温化学反应方法制备出尺寸为 100~150 nm 的铋酸钠纳米颗粒，在可见光照射 15 min 后，铋酸钠纳米颗粒对 RhB 具有良好的光催化活性，降解率可以达到 92.5%。

3.2　铋酸钙纳米材料

铋酸钙纳米材料属于典型的铋酸盐纳米材料，拥有较窄的带隙，在可见光作用下可有效去除有机污染物。以可见光为光源，$CaBi_2O_4$ 能够较好地催化降解 MB 和乙醛，并合成了 $Ca_4Bi_6O_{13}$、$Ca_6Bi_6O_{15}$、$Ca_4Bi_6O_{13}$、$Ca_5Bi_{14}O_{26}$ 和 $CaBi_6O_{10}$ 等系列铋酸钙，同时也有关于主族元素 Sr 和 Bi、O 结合的化合物 $SrBi_2O_4$、$Sr_6Bi_2O_9$ 的报道。对于正交和菱形 $CaBi_6O_{10}$ 结构的铋酸钙纳米颗粒，退火前斜方和菱形结构铋酸钙的带隙为 2.51 eV，经过 350 ℃退火后，斜方和菱形结构铋酸钙的带隙为 2.47 eV。Ca 与 Bi 的摩尔比在 1.0∶6.3~1.0∶4.3 之间，在可见光照射下，对 MB 的光催化降解分析结果表明，随着退火温度的降低，斜方结构铋酸钙的光催化活性显著增加，当 Ca 与 Bi 的摩尔比为 1.0∶4.3 时，斜方结构的铋酸钙具有最高的光催化活性。菱形结构铋酸钙的光催化活性随着 Bi 原子数的增加而增加，当 Ca 与 Bi 的摩尔比为 1.0∶6.3 时铋酸钙的光催化活性最高。

以硝酸铋和硝酸钙作为原料，通过水热法和溶胶-凝胶法合成晶体铋酸钙纳米材料，分别为不规则颗粒状的 $CaBi_2O_4$ 和十字架状的 $Ca_4Bi_6O_{13}$，并研究了铋酸钙纳米材料对 MB 的光催化活性。当 MB 溶液的 pH 值为 10 时，$CaBi_2O_4$ 和 $Ca_4Bi_6O_{13}$ 都具有良好的光催化性能。当可见光照射 5 h 后，MB 的降解率分别为 97% 和 67%，表明 $CaBi_2O_4$ 对 MB 具有更好的光催化活性。在处理有机废水的过程中，铋酸钙具有良好的应用潜力。

以 $Bi(NO_3)_3 \cdot 5H_2O$ 和 $Ca(NO_3)_2 \cdot 4H_2O$ 作为原料，通过浸渍焙烧法能够制备出 $CaBi_6O_{10}$ 纳米材料；以 $Bi(NO_3)_3 5H_2O$、$Ca(NO_3)_2 \cdot 4H_2O$、乙二胺四乙酸（EDTA）、$NH_3 \cdot H_2O$ 和稀硝酸作为原料，通过烧结法可以制备出 $CaBi_6O_{10}/Bi_2O_3$ 复合纳米材料，并系统研究了这两种纳米材料的光催化性能。因为在 Bi_2O_3 和 $CaBi_6O_{10}$ 之间存在一种耦合作用，这种作用会提高电荷迁移率，导致电子空穴的复合概率减小，所以这种复合纳米材料对 MB 均具有良好的光催化性能。烧温度 $600\ ℃$ 所得 $CaBi_6O_{10}/Bi_2O_3$ 复合纳米材料经可见光照射 3 h 后，MB 降解率可以达到 97%。Bi_2O_3 和 $CaBi_6O_{10}$ 两相之间的耦合作用提高了电荷迁移率，降低了电子空穴的复合概率，使得 $CaBi_6O_{10}/Bi_2O_3$ 催化剂拥有较高的光催化活性。

采用 CTAB 辅助的水热法能够制备出不同形貌和结构的纳米材料，控制 CTAB 的质量分数为 5%、反应温度 $180\ ℃$ 和保温 24 h，通过水热过程能够制备出铋酸钙纳米片。所得铋酸钙纳米片由单斜 $CaBi_2O_4$ 晶相（JCPDS 卡，卡号：48-0216）构成，这与文献报道的菱方、斜方结构铋酸钙纳米颗粒的晶相是不同的。

低倍率 SEM 图像 ［图 3-1（a）］ 显示，所得产物由二维的片状晶体构成，整个纳米片的长度约 10 μm，高倍率 SEM 图像 ［图 3-1（b）］ 显示，铋酸钙纳米片的厚度为 40 nm，这种纳米片的形貌与其他团队报道的纳米片形貌是一致的。TEM 图像 ［图 3-2（a）］ 所示产物由纳米片形貌构成，这与 SEM 的观测结果是一致的，铋酸钙纳米片的长度大于 6 μm。HRTEM 图像 ［图 3-2（b）］ 显示，铋酸钙纳米片具有清晰及规则的晶格条纹，晶面间距为 0.88 nm，对应于单斜 $CaBi_2O_4$ 晶相（$11\bar{1}$）的晶面间距，由此说明所得样品为单晶单斜 $CaBi_2O_4$ 晶相构成的铋酸钙纳米片。

(a) 低倍率   (b) 高倍率

图 3-1   铋酸钙纳米片不同放大倍率的 SEM 图像

铋酸钙纳米片的形成与生长可以通过 CTAB 辅助的水热生长过程来解释，在铋酸钙纳米片的形成过程中，CTAB 作为一种结构诱导剂，能够控制晶核的表面自由能，促进铋酸钙纳米片的形成与生长。在较低水热温度和较短反应时间的初始水热反应阶段，铋酸钠的分解生成三斜 Bi_2O_3，氧化铋与氯化钙反应生成铋酸钙。随着铋酸钙的不断增多，达到过饱和状态，从而从水热溶液中析出，形成了纳米颗粒。这种纳米颗粒可以作为形成铋酸钙纳米片的晶核，CTAB 分子吸附于铋酸钙晶核的表面，形成微乳液空腔系统，降低晶核表面自由能，促进铋酸钙纳米片的形成。随着 CTAB 浓度、反应温度和保温时间的增加，最

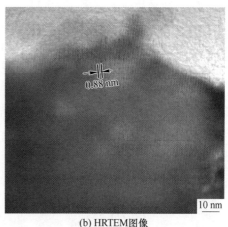

(a) TEM图像   (b) HRTEM图像

图 3-2   铋酸钙纳米片的透射电子显微镜图像

终形成单斜 $CaBi_2O_4$ 晶相的铋酸钙纳米片。

根据铋酸钙纳米片的固体 UV-Vis 漫反射光谱，$(Ah\nu)^{1/2}$ 与光子能量 $h\nu$ 的关系 Tauc 曲线（图 3-3），分析铋酸钙纳米片的光学吸收能力及带隙。图 3-3 中右下角插入图为铋酸钙纳米片的 UV-Vis 漫反射光谱，铋酸钙纳米片在可见光范围内的吸收边波长为 561 nm，带隙为 2.21 eV。以上结果说明铋酸钙纳米片具有良好的可见光吸收能力。

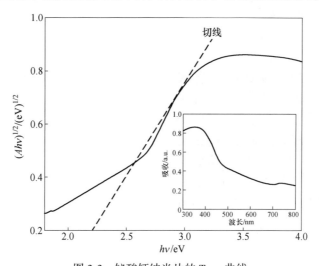

图 3-3   铋酸钙纳米片的 Tauc 曲线

采用质量分数为 5% 的 CTAB，于 180 ℃ 保温 24 h 所得铋酸钙纳米片作为光催化材料，研究在太阳光照射下，铋酸钙纳米片在水溶液中处理 GV 的光催化性能，取样时间间隔 1 h。铋酸钙纳米片的用量为 10 mg、GV 溶液的浓度为 10 mg/L、体积为 10 mL。图 3-4 所示为经过太阳光照射，铋酸钙纳米片光催化处理浓度为 10 mg/L 的 GV 溶液，在不同时间间隔后所得 GV 溶液的 UV-Vis 吸收光谱及 GV 降解率。随着太阳光照时间增加，在 583 nm 波长处的最大 UV-Vis 吸收峰的强度显著减少（图 3-4）。在经过太阳光照射 6 h 后，GV 溶液的颜色由紫色转变为了无色。从图 3-5 中可以观察到，当对 GV 进行光催化处理时，如果仅存在铋酸钙纳米片或者仅采用太阳光照射时，GV 的降解率可以忽略，说明 GV 不能被降解。当同时采用铋酸钙纳米片和太阳光照射时，光催化处理 GV 溶液 1 h、2 h、3 h、4 h、5 h 和 6 h 后，GV 的降解率分别为 39.5%、57.7%、74.6%、87.2%、95.3% 和 100%。以上结果说明，GV 的降解是由于铋酸钙纳米片和太阳光的共同作用引起的。随着太阳光照射时间的增加，GV 降解率增加，当光照时间为 6 h 时，10 mg 铋酸钙纳米片可以将 10 mL 浓度为 10 mg/L 的 GV 溶液完全降解。表明铋酸钙纳米片对 GV 具有良好的光催化降解效果。

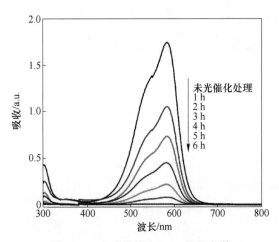

图 3-4　GV 溶液的 UV-Vis 吸收光谱

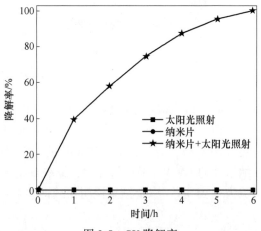

图 3-5　GV 降解率

根据一级反应速率描述的方程式 $\ln(C/C_0) = -kt$，分析铋酸钙纳米片降解 GV 的光催化降解动力学，其中 C 指的是光照时间 t 后的 GV 溶液的浓度，C_0 指的是未经光照前 GV 溶液的浓度，k 指的是一级反应速率常数（h^{-1}）。图 3-6 所示为铋酸钙纳米片光催化降解 GV 的动力学曲线，一级反应速率方程式为 $\ln(C/C_0) = -0.443t$，铋酸钙纳米片光催化降解 GV 的反应速率常数为 0.443 h^{-1}，相关系数为 0.9833。在太阳光照射下，当铋酸钙纳米片会产生光生电子和空穴，并转移到铋酸钙纳米片的表面。当铋酸钙纳米片吸收了

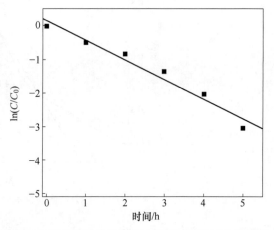

图 3-6　铋酸钙纳米片光催化降解 GV 的动力学曲线

足够的能量后，光生电子会从铋酸钙纳米片的价带被激发到纳米片的导带，GV 分子被吸附到铋酸钙纳米带的表面，在空穴的作用下出现 GV 的光催化反应过程。GV 溶液内的 O_2 捕获了光生电子形成超氧自由基 $\cdot O_2^-$，GV 在 $\cdot O_2^-$ 和空穴的共同作用下形成了无色产物。

3.3 铋酸镧纳米棒

含镧材料能够通过影响光生载体的界面电荷转移率，使其在可见光照射下具有良好的光催化性能。因此，通过将含镧和含铋材料相复合得到同时含有镧和铋的材料可望在去除有机污染物方面具有更好的光催化性能。铋酸镧纳米材料由于具有较大的比表面积、良好的光学及半导体特性、化学稳定性，引起了人们的广泛关注，因此制备出铋酸镧纳米材料用于在太阳光照射条件下去除有机污染物具有很高的研究价值。

在水热条件下，纳米材料的形成过程中，由于表面活性剂分子能够吸附到纳米材料的表面，因此选择一种合适的表面活性剂能够控制纳米材料的形貌与尺寸。十二烷基苯磺酸钠（SDBS）属于一种阴离子表面活性剂，广泛用于合成不同种类的纳米棒状材料。以铋酸钠、乙酸镧作为原料，SDBS 作为表面活性剂，采用水热法能够制备出铋酸镧纳米棒。所得铋酸镧纳米棒由斜方 $La_{1.08}Bi_{0.92}O_{3.03}$ 晶相（JCPDS 卡，PDF 卡号：46-0807）构成，对应晶面分别为（310）、（240）、（330）、（400）、（060）、（170）、（002）、（451）、（222）、（242）、（332）、（480）、（062）、（820）、（3 10 1）、（761）、（930）和（3 12 1）。产物中除了斜方 $La_{1.08}Bi_{0.92}O_{3.03}$ 晶相外，未观察到其他晶相，说明所得铋酸镧纳米棒由单一的斜方 $La_{1.08}Bi_{0.92}O_{3.03}$ 晶相构成。

低倍率 SEM 图像［图 3-7（a）］显示所得产物均为铋酸镧纳米棒形貌，纳米棒随机自由分布，纳米棒的头部为平面结构，长度大于 10 μm。铋酸镧纳米棒的表面光滑，直径为 20~100 nm［图 3-7（b）］。图 3-7（c）所示为铋酸镧纳米棒的 TEM 图像，与 SEM 图像观察结果类似，纳米棒头部为光滑的平面结构。图 3-7（d）所示为直径约 35 nm 的铋酸镧纳米棒的 HRTEM 图像，从图中可以看出，纳米棒的晶格条纹清晰，有规则而且方向单一，表明所得纳米棒为单晶结构。纳米棒的晶面间距为 0.50 nm，对应于斜方 $La_{1.08}Bi_{0.92}O_{3.03}$ 晶相（130）的晶面间距。

图 3-8 所示为铋酸镧纳米棒的形成过程示意图，在铋酸镧纳米棒的形成与生长过程中，SDBS 有着重要影响。在水热反应的初始阶段，乙酸镧与铋酸钠反应生成铋酸镧，随着铋酸镧的不断形成，其浓度达到过饱和状态，就会从水热溶液中析出形成了球状纳米晶核颗粒。在晶体生长过程中，表面活性剂分子吸附于晶体的表面，从而可以调控晶核的形貌与尺寸，SDBS 作为一种表面活性剂，促进斜方 $La_{0.81}Bi_{0.19}O_{1.5}$ 晶相的铋酸镧纳米棒的形成与生长。

铋酸镧纳米棒的带隙为 2.37 eV，与含铋光催化材料，例如 α-Bi_2O_3（2.73 eV）、β-Bi_2O_3（3.4 eV）和 γ-Bi_2O_3（2.78 eV）相比较，铋酸镧纳米棒带隙更窄。铋酸镧纳米棒光吸收波段范围宽，可以吸收紫外光和可见光，提高了铋酸镧纳米棒的载流子转移效率。因此，铋酸镧纳米棒可以吸收可见光，可望具有增强的可见光光催化性能，用来光催化去除有机污染物。光催化分析结果表明，在太阳光照射 6 h 后，随着光催化处理时间和铋酸镧纳米棒用量的增加，亚甲基橙（MO）的降解率显著提高，铋酸镧纳米棒的用量超过 10 mg，10 mL 浓度为 10 mg/L 的 MO 溶液能够被完全降解，铋酸镧纳米棒光催化降解 MO 的反应速率常数为 0.568 h^{-1}。铋酸镧纳米棒在去除 MO 方面具有良好的太阳光光催化降解能力。

(a) 低倍率SEM图像   2 μm

(b) 高倍率SEM图像   500 nm

(c) TEM图像   500 nm

(d) HRTEM图像   0.50 nm   10 nm

图 3-7　铋酸镧纳米棒的电子显微镜图像

图 3-8　铋酸镧纳米棒的形成过程示意图

3.4　铋酸铜纳米材料

铋酸盐材料在电化学传感器领域具有良好的应用潜力，含铜纳米材料中的铜离子会通过电化学氧化还原过程来催化目标生物分子的电化学氧化还原过程，从而使得含铜纳米材料修饰 GCE 具有良好的电化学性能。比表面积大、活性位点多是铋酸铜纳米材料的两大优点，提高目标生物小分子的电化学氧化还原过程的电化学性能。由于上述这些特性，铋酸铜纳米材料有望成为玻碳电极的改性材料，用于测定不同种类的生物小分子。

未添加表面活性剂的水热过程是合成不同形态纳米材料的有效方法，以铋酸钠和碘化铜作为原料，未加表面活性剂，通过水热法能够合成出铋酸铜纳米片。所得铋酸铜纳米片由四方 $CuBi_2O_4$ 晶相（JCPDS 卡，PDF 卡号：42-033）构成，这与文献报道的以 Bi_2O_3 和 CuO 作为原料所得铋酸铜的晶相是相同的。从图 3-9（a）可以看出，所得产物为纳米片状形貌与通过相似的水热过程制备的纳米片是相似的。图 3-9（b）所示所得铋酸铜纳米片的宽度为 300 nm~2 μm。从 TEM 图像［图 3-9（c）］可以看出，所得产物属于典型的片状形貌，铋酸铜纳米片的厚度为 50 nm［图 3-9（c）右上部分插入图所示］。从 HRTEM 图像［图 3-9（d）］中可以看出，所得铋酸铜纳米片具有不同方向的晶格条纹，说明所得铋酸铜纳米片为多晶结构。

(a) 低倍率SEM图像

(b) 高倍率SEM图像

(c) TEM图像

(d) HRTEM图像

图 3-9　铋酸铜纳米片的电子显微镜图像

在水热条件下，反应时间短、水热温度低时，产物中存在粗糙表面的层状结构。在最初的反应阶段，通过铋酸钠和碘化铜的分解生成四方 Bi_2O_3 和单斜 CuO 晶相。Bi_2O_3 和 CuO 反应生成四方 $CuBi_2O_4$ 晶相的铋酸铜，当铋酸铜在水热溶液中达到过饱和状态时，从水热溶液中析出生成纳米铋酸铜，通过奥斯特瓦尔德熟化过程，在水热系统中形成纳米片状形貌。奥斯特瓦尔德熟化过程自发地使晶体的表面自由能最小化，导致粗糙表面上层状结构的进一步增长。随着水热温度和保温时间的增加，最终通过在粗糙表面生长的层状结构而形成了 $CuBi_2O_4$ 晶相的铋酸铜纳米片。

以铋酸铜纳米片作为玻碳电极修饰材料，分析铋酸铜纳米片修饰 GCE 在酒石酸（TA）中的电化学行为。从图 3-10 中可以观察到裸 GCE 对 TA 没有电化学响应。铋酸铜纳米片修饰 GCE 在 0.1 M KCl 和 2 mM TA 混合溶液中，出现一对电化学循环伏安（CV）特征峰，电化学 CV 峰分别位于 -0.45 V（cvp1）和 -0.02 V（cvp1'）位置处。在不含有 TA 的 0.1 mol/L KCl 溶液中，铋酸铜纳米片修饰 GCE 也没有电化学响应。综合以上信息，结果显示电化学 CV 峰来源于 TA。在 10 mV/s 的扫描速率条件下，Cu 电极在 15 mmol/L 磷酸盐缓冲液中的 CV 曲线中可以观察到一对位于+15.14 V 和+0.02 V 电位处的准可逆电化学 CV 峰。β-环糊精和碳纳米管修饰 GCE 在 0.1 mol/L PBS 溶液（pH＝6.0）中，存在一对位于−0.32 V 和−0.17 V 电位处的准可逆电化学氧化还原 CV 峰。基于上述报道，铋酸铜纳米片修饰 GCE 上的电化学 CV 峰的电位向负方向移动，说明采用铋酸铜纳米片修饰 GCE 在 TA 溶液中具有良好的电催化能力。铋酸铜纳米片的比表面积为 22.11 m²/g，表明由于铋酸铜纳米片具有较大的比表面积，使得铋酸铜纳米片对 TA 具有良好的电催化能力。

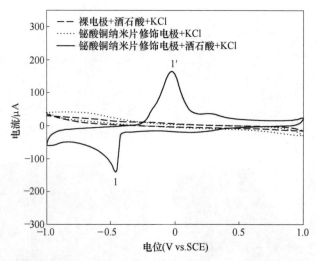

图 3-10　裸 GCE 和铋酸铜纳米片修饰 GCE 在无 TA 和 0.1 mol/L KCl TA 溶液中的 CV 曲线

随着扫描速率及 TA 浓度的增加，电化学 CV 峰强度显著增加，其 CV 峰电流分别与扫描速率、TA 浓度呈线性关系。铋酸铜纳米片修饰 GCE 电化学检测 TA 时的线性检测范围为 0.005～2 mmol/L，检出限为 1.6 μmol/L，相关系数为 0.983。

将氯酸铋与铋酸铜相复合，可以提高铋酸铜纳米材料的光催化性能。采用溶胶-凝胶过程能够制备出 CuBi₂O₄/Bi₃ClO₄ 纳米复合材料，通过控制胶凝剂、多元酸的种类、溶液 pH 值和多元酸与金属的摩尔比，可以获得纳米球形、纳米不规则多面体、纳米片状形貌的 CuBi₂O₄/Bi₃ClO₄ 纳米复合材料。CuBi₂O₄/Bi₃ClO₄ 纳米复合材料对酸性棕 14 具有良好的光催化性能，在可见光照射下，经过 120 min 的光照处理，纳米球形形貌的 CuBi₂O₄/Bi₃ClO₄ 纳米复合材料对酸性棕 14 的光催化降解率及有机碳去除率可以达到 92% 和 75%。良好的光催化性能是由复合纳米材料极强的可见光吸收能力、高载流子分离效率、高比表面积及低带隙引起的。

3.5　铋酸钡纳米带

铋酸钡纳米带也是一种重要的铋酸盐纳米材料，由于其比表面积大、活性位点多，因此具有良好的电化学性能，引起了人们的研究兴趣。采用固相烧结法可以制备出块体铋酸钡，而以铋酸钠和乙酸钡为原料，通过简单水热法能够合成铋酸钡纳米带，所得铋酸钡纳

米带由单斜 $BaBiO_{2.5}$ 晶相构成。从低倍 SEM 图像 [图 3-11 （a）] 中可以看出，所得产物由纳米级的带状形貌组成，这与通过类似的水热法所得纳米带状形貌是相似的。铋酸钡纳米带为垂直和弯曲两种结构，头部为平面结构，纳米带的长度为数十微米。从高倍率 SEM 图像 [图 3-11 （b）] 可以看出，所得铋酸钡纳米带的宽度和厚度分别为 1 μm 和 50 nm。TEM 图像 [图 3-12 （a）] 显示，铋酸钡纳米带的头部为平面结构，宽度约 1 μm；HRTEM 图像 [图 3-12 （b）] 所示，纳米带由均匀的晶格条纹构成，表明所得铋酸钡纳米带具有良好的单晶结构，其晶面间距为 0.73 nm，这对应于单斜 $BaBiO_{2.5}$ （100） 晶面的晶面间距。

(a) 低倍率图像   (b) 高倍率图像

图 3-11　铋酸钡纳米带的 SEM 图像

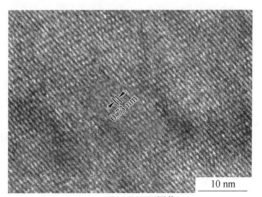

(a) TEM图像   (b) HRTEM图像

图 3-12　铋酸钡纳米带的透射电子显微镜图像

通过水热条件下的核化与晶体生长过程能够解释铋酸钡纳米带的形成与生长，在反应的初始阶段，乙酸钡与铋酸钠反应生成铋酸钡。当水热溶液中的铋酸钡达到过饱和状态时，水热溶液中就会析出铋酸钡，从而形成铋酸钡晶核。在水热环境下，通过晶核的聚集和折叠弯曲过程，铋酸钡晶核生长成纳米片或碎片状结构。当保温时间和水热温度持续增加，纳米片不断生长，最终生长成为纳米带，这与铋酸钡晶体的本征各向异性生长倾向密切相关。在水热反应系统中，存在成核和结晶两个生长过程。碎片状结构可能会分裂，从而促进纳米带的生成。随着水热反应的进行，铋酸钡纳米带的厚度、宽度和长度明显增加，最终形成铋酸钡纳米带。

采用铋酸钡纳米带修饰 GCE 测定不同浓度的 TA 在 0.1 mol/L KCl 溶液中的 CV 曲线，扫描速率为 50 mV/s，分析铋酸钡纳米带修饰 GCE 检测 TA 的检测限（LOD）、线性范围及相关系数。当扫描速率为 50 mV/s 时，铋酸钡纳米带修饰 GCE 在不同浓度的 TA 溶液里的 CV 曲线如图 3-13 所示。随着 TA 浓度从 0.001 mmol/L 增至 2 mmol/L，电化学 CV 峰电流呈线性增加。随着 TA 浓度从 0.001 mmol/L 分别增至 0.01 mmol/L、0.1 mmol/L、1 mmol/L 和 2 mmol/L，cvp1 的峰值电流从 50.88 μA 分别增至 53.72 μA、56.42 μA、76.78μA 和 96.99 μA。根据信噪比为 3，计算出检测限为 0.12 μmol/L，线性检测范围为 0.001~2 mmol/L。与采用其他电极测定 TA 的结果相比较，铋酸钡纳米带修饰 GCE 具有较宽的线性检测范围和较低的检测限。

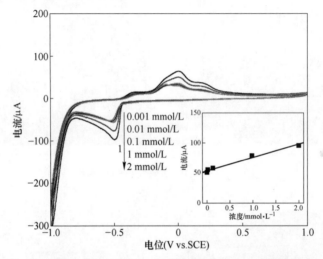

图 3-13   不同浓度的 TA 在铋酸钡纳米带修饰 GCE 上的 CV 曲线
（右下角插入图为 CV 峰电流强度与 TA 浓度的关系曲线）

3.6   铋酸锌纳米材料

一维锌基半导体纳米材料由于其良好的电化学性能、化学和机械稳定性，在电化学传感器、超级电容器和锂离子电池领域引起了人们广泛的关注。由于铋酸锌一维纳米材料具有大比表面积和良好的电化学性能，因此铋酸锌一维纳米材料在生物传感器方面具有良好的应用前景。通过高温烧结方法通常可以制备出具有 $Zn_xBi_xO(1 \leqslant x \leqslant 0.02)$ 和 $Zn(BiO_3)_2$ 晶相的块体铋酸锌。铋酸锌一维纳米材料的比表面积大，导致活性位置多，可以提高测定 L-半胱氨酸的电化学性能。因此，制备出铋酸锌一维纳米材料（如铋酸锌纳米棒）具有重要的研究意义，作为电极修饰材料可以应用于检测生物分子的电化学传感器上。

以铋酸钠和乙酸锌为原料，采用水热法能够制备铋酸锌纳米棒，所得铋酸锌纳米棒由立方 $ZnBi_{38}O_{58}$ 晶相（JCPDS 卡，卡号 42-0183）构成。从图 3-14（a）中可以看出，所得产物为纳米棒状形貌，铋酸锌纳米棒为垂直形貌、表面平滑，头部为平面结构，这与采用相似的水热过程合成的纳米棒形貌相似。高倍率 SEM 图像〔图 3-14（b）〕表明，所得纳米棒的长度为 2~10 μm、直径为 40~250 nm。TEM 图像〔图 3-15（a）〕显示，纳米棒的形貌和尺寸与 SEM 的观察结果是类似的；HRTEM 图像〔图 3-15（b）〕显示，所得纳米棒具有均匀与清晰的晶格条纹，表明所得纳米棒由单晶结构构成，纳米棒的晶面间距约 0.72 nm，对应于立方 $ZnBi_{38}O_{58}$ 晶相的（110）晶面。

| (a) 低倍率图像 | (b) 高倍率图像 |

图 3-14　铋酸锌纳米棒的 SEM 图像

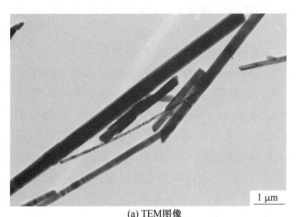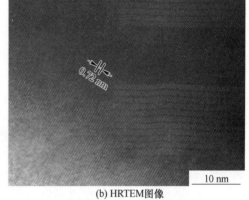

| (a) TEM 图像 | (b) HRTEM图像 |

图 3-15　铋酸锌纳米棒的透射电子显微镜图像

通过测量不同电极在 L-半胱氨酸溶液中的 CV 曲线，分析和测定 L-半胱氨酸的电化学性能。图 3-16 所示为裸玻碳电极在 2 mmol/L L-半胱氨酸和 0.1 mol/L KCl 混合溶液中的 CV 曲线，铋酸锌纳米棒修饰玻碳电极在 0.1 mol/L KCl 溶液内，含有 2 mmol/L L-半胱氨酸及不含有 L-半胱氨酸的电化学 CV 曲线。从图中可以看出，在 0.1 mol/L KCl 溶液中，裸玻碳电极对 L-半胱氨酸没有电催化活性。铋酸锌纳米棒修饰玻碳电极对于水溶液中仅存在 KCl 时没有电化学反应。

当使用不同材料修饰的玻碳电极测定 L-半胱氨酸时，其 CV 曲线中通常存在一个不可逆的电化学 CV 峰、一对可逆的电化学 CV 峰及两对准可逆的电化学 CV 峰。例如石墨-Au_{30} 修饰玻碳电极在 0.1 mol/L PBS 和 2 mmol/L L-半胱氨酸混合溶液中，所得 CV 曲线中

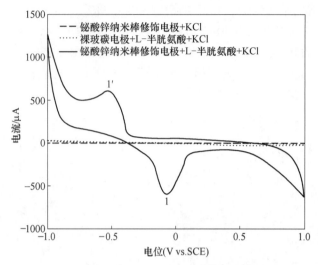

图 3-16　3 种电极在 KCl 溶液中的 CV 曲线

存在一个不可逆转的电化学 CV 峰，CV 峰位于 +0.6 V 电位处。而氧化石墨烯-金纳米团簇修饰玻碳电极在 L-半胱氨酸和 KCl 混合溶液中，所得电化学 CV 曲线中存在一对可逆的电化学 CV 峰，CV 峰分别位于 +0.43 V 和 +0.21 V 电位处。聚苯胺复合锗酸铜纳米线修饰玻碳电极在 2 mmol/L L-半胱氨酸和 0.1 mol/L KCl 混合溶液中的 CV 曲线中存在两对准可逆的电化学 CV 峰，分别位于 +0.24 V（cvp1）、+0.07 V（cvp2）和 +0.05 V（cvp1′）、−0.47 V（cvp2′）电位处。不同于以上报道的 L-半胱氨酸在不同纳米材料修饰玻碳电极上的电化学反应，铋酸锌纳米棒修饰玻碳电极在 2 mmol/L L-半胱氨酸和 0.1 mol/L KCl 混合溶液中的 CV 曲线中存在一对电化学 CV 峰，分别位于 −0.07 V（cvp1）和 −0.52 V（cvp1′）电位处。由于当溶液中仅存在 0.1 mol/L KCl、不存在 L-半胱氨酸时，铋酸锌纳米棒修饰玻碳电极对 KCl 没有电化学反应，因此这对电化学 CV 峰是由 L-半胱氨酸引起的。另外，与其他纳米材料修饰玻碳电极的 CV 峰电位相比较，阳极氧化峰的电位偏向了更负的方向，说明铋酸锌纳米棒修饰玻碳电极对 L-半胱氨酸具有更好的电化学催化活性。随着扫描速率、L-半胱氨酸浓度的增加，电化学 CV 峰的强度显著增加。铋酸锌纳米棒修饰玻碳电极测定 L-半胱氨酸时线性检测浓度范围为 0.0001～2 mmol/L，检测限为 0.074 μmol/L，相关系数 0.996，并具有良好的稳定性和可重复性。

利用石墨烯的高导电性及高比表面积，将石墨烯和铋酸锌纳米棒相复合能够制备出由立方 $ZnBi_{38}O_{58}$ 和六方石墨晶相构成的石墨烯复合铋酸锌纳米棒，将石墨烯复合铋酸锌纳米棒作为玻碳电极修饰材料，可以用来检测抗坏血酸等生物小分子，线性检测浓度范围为 0.0001～2 mmol/L，检测限为 0.07 μmol/L。通过溶剂热分解方法可以制备出立方 $ZnBi_{38}O_{60}$ 晶相的铋酸锌纳米棒束。将铋酸锌纳米棒束作为玻碳电极修饰材料，通过 CV 法可以有效检测 44-硝基酚（44-NP），检测限为 35 nmol/L。

除了电化学性能外，有研究者对铋酸锌纳米材料的光催化性能进行了研究。有文献报道，采用复合氨基酸辅助溶胶-凝胶法及烧结法制备出纳米球、纳米片、纳米立方体及纳米多面体等多种形貌的铋酸锌纳米材料，所得铋酸锌纳米材料均由立方 $ZnBi_{38}O_{58}$ 晶相构成。以酸性蓝 92（$C_{26}H_{18}N_3Na_3O_{10}S_3$）作为光催化降解模型，在可见光照射下，系统研究不同纳米形貌的铋酸锌纳米材料降解酸性蓝 92 的光催化性能，分析结果表明，多面体形貌的 $ZnBi_{38}O_{58}$ 纳米材料对于酸性蓝 92 具有极高的光催化性能。在可见光照射 120 min 后，酸性蓝 92 降解率可以达到 91%。

3.7 铋酸银纳米材料

将花状铋酸银（$AgBiO_3$）纳米材料负载于石墨氧化物（GO）/氮掺杂碳纳米点（NCDs）复合材料表面，通过原位复合制备出 $AgBiO_3$/GO/NCDs 复合纳米材料，此种复合纳米材料对多种有机污染物，例如 RhB、苯酚和四环素具有良好的光催化特性，尤其是在过硫酸盐（PMS、0.2 mmol/L）的辅助作用下，采用 30 mg 的 $AgBiO_3$/GO/NCDs 复合纳米材料，经过 6 min 的可见光照射，浓度为 20 mg/L 的四环素可以被完全降解。

铋酸银纳米材料除了具有良好的光催化性能外，电化学性能也较为优异，在电池方面也具有良好的应用前景。以 Ag_2O、Bi_2O_3 及硝酸作为原料制备 $Ag_4Bi_2O_5$ 纳米棒，电化学循环伏安测量结果表明，$Ag_4Bi_2O_5$ 纳米棒具有良好的稳定性，能够催化还原氧气。将 $Ag_4Bi_2O_5$ 纳米棒与 MnO_2 进行共沉淀反应，可以实现 $Ag_4Bi_2O_5$ 纳米棒的锰掺杂改性，使得 $Ag_4Bi_2O_5$ 复合纳米棒的表面粗糙，比表面积显著提高，增强了 $Ag_4Bi_2O_5$ 纳米棒的催化反应效率。由于 $Ag_4Bi_2O_5$/MnO_2 复合纳米材料晶相之间存在协同催化效应，使得 $Ag_4Bi_2O_5$/MnO_2 复合纳米材料比 MnO_2 单相催化剂具有更高的氧还原活性。这种 $Ag_4Bi_2O_5$/MnO_2 复合纳米材料可以用于锌-氧电池，当电流密度为 120 mA/cm^2 时，所得锌-氧电池的放电时间可以达到 225 h，与 MnO_2 单相材料相比，放电时间增加了 4.92 倍。

3.8 其他铋酸盐纳米材料

除了上述介绍的铋酸钠、铋酸钙、铋酸银、铋酸锌、铋酸铜、铋酸钡纳米材料的报道外，还有铋酸锶、铋酸镁、铋酸锂、铋酸铝等多种铋酸盐纳米材料的报道。采用浸渍法，以 Bi_2O_3 和 $Sr(NO_3)_2$ 作为前驱体可以制备出铋酸锶纳米材料。制备过程包括以下步骤：（1）称取一定质量的 $Sr(NO_3)_2$、Bi_2O_3 和蒸馏水；（2）先将 $Sr(NO_3)_2$ 溶解于蒸馏水内，再将 Bi_2O_3 加入上述 $Sr(NO_3)_2$ 溶液中，浸渍 10 h；（3）前驱体的烧结温度分别控制为 600 ℃、700 ℃ 及 800 ℃，研究不同温度下所得铋酸锶纳米材料在结构和性能的变化。分析结果表明，烧结温度在 800 ℃ 时可以得到 $Sr_{0.25}Bi_{0.75}O_{1.36}$，以 $Sr_{0.25}Bi_{0.75}O_{1.36}$ 作为光催化剂，在可见光照射下可有效降解 MB。

$MgBi_2O_6$ 是一种由三层金红石相结构堆积而成的铋酸盐纳米材料，在可见光照射下具有良好的光催化活性，但由于 $MgBi_2O_6$ 带隙较小，仅为 1.61 eV，使得其中的电子-空穴对容易复合。胡朝浩等通过水热法制备出铋酸镁-类石墨型氮化碳复合纳米材料，这种复合纳米材料的带隙较小，抑制了光生电子和空穴之间的复合作用，改善了 $MgBi_2O_6$ 光生电子-空穴容易复合的缺陷，使其能够在可见光照射下通过光催化过程降解有机污染物。

采用回流法可以制备铋酸锂纳米材料，这种方法先将锂原料和助剂溶解在水中，再将 $NaBiO_3 \cdot 2H_2O$ 加入混合均匀的锂原料及助剂混合溶液内，在室温下搅拌混合均匀，之后将溶液在 90~110 ℃下回流 12~96 h，然后将所得产物用水和乙醇洗涤、离心数次，实现固液分离，所得固体粉末在 80~120 ℃温度下烘干，最终可以得到铋酸锂纳米材料。这种铋酸锂纳米材料可以作为电极，用于二次碱性电池领域。

以乙酸铝、铋酸钠作为原料，通过水热法能够制备出铋酸铝纳米棒，所得铋酸铝纳米棒由单晶斜方 $Al_4Bi_2O_9$ 晶相构成，纳米棒的长度和直径分别为 2~10 μm 和 50~200 nm。铋酸铝纳米棒可以用作玻碳电极的修饰材料，在液相中可以灵敏地测定酒石酸。当铋酸铝纳米棒修饰玻碳电极测定酒石酸时，在 -0.08 V 和 -0.53 V 电位处存在一对准可逆的电化学 CV 峰，检测限与线性检测范围分别为 0.64 μmol/L 和 0.001~2 mmol/L，相关系数为 0.995，具有良好的化学稳定性及可重复性。

3.9　聚苯胺复合铋酸盐纳米材料

铋酸铜纳米片及铋酸钡纳米带在中性溶液中可以有效地电化学检测 TA，检测限分别为 1.6 μmol/L 及 0.12 μmol/L。有报道表明，钴-苯二甲蓝修饰碳糊电极也可以用于检测 TA，检测限及线性检测范围分别为 7.29 μmol/L 和 0.01~0.1 mmol/L。虽然目前已有研究者采用多种电极来检测 TA，但是在液态样品中 TA 的检测能力仍需要进一步提高，从而提高实际液态样品中 TA 的电化学检测性能。有报道表明，采用纳米级复合物修饰电极，可以提高电极材料的电化学活性。聚苯胺是一种重要的聚合物，具有良好的电催化活性、导电性及热稳定性。将聚苯胺与电极修饰材料进行复合形成聚苯胺复合纳米材料，可以提高电极材料检测生物分子的电化学检测性能。因此，对聚苯胺与铋酸盐纳米材料进行复合制备出聚苯胺复合铋酸铜纳米片及聚苯胺复合铋酸钡纳米带，能够提高铋酸铜纳米片和铋酸钡纳米带的电化学检测性能。

3.9.1　聚苯胺复合铋酸铜纳米片

原位聚合法是制备聚合物复合纳米材料的有效方法。通过原位聚合法，将铋酸铜纳米片与不同含量的聚苯胺复合，能够制备出聚苯胺复合铋酸铜纳米片，采用聚苯胺复合铋酸铜纳米片作为 GCE 修饰材料，可用于电化学检测 TA。制备过程如下：首先将一定质量的铋酸铜纳米片分散在 20 mL 三氯甲烷中，连续搅拌 30 min 使其混合均匀；然后向混合溶液中加入三氯化铁和一定质量的苯胺，并持续进行超声振荡处理，其中铋酸铜纳米片和苯胺的质量比分别为 9:1、8:2 和 6:4，三氯化铁和苯胺的摩尔比值为 12:5；最后将混合溶液在 0~5 ℃的条件下持续超声波振荡处理 3 h 后，将所得产物过滤，并用蒸馏水和乙醇清洗数次，分离后的产物在温度为 80 ℃干燥，最终获得聚苯胺复合铋酸铜纳米片。

图 3-17 所示为 20% 质量分数的聚苯胺复合铋酸铜纳米片的 TEM 图像和 HRTEM 图像。从图中可以观察到所得聚苯胺复合铋酸铜纳米片的形貌类似于铋酸铜纳米片的形貌。所得复合材料主要由厚度为纳米级的薄片构成 [图 3-17 (a)]。然而，一些尺寸小于 100 nm 的聚苯胺颗粒附着在铋酸铜纳米片的表面。HRTEM 图像 [图 3-17 (b)] 表明，无定形聚苯胺颗粒分散在具有规则晶格的铋酸铜纳米片中。此结果表明，通过原位聚合过程可以制备出含有无定形聚苯胺纳米颗粒和铋酸铜纳米片的聚苯胺复合铋酸铜纳米片。聚苯胺的含量对聚苯胺复合铋酸铜纳米片的形貌可能会有一定的影响。图 3-18 所示为聚苯胺复合铋

酸铜纳米片的 TEM 图像，聚苯胺质量分数分别为 10% 和 40%。从图中可知，随着聚苯胺的质量分数从 10% 增加至 40%，聚苯胺纳米颗粒的数量显著增加。聚苯胺纳米颗粒附着在聚苯胺复合铋酸铜纳米片的表面，不同聚苯胺含量的聚苯胺复合铋酸铜纳米片的形貌是类似的。

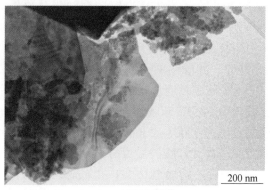

| (a) TEM图像 | (b) HRTEM图像 |

图 3-17　聚苯胺复合铋酸铜纳米片的透射电子显微镜图像

| (a) 质量分数为10% | (b) 质量分数为40% |

图 3-18　不同聚苯胺质量分数的聚苯胺复合铋酸铜纳米片的 TEM 图像

以苯胺为单体、三氯化铁作为氧化剂，通过原位化学氧化聚合过程可以制备出聚苯胺复合铋酸铜纳米片。在此体系里，将三氯化铁直接添加到苯胺水溶液中。在反应过程中，对含有铋酸铜纳米片和苯胺的三氯甲烷进行超声波处理。苯胺单体吸附于铋酸铜纳米片的表面，当三氯化铁加入三氯甲烷中后，三氯化铁促使苯胺形成苯胺阳离子及自由基阳离子，导致苯胺单元之间共价键的形成。苯胺单体在铋酸铜纳米片的表面产生聚合过程，最终形成聚苯胺复合铋酸铜纳米片。

采用聚苯胺质量分数为 20% 的聚苯胺复合铋酸铜纳米片对 GCE 进行修饰，研究聚苯胺复合铋酸铜纳米片修饰 GCE 对 TA 的电化学性能。铋酸铜纳米片修饰 GCE 在 2 mmol/L TA 和 0.1 mol/L KCl 的混合溶液的 CV 曲线中，分别在 -0.45 V（cvp1）和 -0.02 V（cvp1′）电位处观察到一对准可逆的电化学 CV 峰。类似铋酸铜纳米片在 2 mmol/L TA 及 0.1 mol/L KCl 混合溶液中的电化学行为，聚苯胺复合铋酸铜纳米片修饰 GCE 上也产生了一对电化学 CV 峰，分别位于 -0.01 V（cvp1）及 +0.04 V（cvp1′）电位处。与铋酸铜纳米片修饰 GCE 相比较，20%质量分数的聚苯胺复合铋酸铜纳米片修饰 GCE 产生的峰位差值（ΔE_p）从 0.43 V 降到了 0.05 V。与铋酸铜纳米片修饰 GCE 产生的低的 142.5 μA 阳极峰电流相比较，聚苯胺质量分数为 20%的聚苯胺复合铋酸铜纳米片修饰 GCE 产生的阳极峰电流显著增加到了 252.7 μA。与铋酸铜纳米片修饰 GCE 相比较，更大的阳极峰电流和更小的峰位差值 ΔE_p 表明，聚苯胺质量分数为 20%的聚苯胺复合铋酸铜纳米片修饰 GCE 对 TA 具有更强的电化学活性。铋酸铜纳米片修饰 GCE 对 TA 电化学活性的增强可能与聚苯胺及铋酸铜纳米片与聚苯胺之间的协同作用有关。聚苯胺复合铋酸铜纳米片修饰 GCE 具有较大的比表面积，可以提供更多的吸附位点，并催化 TA 的电化学反应。

随着扫描速率及 TA 溶液浓度的增加，电化学 CV 峰强度明显增加，CV 峰电流分别与扫描速率、TA 浓度呈线性关系。聚苯胺质量分数为 20%的聚苯胺复合铋酸铜纳米片修饰 GCE 检测 TA 的检测限为 0.58 μmol/L，线性检测范围为 0.001~2 mmol/L，聚苯胺显著增强了铋酸铜纳米片修饰 GCE 对 TA 的电化学活性。随着聚苯胺的质量分数从 10%增加到 40%，电化学检测 TA 的线性检测范围从 0.005~2 mmol/L 增加至 0.001~2 mmol/L，检测限从 2.3 μmol/L 降低至 0.43 μmol/L。聚苯胺复合铋酸铜纳米片修饰 GCE 具有良好的可重复性和稳定性。

3.9.2 聚苯胺复合铋酸钡纳米带

通过原位聚合法，将铋酸钡纳米带与不同含量的聚苯胺复合，能够制备出聚苯胺复合铋酸钡纳米带。图 3-19 为聚苯胺的质量分数为 20%的聚苯胺复合铋酸钡纳米带的透射电子显微镜图像。由图 3-19（a）可知，尺寸小于 100 nm 的无定形聚苯胺纳米颗粒附着在铋酸钡纳米带的表面，铋酸钡纳米带的厚度约 30 nm。如图 3-19（b）所示，进一步表明晶体铋酸钡纳米带的表面附着无定形聚苯胺颗粒。铋酸钡纳米带具有均匀的晶格条纹，晶面间距约 0.73 nm，对应于单斜 $BaBiO_{2.5}$（100）晶面的晶面间距。

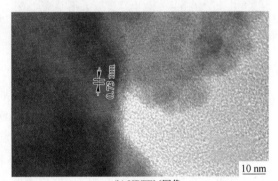

(a) TEM图像   (b) HRTEM图像

图 3-19   聚苯胺复合铋酸钡纳米带的透射电子显微镜图像

图 3-20 所示为聚苯胺的质量分数分别为 10%及 40%聚苯胺复合铋酸钡纳米带的 TEM 图像。由图可知，具有不同质量分数的聚苯胺复合铋酸钡纳米带的形貌是相似的。类似于聚苯胺复合铋酸铜纳米带的微观形貌，随着聚苯胺的质量分数从 10%增加至 40%，附着在铋酸钡纳米带表面的聚苯胺颗粒的数量也明显增加。此结果表明，聚苯胺的含量对铋酸钡纳米带表面吸附的聚苯胺颗粒的含量有着重要影响，而形貌是相似的。

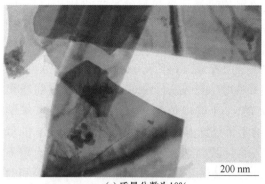 

(a) 质量分数为10% (b) 质量分数为40%

图 3-20 不同聚苯胺含量的聚苯胺复合铋酸钡纳米带的 TEM 图像

类似于聚苯胺复合铋酸铜纳米片的苯胺聚合形成过程，聚苯胺复合铋酸钡纳米带的形成也是基于原位氧化聚合过程实现的。在原位氧化聚合过程中，苯胺和三氯化铁分别作为单体和氧化剂。首先将三氯化铁直接加入苯胺溶液中，并对含有苯胺及铋酸钡纳米带的三氯甲烷溶液于超声波振荡器中超声振荡处理，使得铋酸钡纳米带的表面吸附苯胺单体；然后向混合溶液中添加三氯甲烷，三氯化铁促使苯胺形成苯胺阳离子及自由基阳离子，导致苯胺单元之间共价键的形成；苯胺单体在铋酸钡纳米带的表面产生聚合过程，最终生成聚苯胺复合铋酸钡纳米带。

采用循环伏安法研究了聚苯胺复合铋酸钡纳米带修饰 GCE 对 TA 的电化学活性。首先采用聚苯胺质量分数为 20% 的聚苯胺复合铋酸钡纳米带作为 GCE 修饰材料分析复合铋酸钡纳米带的电化学特性。图 3-21 所示为当扫描速率为 50 mV/s 时，4 种不同电极在 0.1 mol/L KCl 和 2 mmol/L TA 混合溶液中的电化学 CV 曲线。作为对比，分析了 20% 质量分数的聚苯胺复合铋酸钡纳米带在未添加 TA 的 0.1 mol/L KCl 溶液中的 CV 曲线。从图 3-21 中可以看出，裸 GCE 对 TA 没有电催化活性，20% 质量分数的聚苯胺复合铋酸钡纳米带修饰 GCE 在 KCl 溶液中也没有电催化活性，表明对 KCl 没有电化学活性。不同于以上

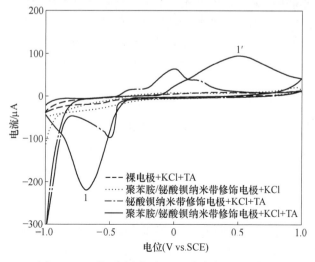

图 3-21 4 种不同电极在 KCl 溶液中的 CV 曲线

的电化学行为，铋酸钡纳米带、20%质量分数的聚苯胺复合铋酸钡纳米带修饰 GCE 分别在2 mmol/L TA及 0.1 mol/L KCl 混合溶液中存在一对电化学 CV 峰。电化学 CV 峰 cvp1 和 cvp1′的电位分别为 -0.49 V和$+0.01$ V，其电流分别为 94.4 μA 和 65.6 μA。然而，20%质量分数的聚苯胺复合铋酸钡纳米带修饰 GCE 的 CV 峰 cvp1 和 cvp1′的电位分别移至 -0.69 V和$+0.49$ V。cvp1 的电位偏移到了更负的方向，cvp1 和 cvp1′的电流分别增至 220.3 μA 和 93.3 μA。铋酸钡纳米带修饰 GCE 的 cvp1 峰电位位于-0.49 V，与铋酸钡纳米带相比，20%质量分数的聚苯胺复合铋酸钡纳米带修饰 GCE 的电位出现了 200 mV 的负向偏移。电位负向偏移和电流增强说明聚苯胺复合铋酸钡纳米带修饰 GCE 对 TA 具有增强的电催化活性，为 TA 的测定提供了一种新型的复合材料。聚苯胺与铋酸钡纳米带之间的协同作用是增强 TA 电催化活性的主要原因。类似于聚苯胺复合铋酸铜纳米片修饰 GCE，聚苯胺复合铋酸钡纳米带修饰 GCE 具有很大的比表面积，可以提供更多的吸附位点，能够促进 TA 的电催化反应及电流信号的增强。阳极和阴极电化学 CV 峰的电流不同，表明聚苯胺复合铋酸钡纳米带修饰 GCE 的电化学过程属于准可逆过程。20%质量分数的聚苯胺复合铋酸钡纳米带修饰 GCE 对 TA 具有良好的电催化活性，对 TA 的线性检测范围和检测限分别为 0.0005~2 mmol/L 和 0.09 μmol/L。随着聚苯胺质量分数从 10%增加到 40%，对 TA 的线性检测范围从 0.001~2 mmol/L 增加至 0.0005~2 mmol/L，检测限从 0.12 μmol/L 降低至 0.08 μmol/L。

3.10　钒掺杂铋酸盐纳米材料

掺杂是增强光催化材料去除有机污染物的有效方法，例如 MoS_2/V、N 共掺杂 TiO_2 薄膜在可见光照射下，可以增强二氧化钛光催化降解 MB 的光催化性能。采用 Co、In 共掺杂的 ZnO 薄膜作为光催化剂，在 UV 光及太阳光的照射下，其光催化降解 GV 的能力显著增强。在这些掺杂物质中，钒掺杂可以有效地提高光催化材料的光催化性能。与未掺杂的二氧化钛相比较，钒掺杂二氧化钛可以吸收可见光，在可见光照射下，钒掺杂二氧化钛具有更强的 MB 光催化降解性能。在可见光照射下，钒掺杂氮氧化钽可以增强还原二氧化碳的光催化性能。对锗酸钡纳米棒、锗酸锶纳米线及锗酸钙纳米线，通过钒掺杂，能够增强这些锗酸盐纳米材料去除有机污染物的光催化性能。类似以上钒掺杂，对铋酸盐纳米材料进行钒掺杂，可望改善铋酸盐纳米材料的光催化性能。

3.10.1　钒掺杂铋酸镧纳米棒

采用水热法，以钒酸钠作为钒源，可以制备出不同钒掺杂量的钒掺杂铋酸镧纳米棒。制备过程如下：首先按照比例称取一定质量的铋酸钠、乙酸镧、钒酸钠及 SDBS；然后将以上材料加入 60 mL 蒸馏水中，搅拌 30 min 以混合均匀，铋酸钠与乙酸镧的摩尔比为 1:1，SDBS 质量分数为 5%，钒与铋酸镧的质量比分别为 1:99、3:97、1:19 和 1:9；最后将混合均匀的溶液放入 100 mL 的聚四氟乙烯内衬不锈钢反应釜内，反应釜在 180 ℃保温 24 h，随后取出反应釜自然冷却，将收集到的白色絮状物采用蒸馏水、乙醇和丙酮洗涤多次，每次洗涤后离心处理，在空气气氛中于 60 ℃干燥 24 h，最终获得了钒掺杂铋酸镧纳米棒。

为了分析钒掺杂后铋酸镧纳米棒的结构变化，研究了在 180 ℃保温 24 h 的水热条件下所得不同钒掺杂质量分数的铋酸镧纳米棒的晶相，其 XRD 图谱如图 3-22 所示。铋酸镧纳米棒的晶相为斜方 $La_{1.08}Bi_{0.92}O_{3.03}$。对铋酸镧纳米棒进行钒掺杂，所得钒掺杂铋酸镧的晶相与未掺杂的铋酸镧显著不同。除了斜方 $La_{1.08}Bi_{0.92}O_{3.03}$ 晶相外，在质量分数为 1% 的钒掺杂铋酸镧纳米棒中还存在三斜 $Bi_{23}V_4O_{44.5}$ 晶相（JCPDS 卡，PDF 卡号：47-0733），而斜方 $La_{1.08}Bi_{0.92}O_{3.03}$ 晶相的衍射峰，例如在 $2\theta = 25.7°$、$32.4°$、$44.4°$、$51.7°$、$56.4°$、$62.4°$、$65.3°$、$68.1°$ 及 $72.4°$ 处的衍射峰强度显著减少，甚至消失。随着钒掺杂质量分数增加到 3%，除了斜方 $La_{1.08}Bi_{0.92}O_{3.03}$ 晶相和三斜 $Bi_{23}V_4O_{44.5}$ 晶相外，产物中还包含单斜 $LaVO_4$ 晶相（JCPDS 卡，PDF 卡号：50-0367）。随着钒掺杂质量分数分别增加到 5% 和 10%，单斜 $LaVO_4$ 晶相的衍射峰，例如在 $2\theta = 26.9°$、$28.8°$、$31.3°$ 和 $58.9°$ 处的衍射峰强度显著增强。以上 XRD 分析结果表明，钒掺杂铋酸镧纳米棒的结构与钒掺杂质量比率密切相关，在质量分数为 1% 的钒掺杂铋酸镧纳米棒中钒以三斜 $Bi_{23}V_4O_{44.5}$ 晶相的形式存在，当铋酸镧纳米棒中钒的质量分数超过 3% 时，钒掺杂铋酸镧纳米棒中的钒以三斜 $Bi_{23}V_4O_{44.5}$ 晶相和三斜 $Bi_{23}V_4O_{44.5}$ 晶相的形式存在。

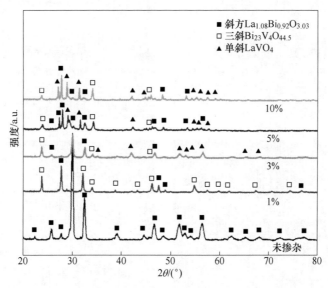

图 3-22　未掺杂及不同钒掺杂质量分数的铋酸镧纳米棒的 XRD 图谱

通过对比分析钒掺杂铋酸镧纳米棒和未掺杂钒铋酸镧纳米棒的微观形貌，研究铋酸镧纳米棒进行钒掺杂后的形貌变化，其 SEM 图像如图 3-23 所示。铋酸镧纳米棒随机自由分布，纳米棒的表面光滑，长度大于 10 μm，直径为 20~100 nm ［图 3-23（a）］。当铋酸镧纳米棒经过质量分数为 1% 的钒掺杂后，所得钒掺杂铋酸镧纳米棒的形貌 ［图 3-23（b）］与未掺杂的铋酸镧纳米棒是相似的，质量分数为 1% 钒掺杂铋酸镧纳米棒的长度减少到了 1~2 μm，直径为 50~200 nm。随着钒掺杂质量分数增加到 3%，所得钒掺杂铋酸镧的形貌和尺寸发生了显著变化，产物中出现了少量无规则的纳米颗粒 ［图 3-23（c）］，纳米棒的长度小于 1 μm，直径为 40~150 nm。将铋酸镧中的钒掺杂质量分数分别增加到 5% 和 10%，无规则纳米颗粒的数量显著增加 ［图 3-23（d）和（e）］。通过钒掺杂，在产物中形成三斜 $Bi_{23}V_4O_{44.5}$ 晶相和单斜 $LaVO_4$ 晶相导致结构变形，从而引起钒掺杂铋酸镧纳米棒的形貌与尺寸变化，结构变形也导致纳米棒状晶体的尺寸降低。

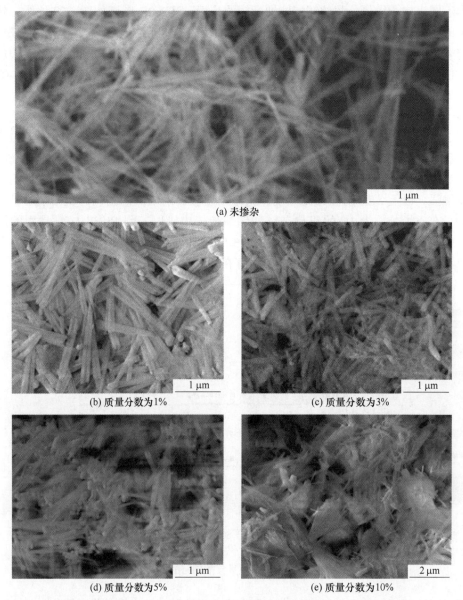

(a) 未掺杂

(b) 质量分数为1%   (c) 质量分数为3%

(d) 质量分数为5%   (e) 质量分数为10%

图 3-23   未掺杂及不同钒掺杂质量分数的铋酸镧纳米棒的 SEM 图像

材料的固体 UV-Vis 漫反射光谱与其电子结构密切相关，是决定其光催化特性的重要性因素。因此，通过测量固体 UV-Vis 漫反射光谱，分析未掺杂及不同钒掺杂质量分数铋酸镧纳米棒的光学性能。与未掺杂的铋酸镧纳米棒相比较，钒掺杂铋酸镧纳米棒的光吸收能力更强，说明铋酸镧纳米棒经过钒掺杂后增强了光吸收能力。由于钒的电子输运作用，钒掺杂后具有较强烈的光吸收能力，因此铋酸镧纳米棒在紫外光及可见光区域的光吸收能力得到了增强。随着钒掺杂质量分数不断增加，钒掺杂铋酸镧纳米棒的吸收边偏移到了更大波长的位置。钒掺杂铋酸镧纳米棒吸收边的红移是由于钒离子的 s 型或 p 型电子与定域 d 电子之间的 sp-d 交换作用引起的。对于未掺杂、钒掺杂质量分数分别为 1%、3%、5%

和10%钒掺杂铋酸镧纳米棒，其带隙分别为 2.37 eV、2.32 eV、2.31 eV、2.29 eV 和
2.25 eV。随着钒掺杂质量分数的增加，钒掺杂铋酸镧纳米棒的带隙降低，在钒掺杂前后，
钒掺杂铋酸镧纳米棒的带隙从 2.37 eV 减小到 2.25 eV。半导体材料带隙的降低导致光子
捕获与光响应能力的降低，提高了载流子转移效率。因此，钒掺杂铋酸镧纳米棒的可见光
吸收能力良好，在光催化降解有机污染物领域具有良好的应用前景。

与铋酸镧纳米棒相比较，由于钒的掺杂引起了铋酸镧纳米棒带隙的降低，而带隙越低
光催化性能越好，因此在可见光照射条件下，钒掺杂铋酸镧纳米棒在催化降解去除甲基橙
（MO）方面具有更好的光催化活性。当光照时间相同时，随着钒掺杂质量分数的增加，
MO 的降解率显著增加。当光照时间为 1 h 时，钒掺杂质量分数从 0 增加到 10%，MO 降
解率从 39.7%增加到 51.8%。当光照时间增加到 6 h 后，MO 可以被质量分数为 1%和 3%
的钒掺杂铋酸镧纳米棒完全降解。而采用质量分数为 5%和 10%的钒掺杂铋酸镧纳米棒经
过太阳光照射 5 h 后，MO 可以被完全降解。钒掺杂铋酸镧纳米棒中的钒掺杂质量分数从
5%增加到 10%，经过太阳光照射 4 h 后，MO 降解率从 95.7%增加到 97.9%。以上光催化
分析结果表明质量分数为 10%的钒掺杂铋酸镧纳米棒在降解 MO 方面具有最好的光催化性
能，铋酸镧纳米棒经过钒掺杂后显著增强了去除 MO 的光催化活性。

钒掺杂铋酸镧纳米棒降解 MO 属于复杂的光催化过程，包括 MO 吸附于纳米棒表面及
电子转移诱导反应过程。在钒掺杂铋酸镧纳米棒光催化降解 MO 的过程中，MO 首先吸附
于纳米棒的表面，当钒掺杂铋酸镧纳米棒吸收的太阳光能量超过自身的带隙能量时，钒掺
杂铋酸镧纳米棒中的电子就会从导带激发到价态，从而聚积到纳米棒的表面，被 MO 溶液
中的氧捕获形成超氧自由基·O_2^- 和·OH 自由基。超氧自由基·O_2^- 和·OH 自由基与纳
米棒表面吸附的 MO 分子反应，破坏了 MO 分子的结构，从而最终将 MO 降解为无色产
物。铋酸镧纳米棒经过钒掺杂后，光吸收能力显著增强，钒掺杂铋酸镧纳米棒中的 O 2p
电子更容易被激发，从而产生光生电子-空穴对。因此，与未掺杂的铋酸镧纳米棒相比较，
在钒掺杂铋酸镧纳米棒的作用下，MO 溶液中会产生更多的具有强氧化作用的活性自由
基，从而增强了铋酸镧纳米棒在去除 MO 方面的光催化性能。

3.10.2 钒掺杂铋酸钙纳米片

以钒酸钠作为钒源，通过水热过程能够制备出不同钒掺杂量的钒掺杂铋酸钙纳米片。
铋酸钙纳米片由单斜 $CaBi_2O_4$ 晶相（JCPDS 卡，PDF 卡号：48-0216）构成（图3-24）。
对铋酸钙纳米片进行钒掺杂后，所得钒掺杂铋酸钙纳米片的晶相与未掺杂的铋酸钙纳米片
的结构是不同的。除了单斜 $CaBi_2O_4$ 晶相外，质量分数为 1%和 3%的钒掺杂铋酸钙纳米
片中还存在三斜 $Bi_{3.5}V_{1.2}O_{8.25}$ 晶相（JCPDS 卡，PDF 卡号：52-1886），而单斜 $CaBi_2O_4$ 晶
相的衍射峰，例如在 $2\theta=20.4°$、23.9°、30.5°、32.4°、41.1°、46.8°、53.4°、56.8°及
63.9°位置处的衍射峰强度显著减少，甚至消失。随着钒掺杂质量分数增加到 5%，产物中
除了单斜 $CaBi_2O_4$ 晶相和三斜 $Bi_{3.5}V_{1.2}O_{8.25}$ 晶相外，还存在单斜 $Ca_{0.17}V_2O_5$ 晶相（JCPDS
卡，PDF 卡号：26-1165）。随着钒掺杂质量分数增加到 10%，单斜 $Ca_{0.17}V_2O_5$ 晶相的衍
射峰，例如在 $2\theta=23.5°$、55.2°、31.3°和 58.9°位置处的衍射峰强度明显增强。XRD 分
析结果表明钒掺杂铋酸钙纳米片的结构取决于钒掺杂质量比率，质量分数为 1%和 3%钒
掺杂的铋酸钙纳米片中的钒以三斜 $Bi_{3.5}V_{1.2}O_{8.25}$ 晶相的形式存在，当铋酸钙纳米片中的钒

掺杂质量分数超过 5% 时，钒掺杂铋酸钙纳米片中的钒以三斜 $Bi_{3.5}V_{1.2}O_{8.25}$ 晶相和单斜 $Ca_{0.17}V_2O_5$ 晶相的形式存在。

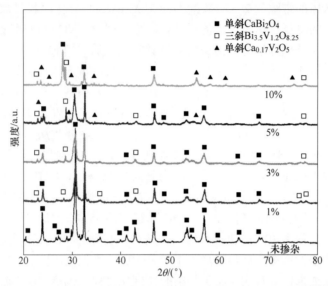

图 3-24   未掺杂及不同钒掺杂质量比率铋酸镧纳米片的 XRD 图谱

铋酸钙纳米片自由随机生长，整个纳米片的尺寸为 10 μm，纳米片的厚度为 40 nm [图 3-25（a）]。当铋酸钙纳米片分别经过质量分数为 1% 和 3% 的钒掺杂后，所得钒掺杂铋酸钙纳米片的形貌 [图 3-25（b）和（c）] 与未掺杂的铋酸钙纳米片的形貌是相似的。然而，随着钒掺杂质量分数超过 5%，所得钒掺杂铋酸钙的形貌和尺寸发生了变化，产物中除了纳米片外，还存在无规则的纳米颗粒 [图 3-25（d）和（e）]，随着钒掺杂质量分数继续增加，整个纳米片的尺寸超过 10 μm，纳米片的厚度增加到 70 nm，同时出现无规则纳米颗粒。类似钒掺杂对铋酸镧形貌的影响结果，钒掺杂铋酸钙的形貌与尺寸也取决于钒掺杂质量比率。在产物中形成的三斜 $Bi_{3.5}V_{1.2}O_{8.25}$ 晶相和单斜 $Ca_{0.17}V_2O_5$ 晶相引起的结构变形，最终引起钒掺杂铋酸钙纳米片的形貌及尺寸变化。

通过固体 UV-Vis 漫反射光谱，分析未掺杂及不同钒掺杂比率的铋酸钙纳米片的光学性能和带隙。质量分数为 1% 和 3% 的钒掺杂铋酸钙纳米片的光吸收强度低于未掺杂的铋酸钙纳米片的光吸收强度，这可能是由掺杂纳米棒中三斜 $Bi_{3.5}V_{1.2}O_{8.25}$ 晶相引起的。随着钒掺杂质量分数增加到 5% 和 10%，钒掺杂铋酸钙纳米片在紫外光及可见光波段范围内具有更强的光吸收能力。钒掺杂能够增强铋酸钙纳米片的光吸收能力，在质量分数 5% 和 10% 的钒掺杂铋酸钙纳米片中，由于形成了单斜 $Ca_{0.17}V_2O_5$ 晶相，在钒的电子输运作用下，引起铋酸钙纳米片光吸收能力的增强。随着钒掺杂比率的增加，钒掺杂铋酸钙纳米片的吸收边偏移到了更大波长的位置，类似钒掺杂铋酸镧纳米棒，钒掺杂铋酸钙纳米片吸收边的红移是由钒离子的 s 型或 p 型电子与定域 d 电子之间的 sp-d 交换作用引起的。

对于未掺杂及钒掺杂质量分数分别为 1%、3%、5% 和 10% 的钒掺杂铋酸钙纳米片，其带隙分别为 2.21 eV、2.43 eV、2.33 eV、1.46 eV 和 1.05 eV。随着钒掺杂质量分数从 1% 增加到 3%，钒掺杂铋酸钙纳米片的带隙明显增加，此时对应着吸收边波长的降低。随着钒掺杂质量分数分别增加到 5% 和 10%，钒掺杂铋酸钙纳米片的带隙从 2.21 eV 减少到

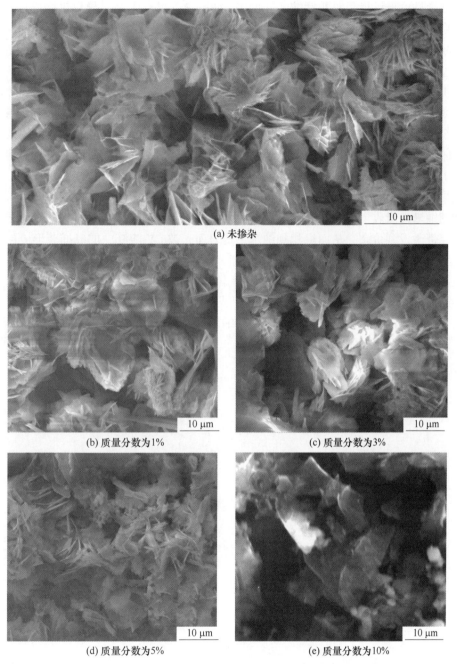

(a) 未掺杂

(b) 质量分数为1%

(c) 质量分数为3%

(d) 质量分数为5%

(e) 质量分数为10%

图 3-25 未掺杂及不同钒掺杂质量分数铋酸钙纳米片的 SEM 图像

1.46 eV 和 1.05 eV。钒掺杂铋酸钙纳米片带隙的降低提高了纳米片电子转移速率,表明钒掺杂铋酸钙纳米片在太阳光照射下,在去除有机污染物方面拥有良好的光催化活性。

在太阳光照射下,通过在水溶液中降解 GV,评估钒掺杂铋酸钙纳米片的光催化活性。随着钒掺杂质量分数增加到1%和3%,GV 降解率明显减少,说明钒掺杂质量分数为1%和3%的钒掺杂铋酸钙纳米片比未掺杂的铋酸钙纳米片在降解 GV 方面的光催化活性弱，这可能是由于钒掺杂铋酸钙纳米片形成了三斜 $Bi_{3.5}V_{1.2}O_{8.25}$，导致钒掺杂铋酸钙纳米片的光吸收能力减弱。与未掺杂的铋酸钙纳米片相比较，当太阳光照射时间相同时，钒掺杂质量分数分别为5%和10%的钒掺杂铋酸钙纳米片在降解 GV 方面具有更高的光催化活性。经过太阳光照射 1 h 后，随着钒掺杂质量分数从 0 分别增加到 5%和 10%，GV 降解率从 39.5%分别增加到了 54.4%和 59.7%。对于 5%和 10%质量分数的钒掺杂铋酸钙纳米片，当太阳光照时间分别达到 5 h 和 4 h，GV 可以被完全降解。以上结果表明钒掺杂质量分数为 5%和 10%的钒掺杂铋酸钙纳米片中形成了单斜 $Ca_{0.17}V_2O_5$ 晶相，导致掺杂铋酸钙纳米片的光吸收能力增强，从而增强了铋酸钙纳米片降解 GV 的光催化活性，钒掺杂质量分数为 10%的钒掺杂铋酸钙纳米片在降解 GV 方面具有最好的光催化性能。

钒掺杂铋酸钙纳米片降解 GV 的光催化原理可以采用如下光催化过程来解释。当钒掺杂铋酸钙纳米片吸收了足够的光能，即超过自身的带隙能量时，钒掺杂铋酸钙纳米片中的电子从导带激发到价态，从而聚积到纳米钙的表面，被 GV 溶液中的氧捕获形成超氧自由基·O_2^- 和·OH 自由基。超氧自由基·O_2^- 和·OH 自由基与纳米片表面吸附的 GV 分子反应，破坏了 GV 分子的结构，从而最终将 GV 降解为无色产物。钒掺杂铋酸钙纳米片经过钒掺杂后形成单斜 $Ca_{0.17}V_2O_5$ 晶相，提高了光生电子空穴对的产生能力，并抑制光生电子空穴的复合。因此，钒掺杂增强了铋酸钙纳米片降解 GV 的光催化性能。

4 氧化铋基纳米材料

工业的高速发展会导致严重的环境污染和大量不可再生能源的消耗。环境污染是人们在生产生活中排放大量的有毒气体、废水和化工染料造成的，会导致人类生存环境的恶化。应用于纺织、塑料、造纸等领域的有机染料若直接被排放到自然界的水体中，会对人类的健康和生态环境造成严重的威胁，甚至还可能对生态系统的平衡造成破坏。龙胆紫和亚甲基蓝是最为常见的有机染料，可长期稳定地存在于水体中，自然条件下很难将其去除。针对这一问题，全球的科学家已经采取各种方法，包括微生物分解法、物理分离法和化学氧化法等。这些处理方法存在着一些不足，例如成本较高、适用条件较为苛刻、能源消耗巨大及产生二次污染等，无法在实际应用中得到广泛的推广。因此，研究和开发出新的有机污染物处理技术已成为广大科研工作者关注的焦点。

近年来光催化降解污染物已成为解决环境污染问题的热点技术，该技术主要具有以下优点：（1）采用太阳光作为能源，将太阳能转化为化学能并加以利用，降低了成本，并且在实际使用过程中不产生二次污染，可称为一种清洁、节能的技术；（2）太阳光激发出的电子空穴对可进一步转化为强氧化自由基，在短时间内几乎能将所有的有机污染物分解，可认为是一种普遍适用性较高的技术；（3）适用条件较广，无需特殊苛刻的条件，既可以处理污染物浓度较高的废水，又可以处理微量浓度的废水。然而，应用于光催化反应的催化剂一直是新材料领域研究的焦点，传统的二氧化钛纳米材料是一种使用较为广泛的光催化剂，但也暴露出禁带宽度较宽、光量子产额效率低和只能吸收紫外光的缺点。因此，探索和制备出带隙窄、太阳光响应能力强、成本低、稳定性好的可见光光催化剂，实现对有机污染物的高效降解是目前重要的研究方向之一。

4.1 氧化铋纳米材料

氧化铋（Bi_2O_3）纳米材料作为一种性能优异的半导体材料，具有带隙窄、比表面积大、稳定性好和光吸收能力强等特点，在电子元器件、电池储能、电化学传感及光催化等领域具有广泛的应用。目前已通过溶剂热法、水热法、溶胶-凝胶法和高温烧结法等多种方法制备出了氧化铋纳米材料，其中采用水热法制备氧化铋纳米材料具有操作过程简单、结晶度高等特点，如果加入适量的表面活性剂还可以调控氧化铋纳米材料的微观形貌，赋予其更加优异的性能。将氧化铋与其他半导体材料进行复合，采用金属或非金属表面修饰可以进一步优化氧化铋纳米材料的光催化性能，例如 MoS_2/Bi_2O_3、Bi_2S_3/Bi_2O_3 与 Au 颗粒表面修饰的 Bi_2O_3 等复合结构均表现出较高的光催化活性，光催化降解有机染料的速率要高于单一的 Bi_2O_3 材料。

Bi_2O_3 纳米晶体主要有 4 种晶体结构，分别是单斜 $\alpha\text{-}Bi_2O_3$、四方 $\beta\text{-}Bi_2O_3$、体心立方 $\gamma\text{-}Bi_2O_3$ 和面心立方 $\delta\text{-}Bi_2O_3$，以及 $Bi_2O_{0.75}$ 和 $Bi_2O_{2.33}$ 两种非化学计量晶相。α 相是高温

稳态相，β 相是低温稳态相，其他为亚稳态相，并且这些亚稳态相很容易转变为高温稳态相或低温稳态相。Bi_2O_3 是一种性能优异的半导体材料，具有高介电常数、高折射率、高电导率及良好的光致发光性能，使其在电解质材料、发光材料、储能材料及催化材料等方面具有广泛的应用前景。在 Bi_2O_3 纳米材料的制备过程中，由于其制备的方法不同，实验条件的差异，导致 Bi_2O_3 纳米晶体的尺寸、形貌和晶相的不同，从而使得 Bi_2O_3 晶体的禁带有着较宽的分布范围（2~3.96 eV）。相对于传统的光催化剂 TiO_2、ZnO 和 SnO_2，由于 Bi_2O_3 纳米晶体的禁带宽度较窄，增大了太阳光中可见光的吸收范围，因此可作为一种具有广泛应用前景的光催化剂。此外，Bi_2O_3 中 Bi 6s 与 O 2p 杂化轨道为光生空穴在价带上的移动提供了一条快速通道，在一定程度上加快了光生电子-空穴对的分离，可以显著增加光催化效率。

4.2 锂掺杂氧化铋纳米片及其钴修饰

4.2.1 锂掺杂氧化铋纳米片

以乙酸锂和铋酸钠作为原料，通过水热过程能够制备出锂掺杂氧化铋（Li-Bi_2O_3）纳米片。从 Li-Bi_2O_3 纳米片的 XRD 图谱 [图 4-1（a）] 可以看出，尖锐的衍射峰表明纳米片具有高度结晶状态，所得产物由四方 Bi_2O_3 晶相（JCPDS 卡片，卡号：29-0236）构成。除此之外，产物中还具有单斜 Li_5BiO_5 晶相（JCPDS 卡片，卡号：41-0124），表明 Li 在纳米片中以单斜 Li_5BiO_5 相的形式存在。图 4-1（b）所示为不同放大倍数 Li-Bi_2O_3 纳米片的 SEM 图像，可以清晰地观察到产物中含有大量不规则的片状纳米结构。从高倍数的 SEM 图像 [图 4-1（b）中左上角插入图] 中可以看出，大量的纳米片交替叠合在一起，构成分层的结构，每个纳米片的厚度为 50~150 nm。这种 Li-Bi_2O_3 纳米片的形貌与文献中报道的 β-Bi_2O_3 的形貌是类似的。TEM 图像 [图 4-1（c）] 显示，产物为典型的片状纳米结构，纳米片的厚度约 50 nm。HRTEM 图像 [图 4-1（d）] 显示，纳米片具有清晰与均匀的晶格条纹，根据 HRTEM 测量的软件可以计算出 Li-Bi_2O_3 纳米片的晶格间距约 0.92 nm。

在反应的初始阶段，反应产物中主要由 Li_2O_2 晶相和 Li_5BiO_5 晶相组成，随着反应的进行，温度升高和保温时间延长，Li_2O_2 晶相逐渐消失，Li_5BiO_5 晶相逐渐增加，并出现四方 Bi_2O_3 晶相；当反应温度为 180 ℃ 保温 24 h 时，所得产物由四方 Bi_2O_3 相和单斜 Li_5BiO_5 相组成。Li-Bi_2O_3 纳米片的生长过程示意图如图 4-2 所示。在反应的初始阶段，产物主要由少量不规则的纳米片和结晶度较差的颗粒构成，表明产物中含有大量的缺陷，这些缺陷具有很高的自由能且稳定性差。基于能量最低原理，高自由能的不稳定相将会自发向低自由能的稳定相转变。因此，随着反应温度的升高，吉布斯自由能的降低，一些小颗粒会自发地聚集在一起形成片状的纳米结构。随着温度继续升高和反应时间继续延长，单一的纳米片逐渐变厚并自发地组装叠合在一起形成书状的分层结构。

图 4-3 所示为 180 ℃ 保温 24 h 所得 Li-Bi_2O_3 纳米片的 Tauc 曲线，插入图为相应固体 UV-Vis 漫反射光谱。由图可知，样品的吸收边波长为漫反射光谱吸收位置处的切线在波长轴上的截距，其值为 763.2 nm，根据普朗克公式得出对应的带隙为 1.62 eV。有文献报道，Bi_2O_3 纳米颗粒的带隙为 2.77 eV，另有文献报道 γ-Bi_2O_3 纳米片的带隙为 2.66 eV，

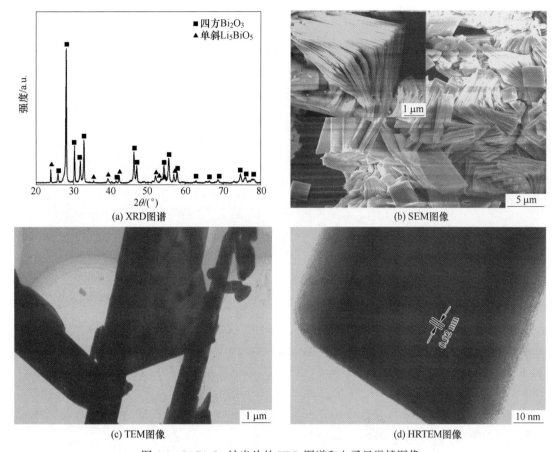

(a) XRD图谱

(b) SEM图像

(c) TEM图像

(d) HRTEM图像

图 4-1　Li-Bi$_2$O$_3$ 纳米片的 XRD 图谱和电子显微镜图像

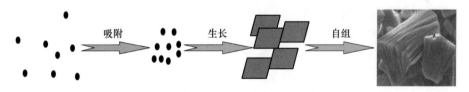

图 4-2　Li-Bi$_2$O$_3$ 纳米片的生长过程示意图

与其他的 Bi$_2$O$_3$ 纳米材料相比，Li-Bi$_2$O$_3$ 纳米片拥有更窄的带隙，吸收边发生明显的红移，在可见光区域具有良好的光吸收性能。

为了评估 Li-Bi$_2$O$_3$ 纳米片的光催化活性，选择 GV 作为光催化降解的模型反应。图 4-4 所示为 180 ℃保温 24 h 所得 Li-Bi$_2$O$_3$ 降解不同时间后 GV 溶液的 UV-Vis 吸收光谱，图中位于 582 nm 波长处的紫外吸收峰，随着光照时间的延长，吸收峰强度明显降低。当光照时间为 360 min，光降解效率可以达到 97.7%。而对 GV 溶液不使用光照，只向其中添加 Li-Bi$_2$O$_3$ 纳米片进行实验后，未观察到 GV 降解。只对 GV 溶液使用光照，不添加 Li-Bi$_2$O$_3$ 纳米片进行实验后，GV 的降解率仅为 1.9%。当使用不同反应条件下所得纳米结构作为光催化剂降解 GV 时，其降解结果如图 4-5（a）和图 4-5（b）所示。在 180 ℃保温

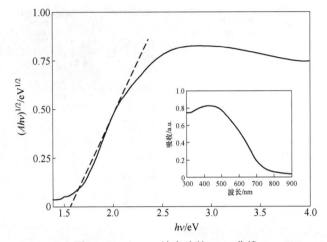

图 4-3 Li-Bi$_2$O$_3$ 纳米片的 Tauc 曲线

12 h 所得纳米结构的降解率略低于在 180 ℃保温 24 h 所得 Li-Bi$_2$O$_3$ 纳米片的 GV 降解率，而在其他制备条件下所得纳米结构的降解率要明显低于在 180 ℃保温 24 h 的 Li-Bi$_2$O$_3$ 纳米片的降解率。在 180 ℃保温 24 h 所得 Li-Bi$_2$O$_3$ 纳米片的反应速率常数分别为 180 ℃ 12 h、180 ℃ 0.5 h、120 ℃ 24 h 和 80 ℃ 24 h 的 1.3 倍、4.8 倍、2.5 倍和 3.6 倍。以上结果表明，催化剂结构和物相组成的差异将会影响其对 GV 溶液的催化降解活性，在 180 ℃保温 24 h 所得 Li-Bi$_2$O$_3$ 纳米片的形态规则，具有较好的光催化活性。

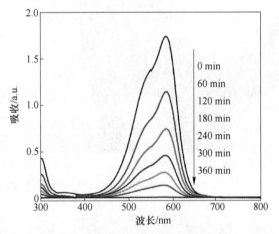

图 4-4 Li-Bi$_2$O$_3$ 纳米片降解不同时间后 GV 溶液的 UV-Vis 吸收光谱

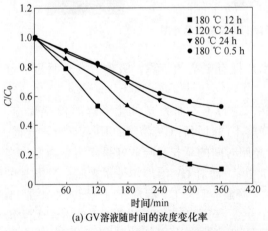

(a) GV 溶液随时间的浓度变化率

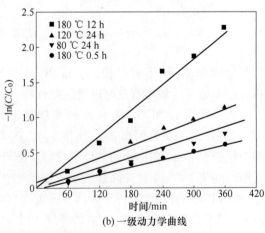

(b) 一级动力学曲线

图 4-5 不同反应条件所得 Li-Bi$_2$O$_3$ 纳米材料降解不同时间后 GV 溶液的浓度变化率和一级动力学曲线

4.2.2 钴修饰锂掺杂氧化铋纳米片

以半导体材料作为催化剂的光催化技术，在降解有机染料废液方面具有能耗低、无毒安全和不产生二次污染等优点而受到广泛的关注。目前光催化剂由于存在着光量子效率低，光生载流子表面迁移速率慢和可见光响应能力差等缺点，导致光催化活性不高，进一步阻碍了在实际中的应用。因此，提升可见光响应能力和加快光生载流子表面迁移速率是提高光催化剂催化效率的关键。已有大量的研究工作致力于加快光生载流子在催化剂表面的迁移速率，其中较有效的一种研究方法是将贵金属元素负载于催化剂的表面，在可见光照的条件下，催化剂与贵金属之间的界面会形成较强的等离子体共振效应（LSPR），提高了金属附近的电场，促使光生电子-空穴更快地与 O_2、H_2O 结合生成氧化自由基，从而进一步提升催化剂的光催化性能。

然而，采用贵金属修饰的光催化剂具有成本高、资源缺乏等不足，限制其在实际中的应用。Co 作为一种过渡金属元素，被认为最有可能代替贵金属元素，作为光催化剂的修饰材料以提高其光催化活性。有文献报道了一种新型高效的非贵金属光催化剂，该催化剂以 CdS 纳米棒为光敏剂，纳米 Co 颗粒为辅助催化剂，通过光化学沉积法将 Co 纳米颗粒负载于 CdS 纳米棒的表面，在可见光的驱动下高效脱氢苯甲醇，用于氢气和苯甲醛的制备，对苯甲醛的选择效率可达 94.4%，氢气生成的速率为 848 mmol/h，催化剂的平均表观量子产率为 63.2%。光化学沉积法是一种温和、快速的金属纳米颗粒修饰半导体材料的合成方法。在太阳光照射下，半导体激发产生的电子可以将某些金属盐还原为金属纳米颗粒，金属纳米颗粒可以负载于基底半导体材料的表面。

以 Li-Bi_2O_3 纳米片作为基底材料、$CoCl_2 \cdot 6H_2O$ 作为金属盐、甲醇作为添加剂，通过光化学沉积的方法能够将 Co 纳米颗粒负载于 Li-Bi_2O_3 纳米片的表面，从而得到 Co 纳米颗粒修饰的 Li-Bi_2O_3 纳米片（CLB）。制备过程如下：将 60 mg 的 Li-Bi_2O_3 纳米片和一定量的 $CoCl_2 \cdot 6H_2O$ 溶于 16 mL 的去离子水中形成悬浮液，将 4 mL 的甲醇溶液加入上述悬浮液中，然后将其放在磁力搅拌器上搅拌，并采用 175 W 汞灯照射 0.5 h。收集沉淀物，采用去离子水和乙醇溶液洗涤数次，放入 60 ℃ 干燥箱中干燥 10 h 后得到 CLB 复合纳米结构。CLB 复合纳米结构的制备过程示意图如图 4-6 所示，将得到的产物标记为 CLB-1、CLB-2、CLB-3、CLB-4 和 CLB-5，对应沉积的 Co 含量为 0.25 mmol、0.5 mmol、0.75 mmol、1 mmol 和 1.25 mmol。

通过 XPS 分析，确定了 CLB 复合纳米结构的元素种类与元素价态。从图 4-7（a）可以看出，XPS 全谱峰中含有 Co、O、C、Bi、Li 元素的特征峰，与 CLB 复合纳米结构的原料组成具有很好的一致性。其中 Li 元素的光谱峰强度较弱，这可能是由 Li 元素的含量较低，且在 CLB 复合纳米结构的表面分布不均造成的。以 C 1s（284.82 eV）为参考值对其他元素的结合能进行校正，得出 Bi 4f、O 1s 和 Co 2p 的高分辨光谱 [图 4-7（b）~图 4-7（d）]。位于 158.88 eV 与 164.18 eV 两个光谱峰是由 Bi^{3+} 的 Bi $4f_{7/2}$ 和 Bi $4f_{5/2}$ 引起的。O 1s 光谱可分为 3 个峰，分别位于 528.88 eV、529.78 eV 和 531.78 eV 键能处，对应于金属氧（Co-O）峰、晶格氧（Bi-O）和样品表面吸附的 H_2O。在 Co 2p 光谱中，两个明显的峰可被拟合为 Co $2p_{3/2}$ 和 Co $2p_{1/2}$ 的分裂，其中位于 779.78 eV、794.88 eV 键能处的两个峰对应于 Co^0，而另外两对强度较弱的峰（781.58 eV 和 796.58 eV）是由于 Co^{2+} 引

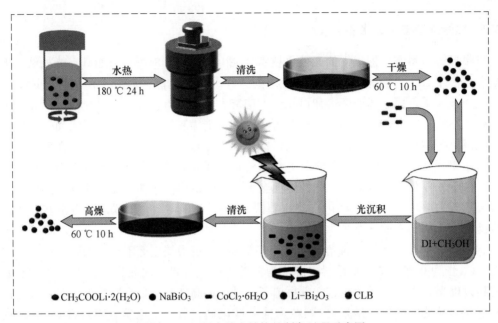

图 4-6   CLB 复合纳米结构的制备过程示意图

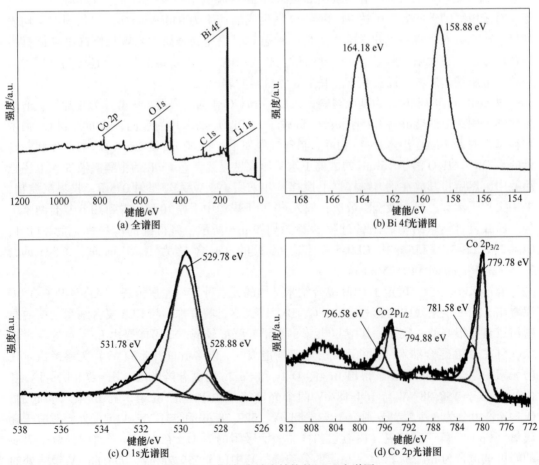

图 4-7   CLB 复合纳米结构的 XPS 光谱图

起的，表明在光化学沉积的过程中，负载于 Li-Bi$_2$O$_3$ 纳米片表面的 Co 纳米颗粒在空气中很容易被氧化为 CoO。

TEM 图像 ［图 4-8 （a）］进一步显示，Co 纳米颗粒被负载于 Li-Bi$_2$O$_3$ 纳米片的表面，形成 CLB 复合纳米结构。HRTEM 图像 ［图 4-8 （b）］ 显示，CLB 具有清晰的晶格条纹，根据 HRTEM 的测量和 Digital Micrograph 软件的计算，CLB 晶格间距为 0.510 nm 和 0.472 nm，分别对应于四方 Bi$_2$O$_3$ 的（110）和单斜 Li$_5$BiO$_5$ 的（200）晶面的晶面间距。从图中还可以观察到 Co 纳米颗粒与 Li-Bi$_2$O$_3$ 纳米片间的界面，此接触面在加速光生载流子在催化剂表面迁移和提高光催化剂的光催化活性方面起着关键作用。

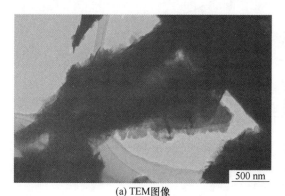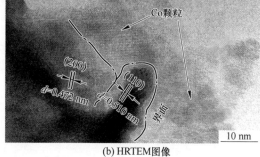

(a) TEM图像　　　　　　　　　　　　(b) HRTEM图像

图 4-8　CLB 复合纳米结构的透射电子显微镜图像

图 4-9 所示为 CLB 复合纳米结构的固体 UV-Vis 漫反射光谱和 Tauc 曲线（右上角小图），沿着漫反射光谱的吸收位置作一条切线，与横坐标轴的交点即为吸收边波长（λ），其值为 837.2 nm，对应的禁带（E_g）为 1.48 eV。与未沉积 Co 纳米颗粒的 Li-Bi$_2$O$_3$ 纳米片相比，CLB 的吸收边发生了明显的红移，在可见光区域的光吸收明显增强，其对应的禁度更窄，显示了较强的光吸收性能。以上结果表明，沉积 Co 纳米颗粒可以减小 Li-Bi$_2$O$_3$ 纳米片的带隙，增强光响应的能力。然而，产生此现象的原因尚未明确，有些研究表明，半导体材料的带隙值与光激发的电子迁移速率有一定的关系，其迁移速率越快，电子越容易在能级间发生跃迁，导致带隙宽度的理论值减小，因此认为负载的 Co 颗粒与 Li-Bi$_2$O$_3$ 纳米片紧密接触的界面有助于加速光生载流子的迁移，进而使 CLB 的带隙宽度减小。

将 CLB-4 复合纳米结构作为光催化剂，175 W 汞灯作为光源，催化剂的用量为 30 mg，GV 溶液的浓度 10 mg/L、体积为 30 mL。为了排除 CLB 的吸附作用对 GV 溶液脱色的影响，研究了静置在黑暗条件下 4 h 和 20 min 的 UV-Vis 吸收光谱，分析发现，静置 4 h 和 20 min 后的 UV-Vis 吸收峰的强度是相似的，表明吸附对 GV 溶液的脱色是不起作用的。图 4-10 显示了不同光照时间后的 GV 溶液 UV-Vis 吸收光谱图，随着光照时间的持续，位于 582 nm 波长处的 UV-Vis 吸收峰强度也随着降低。当光照时间持续到 120 min，对 GV 的光催化降解率可达 97.3%（图 4-11）。根据一级反应动力学拟合的结果可知，光催化降解的反应速率常数 k 为 0.0257 min^{-1}，其值是 Li-Bi$_2$O$_3$ 纳米片的 3 倍。以上结果表明，相对于 Li-Bi$_2$O$_3$ 纳米片，Co 纳米颗粒修饰的 Li-Bi$_2$O$_3$ 纳米片显示出更高的光催化降解性能。

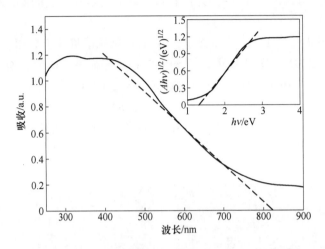

图 4-9　CLB 复合纳米结构的固体 UV-Vis 漫反射光谱

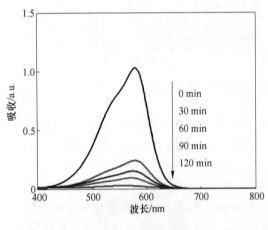

图 4-10　不同光照时间后 GV
溶液的 UV-Vis 吸收光谱

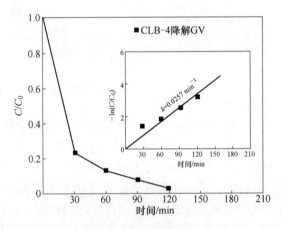

图 4-11　不同光照时间后 GV
溶液的浓度变化率曲线

适量的 Co 纳米颗粒对优化 Li-Bi$_2$O$_3$ 纳米片的光催化活性起到关键的作用。图 4-12 所示为不同含量的 Co 颗粒修饰 Li-Bi$_2$O$_3$ 纳米片经光照 120 min 后对 GV 的降解率。由图可以看出，随着 Co 纳米颗粒含量增加，对 GV 的降解率也随之提高。然而，当 Co 纳米颗粒的含量增加至 1 mmol 与 1.25 mmol 时，GV 的光催化降解率反而降低，这可能使大量的 Co 纳米颗粒附着于 Li-Bi$_2$O$_3$ 纳米片的表面，导致其在溶液中的分散性和光吸收性较差，从而阻碍了光催化活性的进一步提升。因此，Co 纳米颗粒的最佳修饰量为 1 mmol。

图 4-13 所示为 CLB 在紫外-可见光照射下 GV 降解的过程。当 CLB 复合纳米结构吸收的光能超过其带隙时，可以产生大量的光生电子-空穴对，且电子-空穴对会发生分离和迁移的过程。通常光生电子-空穴对分别与空气中的 O$_2$ 和溶液中的 H$_2$O 结合生成 ·O$_2^-$ 和 ·OH，生成的 ·O$_2^-$ 与 ·OH 将参与光催化降解的反应。然而，在自由基捕捉测试中未检测

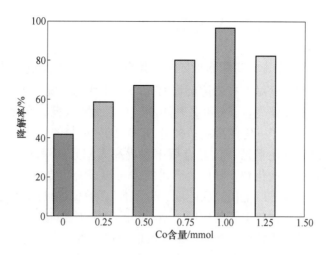

图 4-12 不同含量的 Co 颗粒修饰的 Li-Bi$_2$O$_3$ 纳米片光照 120 min 后对 GV 的降解率

到·O$_2^-$ 的存在。根据相关文献报道，当光生电子所在能级的电势比生成·O$_2^-$ 的反应电势更低时，光生电子很难与 O$_2$ 结合生成·O$_2^-$。因此在反应系统中未检测到·O$_2^-$，这可能是由 CLB 产生的光生电子所在能级的电势较低引起的。在光降解实验中，对比了反应前后 GV 溶液的 pH 值变化，测量光催化反应前溶液的 pH 值为 6.5，而反应后的 pH 值为 8.1，由此表明溶液中 H$^+$ 参与了光催化降解的过程。为了证明溶液中的 H$^+$ 有促进光催化降解的作用，将反应前溶液的 pH 值调整为 8.0，结果显示，光催化的活性受到了一定的抑制，因此溶液中的 H$^+$ 对提高光催化降解速率具有一定作用。综合以上结果分析得出，H$^+$ 在光生电子的作用下与 O$_2$ 发生反应生成 H$_2$O$_2$，H$_2$O$_2$ 进一步与光生电子作用产生·OH，所以反应系统中最终存在的主要活性物质为·OH 和 h$^+$。·OH 和 h$^+$ 均具有较强的氧化分解能力，可以将 GV 等有机污染物分解为 CO$_2$、H$_2$O 和其他无污染的无机物。

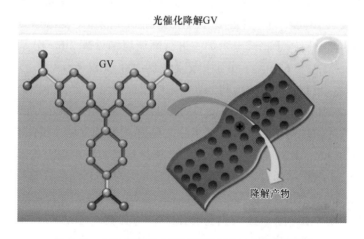

图 4-13 CLB 在紫外-可见光照射下 GV 降解的过程

4.3 氧化铋纳米复合材料

氧化铋（Bi_2O_3）属于中频带隙的半导体，具有良好的可见光响应性能。虽然氧化铋纳米材料在可见光的照射下对于有机污染物的光降解活性比传统的光催化剂 TiO_2 有较大的提高，但是单纯的氧化铋光量子效率依然不高、比表面积较低、表面吸附能力较差，使其在实际使用过程中受到了一定的限制。提升 Bi_2O_3 纳米材料的光催化活性核心问题在于提高光量子产率、降低光生载流子的复合概率和提高太阳光能量的利用率。通过离子掺杂、贵金属修饰、表面光敏化和半导体复合等技术可以进一步提升 Bi_2O_3 的光催化性能。半导体复合是将两种或两种以上的界面匹配，带隙合适的材料通过某种方法结合在一起组成复合材料的过程。由于内建电场的作用，使不同的半导体之间的导带能级和价带能级能够发生耦合，从而促进光生载流子在不同能级间的快速分离、降低复合的概率，也能拓宽光催化剂的光响应区域、提升太阳光的利用率，是提升 Bi_2O_3 光催化效率的有效方法。

4.3.1 Bi_2O_3/In_2O_3 Z-型异质结构

通常 Bi_2O_3 的导带电位为 0.34 eV，价带电位为 3.14 eV。因此，Bi_2O_3 价带上的光生空穴氧化性较强，而激发至导带上的电子难以与吸附氧反应生成 $\cdot O_2^-$（电子与吸附氧反应生成 $\cdot O_2^-$ 的标准反应电势为 -0.33 eV），导致单组分 Bi_2O_3 产生的光生电子-空穴对容易复合，限制了 Bi_2O_3 的光催化活性。氧化铟（In_2O_3）也是一种非常重要的氧化物半导体，其带隙为 2.8~3.7 eV。由于其优异的物理化学性质，在水溶液中具有较高的稳定性和较低的毒性，在光催化应用领域也受到了广泛的关注。以 $Bi(NO_3)_3$ 和 $In(NO_3)_3 \cdot 4.5H_2O$ 作为原料，采用高温烧结法能够制备出 Bi_2O_3/In_2O_3Z-型异质结构光催化剂。制备过程如下：首先将 1 g $Bi(NO_3)_3$ 与 0.966 g $In(NO_3)_3 \cdot 4.5H_2O$ 溶于 6 mL HNO_3 和 34 mL 蒸馏水的混合溶液中，用磁力搅拌器持续搅拌 20 min，使其充分混合均匀。然后向其中加入 1.608 g $Na_2C_2O_4$ 粉末，并置于 60 ℃ 水浴条件中继续搅拌 60 min。沉淀物经清洗和离心处理数次后，放入 70 ℃ 的环境中干燥 12 h，得到 Bi_2O_3/In_2O_3Z-型异质结构光催化剂的前驱体。再将前驱体材料置于箱式电阻炉中进行高温烧结处理 2 h，分别控制烧结温度为 300 ℃、400 ℃、500 ℃ 和 600 ℃，分别标记为 BIZ-300、BIZ-400、BIZ-500、BIZ-600。为了设置对照组实验，将制备的 Bi_2O_3 和 In_2O_3 采用机械研磨复合，并标记为 MBI。

图 4-14 和图 4-15 分别为 Bi_2O_3 和 In_2O_3 的 SEM 图像。由图 4-14 可知，Bi_2O_3 纳米材料由大量无规则的片状结构构成，这些纳米片之间互相堆积，单个纳米片的尺寸为 200~500 nm，厚度约 20 nm，此种 Bi_2O_3 纳米片的形貌与其他团队所报道的形貌是相似的。从图 4-15 可以看出，In_2O_3 纳米材料的形貌为无规则的块状纳米结构，整个块状结构的尺寸为 500~1000 nm，厚度约 100 nm。除了块状纳米结构，还观察到了少量尺寸低于 100 nm 无规则纳米颗粒。图 4-16~图 4-19 分别为 BIZ-300、BIZ-400、BIZ-500、BIZ-600 的 SEM 图像。由图可知，随着烧结温度的升高，大量的纳米片被垂直镶嵌于块状纳米结构的表面，构成异质结构。

图 4-14 Bi_2O_3 的 SEM 图像

图 4-15 In_2O_3 的 SEM 图像

图 4-16 BIZ-300 的 SEM 图像

图 4-17 BIZ-400 的 SEM 图像

图 4-18 BIZ-500 的 SEM 图像

图 4-19 BIZ-600 的 SEM 图像

采用 Bi_2O_3、In_2O_3 和 Bi_2O_3/In_2O_3 Z-型异质结构作为光催化剂，研究了在自然光照射下，对水溶液中 GV 染料的光催化降解性能，取样时间为 20 min，催化剂的用量为 30 mg，GV 溶液浓度为 10 mg/L、体积为 30 mL。Bi_2O_3/In_2O_3Z-型异质结构光催化剂最佳光催化降解性能的烧结温度为 500 ℃。图 4-20 为以 BIZ-500 样品作为光催化剂，经不同光照时间后，GV 溶液的浓度变化率曲线。当光照时间为 120 min 时，BIZ-500 对 GV 的降解率可达 97.9%，而 Bi_2O_3、In_2O_3 对 GV 的降解率仅为 20.7%、11.2%，采用机械球磨法得到的 MBI 复合物对 GV 的降解率为 17.3%，远不及 BIZ-500。从图 4-20 中还可看出，在未添加催化剂的空白实验中，随着光照时间的延长，GV 溶液的浓度变化率未发生变化，表明 GV 溶液仅在自然光的照射下很难被分解。

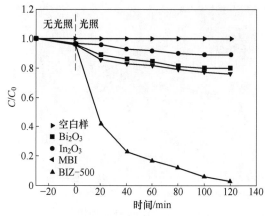

图 4-20   采用不同种类的光催化剂光照不同时间
GV 溶液的浓度变化率曲线

图 4-21 为 Bi_2O_3、In_2O_3、MBI 和 BIZ-500 光催化降解 GV 的反应动力学曲线，从图中可以看出，$-\ln(C/C_0)$ 与光照时间呈现出良好的线性关系，其对应的动力学常数如柱状图所示（图 4-22）。对于 BIZ-500 光催化降解 GV 的反应动力学常数 $k = 0.0137\ \mathrm{min^{-1}}$，分别为 Bi_2O_3（$k = 0.0017\ \mathrm{min^{-1}}$）、$In_2O_3$（$k = 0.0010\ \mathrm{min^{-1}}$）、MBI（$k = 0.0019\ \mathrm{min^{-1}}$）的 8.05、13.7、7.21 倍。由此进一步表明了 BIZ-500 的光催化降解性能明显优于 Bi_2O_3、In_2O_3 和 MBI。事实上，光催化剂的催化性能是由光学吸收性质、表面活性位点数、光生电子-空穴对分离速率及电子-空穴对的复合概率等多种因素共同作用的结果。当 Bi_2O_3 和 In_2O_3 结合在一起构成异质结构时，一方面提高了光吸收性能，另一方面加速了光生载流子的分离和降低了电子-空穴对复合，两者因素协同作用的结果是，Bi_2O_3/In_2O_3 Z-型异质结构的光催化性能要明显优于 Bi_2O_3、In_2O_3。此外，异质结构的形成还受到烧结温度的影响，较低的温度或采用简单机械球磨处理不利于异质结构的形成，从而影响光生载流子在两者半导体间的分离效率，然而过高的烧结温度将会破坏材料的结构，对最终的光降解活性也有一定影响。因此，适宜的煅烧温度是构成异质结构光催化剂的关键。

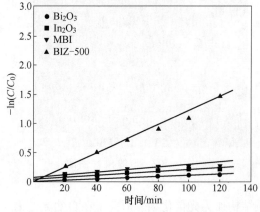

图 4-21   光催化降解 GV 溶液的
反应动力学曲线

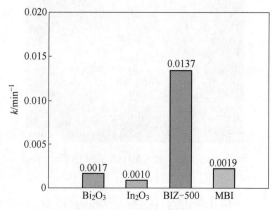

图 4-22   光催化降解 GV 溶液的反应动力学常数

Bi_2O_3/In_2O_3 Z-型异质结构优异的光催化降解性能主要归因于较好的光吸收能力和较低的电子-空穴对复合概率。当光照时间为 120 min，BIZ-500 Z-型异质结构对浓度为 10 mg/L GV 溶液的降解率可达 97.9%，对应的化学反应动力学常数为 0.0137 min^{-1}，光降解性能明显优于其他报道的光催化剂。为了研究 Bi_2O_3/In_2O_3 Z-型异质结构光催化降解过程中使污染物降解的主要活性物质，分别向反应溶液中加入甲醇、抗坏血酸、乙二胺四乙酸二钠（EDTA）作为羟基自由基（·OH）、超氧自由基（·O_2^-）和空穴（h^+）等主要活性物质的清除剂进行对照实验。如图 4-23 所示，当在自然光下照射时间为 120 min 时，未添加清除剂的反应溶液中 GV 染料的降解率为 97.9%，当加入 1 mmol 的抗坏血酸（·O_2^-清除剂）时，导致光催化剂快速失活，GV 染料的降解率仅有 18.9%。不同的是，当加入甲醇和乙二胺四乙酸二钠（·OH 和 h^+ 清除剂）时，对光催化活性的抑制作用不及抗坏血酸，由此说明·O_2^- 为主要活性物质，而·OH 和 h^+ 为辅助性活性物质。

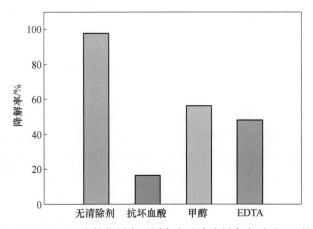

图 4-23　Bi_2O_3/In_2O_3 光催化剂在不同自由基清除剂存在时对 GV 的降解率

为了更好地研究 Bi_2O_3/In_2O_3 Z-型异质结构光催化降解 GV 的原理，Bi_2O_3 和 In_2O_3 的带边位置可根据经验公式计算，具体表达式如下：

$$E_{CB} = X - E^e - \frac{1}{2} E_g \tag{4-1}$$

$$E_{VB} = E_{CB} + E_g \tag{4-2}$$

式中，E_{CB}、E_{VB} 和 E_g 分别为导带电位、价带电位和带隙；X 和 E^e 分别为半导体的电负性和自由电子的能量（约 4.5 eV）。根据该公式，计算出 Bi_2O_3、In_2O_3 的导带电位分别为 0.32 eV、-0.63 eV，价带电位分别为 3.09 eV、1.93 eV。

图 4-24 所示为两种不同的电荷转移机制示意图。在自然光照射下，由于能级差的存在，被激发到 In_2O_3 导带上的电子会转移到 Bi_2O_3 的导带上，而留在 Bi_2O_3 价带上的空穴会转移至 In_2O_3 的价带上 [图 4-24 (a)]。然而，因为 Bi_2O_3 价带的电位比 O_2/·O_2^- 标准电势（-0.33 eV vs. NHE）高，所以 Bi_2O_3 导带上的电子无法将 O_2 还原为·O_2^-。因为 In_2O_3 纳米材料的价带电位低于 H_2O/·OH 的标准电位（2.72 eV vs. NHE）和 OH^-/·OH 的标准电位（2.40 eV vs. NHE），所以 In_2O_3 纳米材料价带上积累的空穴不能氧化 H_2O 或 OH^- 生成·OH。而自由基清除测试表明·OH、·O_2^- 和 h^+ 是光催化降解过程中主要

的活性物质，因此，这种光生载流子的分离和转移机制与自由基清除实验的结果不一致。

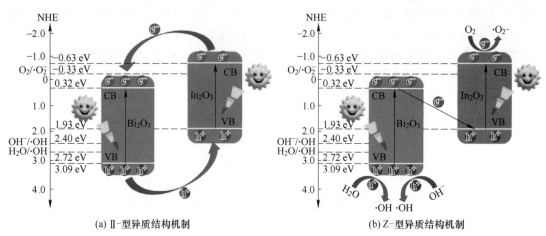

(a) Ⅱ-型异质结构机制   (b) Z-型异质结构机制

图 4-24 Bi_2O_3/In_2O_3 可能的电荷转移机制示意图

普遍认为 P 型半导体的费米能级接近于价带位置，N 型半导体的费米能级接近于导带位置。而 Bi_2O_3、In_2O_3 分别属于 P 型半导体和 N 型半导体，理论上 Bi_2O_3、In_2O_3 组合在一起可构成 Z-型异质结构，况且传统的 Ⅱ-型载流子转移机制不符合实验结果。因此，可以推断出该 Bi_2O_3/In_2O_3 光催化剂降解 GV 反应中的光生载流子分离和转移路径遵循 Z-型机制［图 4-24（b）］。光照时，Bi_2O_3/In_2O_3 Z-型异质结构会产生大量的光生电子-空穴对，被激发至 Bi_2O_3 导带上的电子会转移至 In_2O_3 的价带上，消耗一部分的空穴，同时保持了 In_2O_3 导带上电子的还原性和 Bi_2O_3 价带上空穴的氧化性，In_2O_3 导带上的电子可将催化剂表面吸附氧还原为 $\cdot O_2^-$，$\cdot O_2^-$ 作用于 GV 的降解过程。同时，留在 Bi_2O_3 价带上的空穴可以直接作用于 GV 的氧化分解，也可将溶液中的 OH^- 或 H_2O 分子氧化为 $\cdot OH$，生成的 $\cdot OH$ 进一步参与 GV 的降解过程，最终 GV 分子在 $\cdot O_2^-$、$\cdot OH$ 和 h^+ 的共同作用下，被氧化分解为 CO_2、H_2O 和其他的一些小分子无机物。

4.3.2 $Bi_2O_3/CDs/In_2O_3$ Z-型异质结构

Z-型异质结构包括直接 Z-型异质结构（半导体Ⅰ-半导体Ⅱ）和全固态 Z-型异质结构（半导体Ⅰ-载体-半导体Ⅱ），全固态 Z-型异质结构常由两种能带相匹配的半导体和中间的电子载体构成。通常以 Pt、Au、Ag 等贵金属作为电子载体引入到 Z-型异质结构中，能够进一步加速光生电子在两者半导体界面间的转移速率和降低电子-空穴对的复合概率，从而赋予 Z-型异质结构光催化剂更高的催化活性。然而，这些贵金属元素具有成本高、资源不充足等缺点，限制了在实际中的应用。除了贵金属元素，碳纳米点（CDs）作为一种新型的零维碳材料，具有优异的电子转移和稳定的化学性质，在光电材料、生物成像和医学诊断等领域具有广泛的应用前景。通过向 Bi_2O_3/In_2O_3 Z-型异质结构中引入 CDs 能够制备出 $Bi_2O_3/CDs/In_2O_3$ 全固态 Z-型异质结构光催化剂。制备过程如下：先称取 0.4 g Bi_2O_3/In_2O_3 Z-型异质结构材料后倒入玛瑙研钵中，再用注射器将一定量的 CDs 水溶液（10 mg/mL）加入研钵中，湿磨 20 min 后放入干燥箱中干燥 6 h。将烘干后的复合物移入真空烧结炉中进行高温煅烧处理，烧结温度为 500 ℃、烧结时间 1 h。冷却至室温后，取出烧结样品并继续使用研钵将其研磨成粉末状，即可得到 $Bi_2O_3/CDs/In_2O_3$ 全固态 Z-型异质结构光催化剂。将烧结后的样品标记为 BCI-1、BCI-2、BCI-3 与 BCI-4，分别对应 CDs 用量为 2.5 mg、5 mg、10 mg 与 20 mg，详细的制备过程如图 4-25 所示。

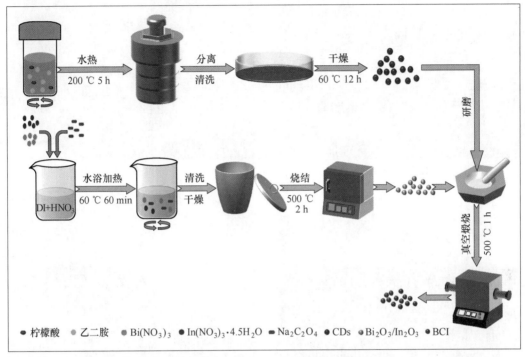

图 4-25　CDs 及 $Bi_2O_3/CDs/In_2O_3$ 全固态 Z-型异质结构的制备过程示意图

图 4-26 为 BCI-3 的电子显微镜图像，其中，图 4-26（a）和图 4-26（b）所示为不同放大倍率 BCI-3 全固态 Z-型异质结的 SEM 图像。可以看出，Bi_2O_3 纳米片垂直镶嵌在 In_2O_3 的表面，相对于 Bi_2O_3/In_2O_3，BCI-3 的表面变得更加粗糙，这可能是加入的 CDs 引起的。从 TEM 图像〔图 4-26（c）〕也可以看出，BCI-3 由无规则片状结构的 Bi_2O_3 和 In_2O_3 构成，Bi_2O_3 纳米片紧密地依附于 In_2O_3 的表面。HRTEM 图像〔图 4-26（d）〕清晰显示出 BCI-3 全固态 Z-型异质结构中 Bi_2O_3 与 In_2O_3 间的界面，其中 Bi_2O_3（220）晶面的晶格间距为 0.831 nm，In_2O_3（400）晶面的晶格间距为 0.603 nm，还可观察到 CDs 的晶格间距为 0.551 nm。

为了评估 $Bi_2O_3/CDs/In_2O_3$ 全固态 Z-型异质结构材料的光催化活性，选用阳离子型 MB 染料作为模拟污染物进行光降解实验，白炽灯模拟自然光。首先，在黑暗条件测试了不同 CDs 含量的 $Bi_2O_3/CDs/In_2O_3$ 和 Bi_2O_3/In_2O_3 对 MB 的吸附效应，由图 4-27（a）可以看出，在 30 min 内可以达到吸附-脱附平衡，并且表现出的吸附效应较弱，可以忽略。光照时间持续 100 min 后，Bi_2O_3、In_2O_3 和 Bi_2O_3/In_2O_3 对 MB 的降解率分别为 19.1%、13.6% 和 51.5%，当全固态异质结构材料中 CDs 含量的提高，表现出的降解活性也逐渐提升，其中 BCI-1、BCI-2、BCI-3 对 MB 的降解率分别为 63.5%、77.6% 和 94.3%。BCI-4 对 MB 的光降解效率为 89.1%，表现出的光催化效率不及 BCI-3。因此，过量的 CDs 对全固态 Z-型异质结光降解活性的提升有一定的抑制作用，产生该现象的原因可能是 $Bi_2O_3/$

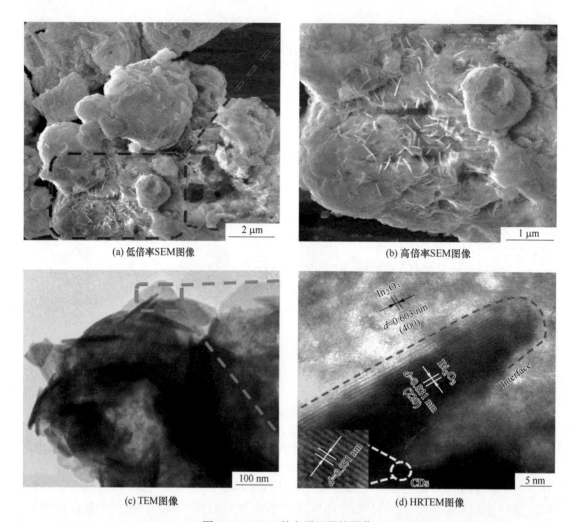

(a) 低倍率SEM图像 　　　　　　　　　　　(b) 高倍率SEM图像

(c) TEM图像 　　　　　　　　　　　　(d) HRTEM图像

图 4-26　BCI-3 的电子显微镜图像

CDs/In$_2$O$_3$ 全固态 Z-型异质结材料中过量 CDs 会导致其在 MB 水溶液中浑浊度增加，从而降低了入射光的穿透，不利于催化剂对光的吸收。在光催化降解 MB 的过程中，该反应过程符合一级动力学方程［图 4-27（b）］，BCI-3 的反应动力学常数 k 值最高，达到 0.0289 min^{-1}，该值分别为 Bi$_2$O$_3$（$k = 0.0024$ min^{-1}）、In$_2$O$_3$（$k = 0.0013$ min^{-1}）和 Bi$_2$O$_3$/In$_2$O$_3$（$k = 0.0065$ min^{-1}）的 12.04、22.23 和 4.45 倍。BCI-3 光催化活性明显优于 Bi$_2$O$_3$、In$_2$O$_3$ 和 Bi$_2$O$_3$/In$_2$O$_3$，主要原因可以归结为以下几个方面：（1）CDs 的引入进一步拓宽了可见光吸收的波长，并且增强了光吸收的强度；（2）CDs 可以加速光生电子在半导体界面间的转移，抑制电子-空穴对的复合，提高光量子效率及光降解的速率。

图 4-28 所示为 Bi$_2$O$_3$/CDs/In$_2$O$_3$ 全固态 Z-型异质结构降解 MB 的光催化降解过程示意图。在自然光的激发下，Bi$_2$O$_3$ 和 In$_2$O$_3$ 价带上的电子会跃迁至导带，由于能级电势差的存在，Bi$_2$O$_3$ 导带上的电子会转移至 In$_2$O$_3$ 价带，消耗 In$_2$O$_3$ 价带上的空穴。因为 Bi$_2$O$_3$ 价带电位高于 H$_2$O/·OH 的标准电位（2.72 eV vs. NHE）和 OH$^-$/·OH 的标准电位（2.40 eV vs. NHE），In$_2$O$_3$ 导带电位低于 O$_2$/·O$_2^-$ 标准电势（−0.33 eV vs. NHE），所以

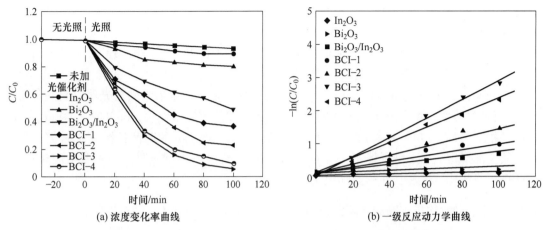

(a) 浓度变化率曲线　　　　　　(b) 一级反应动力学曲线

图 4-27　Bi_2O_3/In_2O_3，BCI-1，BCI-2，BCI-3 和 BCI-4 作为光催化剂，
不同光照时间后 MB 溶液浓度变化率曲线和一级反应动力学曲线

留在 Bi_2O_3 价带上的空穴与 In_2O_3 导带上的电子会与 O_2、H_2O 和 OH^- 等结合生成·OH 和·O_2^- 活性物质，这些活性物质可将 MB 分子氧化分解为 CO_2、H_2O 和其他一些无毒的小分子无机物。将 CDs 引入该系统中，由于 CDs 具有良好的电子转移性能，可作为"电子载体"加速光生电子从 Bi_2O_3 导带迁移至 In_2O_3 价带的速率，降低了 Bi_2O_3 和 In_2O_3 光生电子-空穴对的复合概率，加快·OH 和·O_2^- 活性物质的生成，从而提高光催化降解 MB 的性能。

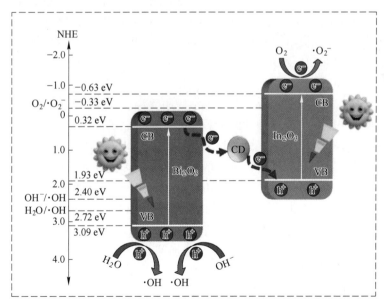

图 4-28　$Bi_2O_3/CDs/In_2O_3$ 全固态 Z-型异质结构光催化剂降解 MB 的示意图

为了进一步评价 $Bi_2O_3/CDs/In_2O_3$ 全固态 Z-型异质结构的实用性，分析 BCI-3 光催化剂在实际水溶液［自来水（TW）、雨水（RW）、湖水（LW）、生活用水（DW）］中的光催化降解性能，在 TW 中显示出的降解效率最高，反应速率常数为 0.0312 min^{-1}，高于在

蒸馏水中的降解速率，该现象的原因是自来水中的漂白剂具有强氧化性，加速对 MB 分子氧化分解。而在 DW 中表现出的降解效率较低，原因是 DW 中含有大量的杂质，对 BCI-3 光催化剂的光降解反应具有一定的抑制效果。当使用 RW 和 LW 作为 MB 的溶解溶剂时，BCI-3 对其的光降解效率与在蒸馏水中的差异较小。此外，因为废水中常含有多种类型的有机污染物，所以采用 BCI-3 光催化剂降解 MB 和 GV 的混合溶液。随着光照时间的延长，GV 的特征峰吸收强度急剧下降，表明 BCI-3 对 GV 的降解速率较快，60 min 后 GV 被全部降解，相对于 GV，BCI-3 对 MB 的降解速率显得较慢，但当光照时间持续到 100 min，也可将其全部降解。以上结果证实，$Bi_2O_3/CDs/In_2O_3$ 全固态 Z-型异质结构光催化剂具有优异的循环降解稳定性和良好的实际应用。

4.3.3　其他种类的氧化铋纳米复合材料

采用气相法、液相法和高温烧结法都可以制备出氧化铋纳米材料。水热法在功能材料的研究中的应用较为广泛。采用水作为反应溶剂，将原料和水混合均匀后置入反应釜中，通过制造出一个高温、高压环境促进纳米晶体的生长。水热法制备出的纳米材料具有成本低、颗粒分散均匀、结晶性好等优点。以 $Bi(NO_3)_3 \cdot 5H_2O$、乙二醇和聚乙烯吡咯烷酮（PVP）作为原料，于 160 ℃保温 12 h，并于 290 ℃煅烧处理后能够制备出氧化铋纳米材料，将合成的氧化铋纳米材料作为光催化剂，应用于多元芳香烃的降解，表现出良好的可见光降解效率。

有报道将钨酸、三聚氰胺和五水合硝酸铋作为反应前驱体，采用一步共烧法制备出三元 $WO_3/g\text{-}C_3N_4/Bi_2O_3$ 复合物光催化剂。在可见光的照射下，该复合物光催化剂的催化性能明显优于单一的 WO_3、$g\text{-}C_3N_4$、Bi_2O_3 及其二元复合材料。XRD 分析表明，所得复合物由单斜 WO_3、Bi_2O_3 和类石墨相氮化碳（$g\text{-}C_3N_4$）组成。通过 SEM 图像可以清晰地观察到 WO_3 纳米颗粒和 Bi_2O_3 纳米球随机分散于 $g\text{-}C_3N_4$ 纳米片的表面，从而组成一个双异质结的结构。HRTEM 图像显示，单一的 $g\text{-}C_3N_4$ 呈现出非晶结构，WO_3、Bi_2O_3 晶体的晶格间距分别为 0.377 nm、0.327 nm。N_2 吸附-脱附等温线及相应的孔径分布表明复合物的比表面积和孔径大小明显大于单一的纳米颗粒。通过样品的固体紫外漫反射光谱得知，相对于单一的 WO_3、$g\text{-}C_3N_4$、Bi_2O_3 纳米材料，$WO_3/g\text{-}C_3N_4/Bi_2O_3$ 复合材料的光学吸收边发生了明显的红移，从而增强了对可见光的吸收程度，因此在光照的条件下显示出了良好的催化性能。将 $Bi(NO_3)_3 \cdot 5H_2O$ 和 $Na_2MoO_4 \cdot 2H_2O$ 作为反应物，采用原位生长及后期的碱化和退火处理在 Bi_2MoO_6 微米花的表面能够生长出超薄的 Bi_2O_3 纳米片，从而形成 Bi_2MoO_6/Bi_2O_3 异质结构。与传统的异质结构不同的是，合成的 Bi_2MoO_6/Bi_2O_3 异质结构电荷移动路径遵循 Z-型转移机制，从而有效地加速了光生电荷的分离和增强了对太阳光的吸收能力。在可见光照射下降解苯酚染料和分解水制氢的光催化分析结果表明，所得 Bi_2MoO_6/Bi_2O_3 异质结构在可见光的激发下具有较高的光催化活性。经过 4 次连续的光降解实验后，该异质结构光催化剂仍能保持较高的催化活性，而且光催化实验前后样品的 XRD 衍射峰没有变化，所得 Bi_2MoO_6/Bi_2O_3 异质结构具有良好的光催化稳定性。

将 Au 作为催化剂，通过采用蒸汽输运的方法成功合成了长度为 10~20 μm、直径为 200~500 nm 的一维 Bi_2O_3 纳米线。Au 作为催化剂促进了氧化铋纳米线的生长，所得氧化铋纳米线具有单斜结构，带隙为 2.86 eV。在富氧条件下，将 $Bi(S_2CNEt_2)_3$ 作为前驱体，采用化学气相沉积法，通过气-液-固（V-L-S）生长机制在 Au 涂覆的 Si 衬底上制备出氧化铋纳米线。所得氧化铋纳米线由四方 β-Bi_2O_3 晶相构成，直径为 50~100 nm，尺寸达数十微米，且在大气环境下具有良好的稳定性。

　　通过水热沉积法能够制备出 Bi_2O_3/MoS_2 复合物光催化剂，XRD 分析表明，所得复合物由单斜 Bi_2O_3 和六方 MoS_2 组成，SEM 图像显示，Bi_2O_3 表面负载了大量的 MoS_2 微纳米颗粒，形成了 Bi_2O_3/MoS_2 异质结构。研究了 Bi_2O_3/MoS_2 在可见光照射下对 MB 和四环素（TC）的光降解性能，与基体材料 Bi_2O_3 相比，Bi_2O_3/MoS_2 对 MB 和 TC 的光降解活性均有所提高。进一步分析表明，复合物光催化剂的催化性能还受 MoS_2 含量的影响，当 MoS_2 的摩尔分数为 23.81% 时，得到的 Bi_2O_3/MoS_2 复合物具有最佳的光催化活性，100 min 内，TC 和 MB 的降解率分别为 97% 和 100%。

5 锗酸盐纳米材料

由于氧化物纳米材料具有独特的电学、磁学、光学、催化、传感等特性，是未来纳米电子器件、光学、光电器件、纳米传感器件、磁学器件及催化器件的重要构造单元，在低维纳米材料的基础研究及应用研究领域具有良好的发展前景。目前已经合成了种类丰富的二元氧化物纳米材料，如 TiO_2 纳米粉末、GeO_2 纳米线、ZnO 纳米线、CdO 纳米线、SnO_2 纳米线和 Ta_2O_5 纳米线等。然而，相对于研究广泛的二元氧化物纳米材料而言，多元氧化物纳米材料由于可以容易地调控其成分组成，因此比二元氧化物可能具有更新颖的物理化学性能，在催化、纳米电子器件、纳米传感器件、纳米存储器件及纳米光学、光电器件等领域有着更好的应用潜力。

多元锗酸盐作为重要的无机化合物，在自然界中含量很少。多元锗酸盐纳米材料具有良好的磁学性能、传感特性、催化特性、电子、光电特性，引起了人们的关注，是目前的研究热点之一。采用简单的方法，低成本高效率地大量可控合成锗酸盐纳米材料，并研究其光学、电学、催化、磁学及传感特性，可为锗酸盐纳米材料的合成与应用方面提供必要的实验与理论基础。

5.1 锗酸锶纳米材料

具有斜方 $SrGeO_3$ 晶相的锗酸锶纳米线属于 ABO_3 型钙钛矿结构，这种 ABO_3 型钙钛矿结构由于具有良好的光催化活性，可以降解多种有机污染物分子，在催化等领域可望具有良好的应用。以碳酸锶和二氧化锗为原料，在 1200 ℃时通过高温固相反应制备出斜方晶相的锗酸锶；以氢氧化锶和二氧化锗为原料，锗与锶的摩尔比控制在 1：1，于 400 ℃烧结能够制备出无定形的锗酸锶纳米线，所得无定形锗酸锶纳米线的长度有数十微米，直径小于 100 nm。PL 光谱分析显示，所得无定形锗酸锶纳米线的发射中心位于 380 nm 波长处，能够发射出强烈的蓝-紫光，这种蓝-紫光发射现象与元素锶无关，而是由于与锗相关的发射中心引起的。由于合成无定形锗酸锶纳米线的条件不易控制、过程较复杂，且无定形锗酸锶纳米线可能没有晶体锗酸锶纳米线所具有的特性，因此从晶体锗酸锶纳米线的应用来考虑，探索简单、低成本的合成方法大量合成晶体锗酸锶纳米线是目前亟待解决的问题之一。

水热法是合成微纳米材料的有效方法，在低成本控制合成微纳米材料方面具有广阔的应用前景。此法以水为溶剂，在一定温度、压力的水热条件下，在密封容器内反应制备出具有特殊性能的纳米材料。采用水热法，以二氧化锗为锗源、乙酸锶为锶源，控制二氧化锗和乙酸锶的摩尔比为 4：1，反应温度 180 ℃保温 24 h，得到白色的锗酸锶纳米线。所得锗酸锶纳米线为六方 $SrGeO_3$ 晶相构成，平均直径为 30~100 nm、长数十微米至数百微米，长径比高达 1000 以上。采用相同的合成方法，还制备出了六方结构的锗酸钡纳米线和斜方结构的锗酸钙纳米线。研究表明，锗酸钡纳米线和锗酸钙纳米线具有良好的电化学性能，是一类优良的锂离子电池正极材料。在合成上述锗酸盐纳米线的基础上，不添加任何表面活性剂，以乙酸锶和二氧化锗作为原料，在 170 ℃保温 2 h 的水热条件下反应，在碳织物表面得到单晶锗酸锶纳米线。XRD 图像和 SEM 图像分析表明，所得锗酸锶纳米线由六方结构的 $SrGeO_3$ 晶相构成，纳米线为笔直形貌、表面光滑，平均直径约 80 nm。以锗酸锶纳米线作为锂离子电池电极材料，结果表明，锗酸锶纳米线具有容量高、稳定性好、充放电速率快等优点，在作为锂离子电极材料方面具有良好的应用前景。

以乙酸锶、二氧化锗为原料，通过简单的水热过程能够合成晶体锗酸锶纳米线。制备过程如下：首先将 0.16 g 二氧化锗粉末与 0.66 g 乙酸锶置于 60 mL 蒸馏水中，持续搅拌均匀混合，然后将混合均匀的溶液放入 100 mL 反应釜内，密封反应釜。将密封的反应釜放入烘箱内，于 80~180 ℃保温 0.5~24 h，随后反应釜在空气气氛下自然冷却至室温。从反应釜内可得到白色沉淀物，采用蒸馏水将白色沉淀物清洗数次，并用离心机离心处理，放于烘箱内于 60 ℃在空气中干燥数小时，最终得到干燥的白色絮状锗酸锶纳米线粉末样品。所得锗酸锶纳米线由斜方结构的 $SrGeO_3$ 晶相（JCPDS 卡，卡号：27-0845）构成，产物中除了斜方结构 $SrGeO_3$ 晶相外，没有发现其他杂质或不纯相。

图 5-1（a）和图 5-1（b）所示为在 180 ℃保温 24 h 的水热条件下所得锗酸锶纳米线的典型形貌及尺寸，从图 5-1（a）可以看出，所得产物由大量自由及均匀分布的纳米线构成，纳米线头部为平面结构，长度可达数十微米至数百微米。产物中除了纳米线外，没有发现其他纳米结构，说明采用这种简单的水热过程可以制备出形态单一的锗酸锶纳米线。图 5-1（b）所示为锗酸锶纳米线更高分辨率的 SEM 图像，从图中可以看出，所得单根锗酸锶纳米线的直径分布较均匀，为 50~200 nm。从 TEM 图像［图 5-1（c）］可以看出，所得锗酸锶纳米线为直线形貌，头部为平面结构。从 HRTEM 图像［图 5-1（d）］中可以看出，所得锗酸锶纳米线由良好的单晶结构构成。

根据晶体核化和晶体生长理论可以解释锗酸锶纳米线的形成机制。在水热处理前，二氧化锗溶于水，与水反应生成锗酸。在水热反应初始阶段，生成的锗酸与溶于水中的乙酸锶反应生成锗酸锶，随着水热温度和保温时间的增加，锗酸锶在水溶液中达到过饱和状态，纳米锗酸锶颗粒就会自发从过饱和溶液中析出，形成锗酸锶晶核。由于刚形成的晶核结晶度较低，因此处于一种亚稳定状态，通过在特定晶面上进行择优吸附生长，形成了锗酸锶纳米棒状结构。随着反应的持续进行，通过奥斯特瓦尔德熟化机制引起了纳米棒的持续生长，最终形成了锗酸锶纳米线。

图 5-2 所示为 180 ℃保温 24 h 所得锗酸锶纳米线的固体 UV-Vis 漫散射光谱。从图中可知，所得锗酸锶纳米线为典型的半导体材料，吸收边波长为 338 nm，带隙为 3.67 eV。有文献报道，$Cd_2Ge_2O_6$ 纳米棒的带隙为 3.9 eV，在紫外光照射下能够有效降解苯。锗酸锌纳米结构为宽禁带半导体材料，其带隙为 4.65 eV，在紫外光照射下对有机污染物也具有良好的光催化活性。而传统光催化剂，例如二氧化钛的带隙为 3.2 eV，在紫外光辐射下可以降解有机污染物。根据文献可知，锗酸锶纳米线可以吸收紫外光，在紫外光辐射下对降解 MB 等有机污染物可望具有良好的光催化效果。

图 5-3 所示为 MB 溶液经紫外-可见光照射前后的浓度变化比率。锗酸锶纳米线的用量为 10 mg，MB 溶液体积为 10 mL，MB 初始浓度为 10 mg/L。经紫外-可见光辐射 4 h 后，

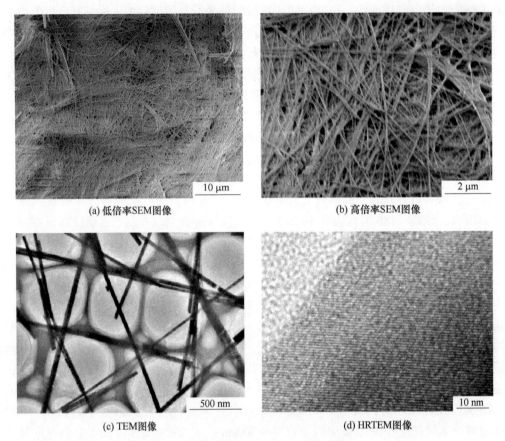

(a) 低倍率SEM图像　　　　　　　　　　(b) 高倍率SEM图像

(c) TEM图像　　　　　　　　　　　　(d) HRTEM图像

图 5-1   锗酸锶纳米线的电子显微镜图像

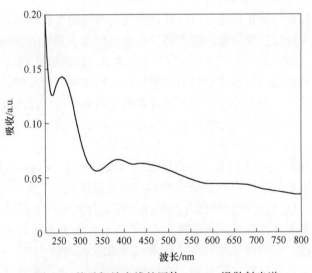

图 5-2   锗酸锶纳米线的固体 UV-Vis 漫散射光谱

MB 的降解率可以达到 83.22%。不采用光照，只添加锗酸锶纳米线进行光催化实验后，MB 没有被降解；而只采用光照，未添加锗酸锶纳米线，MB 只有较少的降解，降解率仅有 2.34%，此现象与钒酸铋光催化降解 MB 的结果是相似的。以上结果显示，锗酸锶纳米线具有良好的光催化特性，随着光照时间的延长，MB 的降解率逐渐增大。

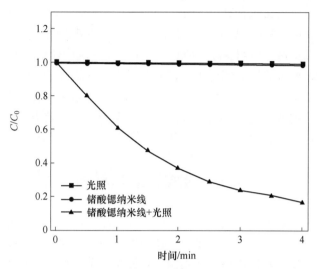

图 5-3　仅添加锗酸锶纳米线、仅光照及加入锗酸锶纳米线，光照不同时间后 MB 溶液的浓度变化比率

在光催化过程中，当光催化材料吸收的能量等于或大于带隙时，就会产生电子-空穴对。通常来讲，锗酸锶纳米线的小尺寸能够有效使电子和空穴从晶体内部迁移至表面，纳米线的高比表面积能使电子-空穴对较容易地分离，从而提高了光催化材料的光催化活性。锗酸锶纳米线具有良好的光催化活性，被认为是由于纳米线光生电子-空穴对与 O_2 和 OH^- 作用生成超氧自由基 $\cdot O^{2-}$ 和羟基自由基 $\cdot OH$ 活性物质引起的。晶体的表面积、结构及形态对光催化剂的活性也有密切关系，锗酸锶纳米线的高比表面积能够使锗酸锶纳米线表面吸附较多的 MB 分子。纳米线光生电子-空穴对具有很强的氧化还原能力，提高了锗酸锶纳米线的光催化活性，导致 NH_4^+、NO_3^- 和 SO_4^{2-} 的形成，乙酸脱羧反应产生 CO_2。在目前的光催化反应系统中，MB 的光催化降解可能存在以下反应：

$$锗酸锶纳米线 + h\nu \longrightarrow 锗酸锶纳米线(h^+ + e^-) \tag{5-1}$$

$$O_2 + e^- \longrightarrow O_2^- \tag{5-2}$$

$$H_2O + h^+ \longrightarrow \cdot OH + H^+ \tag{5-3}$$

根据反应式（5-1）产生了电子-空穴对，空穴引起了水的氧化式（5-3），MB 分子与 $\cdot OH$ 反应，MB 的光催化反应过程可能如下式所示：

$$MB + \cdot OH \longrightarrow HCl + H_2SO_4 + HNO_3 + CO_2 + H_2O \tag{5-4}$$

锗酸锶纳米线的用量会影响 MB 的降解率，为了说明这一点，进行了不同含量锗酸锶纳米光催化线光催化降解 10 mL MB 溶液的测试，MB 浓度为 10 mg/L，光照时间为 4 h。随着锗酸锶纳米线的浓度从 0.25 mg/mL 增加到 1 mg/mL，MB 的降解率从 38.94% 增至 83.22%。然而，当锗酸锶纳米线的浓度从 1.25 mg/mL 增至 2 mg/mL，MB 降解率很接近，从 85.14% 升至 87.14%。以上结果显示，锗酸锶纳米线的用量对 MB 的降解具有重要作用，当锗酸锶纳米线的含量增加时，更多的 MB 分子吸附于锗酸锶纳米线的表面，导致 MB 的降解率增加。另外，由于锗酸锶纳米线具有较大的比表面积，这不仅能够提供更多活性位置来降解有机物，而且能够有效地促进电子-空穴对的分离，进而提高光催化降解 MB 的效率。

为了证实较大的比表面积有利于光催化降解 MB 的假设，以大尺寸的锗酸锶粉末作为光催化剂分析了其光催化降解 MB 的光催化活性，并与锗酸锶纳米线的光催化活性做了对比。以碳酸锶和二氧化锗为原料，于 1200 ℃，在空气气氛中通过高温固相反应制备出了微米级尺寸、不规则形貌的锗酸锶粉末。锗酸锶粉末的比表面积为 $18.9 \ m^2/g$，而锗酸锶纳米线的比表面积是 $41.3 \ m^2/g$，远远高于锗酸锶粉末的比表面积。此结果表明，在光催化降解过程中，锗酸锶纳米线由于具有较大的比表面积，比微米级尺寸的锗酸锶粉末可以提供更多的活性位置参与光催化反应。

5.2   锗酸钡纳米材料

锗酸钡是一种化学稳定性优良、结晶良好的无机化合物，在光学器件、锂离子电池及电化学传感器等方面具有良好的应用潜力。锗酸钡是由四面体 GeO_4 和八面体 GeO_6 组成，通常可以采用高温固相法和快速冷却法来制备块体锗酸钡。然而，高温固相法不易控制反应物的粒度、成分的均匀性及反应气氛，且能耗较高；快速冷却法对设备要求较高，在控制冷却样品的接触面、冷却速度和冷却均匀性等方面也有一定的困难，因此采用高温固相法和快速冷却法制备锗酸钡是不太理想的制备方法。

水热法由于对设备要求较低、操作简单、产物产率高及结晶好等特点，因此在合成纳米材料方面有独特的优势。采用水热法，以硝酸钡和二氧化锗作为原料、聚乙二醇为络合剂能够制备出四方 $BaGe_4O_9$ 结构的锗酸钡粉末，通过对反应条件的分析表明，锗酸钡粉末最佳的合成条件为 pH 值为 8，在温度 200 ℃下保温 20 h。所得锗酸钡粉末尺寸为 20~50 nm，分散性良好。此种锗酸钡粉末可以作为上转换发光材料，在光学器件方面具有良好的应用前景。在不加任何表面活性剂的条件下，以乙酸钡和二氧化锗作为原料，其摩尔比为 5:1，在 170 ℃保温 24 h 的水热条件下制备出了单晶锗酸钡纳米线。XRD 和 SEM 图像分析表明，所得锗酸钡纳米线由六方结构的 $BaGe_4O_9$ 晶相构成，直径为数十纳米、长数微米。对锗酸钡纳米线进行锂离电池电极实验表明，所得锗酸钡纳米线具有高可逆容量、良好的稳定性和快速的充放电性能，在作为锂离子电池电极材料方面具有良好的应用前景。

以二氧化锗和乙酸钡为原料，未添加任何表面活性剂，通过水热过程能够制备出锗酸钡微棒结构，所得锗酸钡微棒结构由六方结构的 $BaGe_4O_9$ 晶相（JCPDS 卡，卡号：43-0644）构成。图 5-4 所示为 180 ℃保温 24 h 所得锗酸钡微棒不同放大倍率的 SEM 图像。从图 5-4 (a) 可以看出，所得产物为微米级尺寸的棒状结构，长度约 3 μm、直径为 500 nm~1.5 μm，平均直径约 1 μm。从高倍率的 SEM 图像 [图 5-4 (b)] 中可看出，所得产物除了微米级棒状结构外，没有其他形貌的结构生成，说明以二氧化锗和乙酸钡为原料，通过简单的水热过程可以较容易制备出形态单一的锗酸钡微棒结构。

图 5-5 (a) 所示为在 180 ℃保温 24 h 所得锗酸钡微棒结构的 IR 光谱，波长范围为 450~4000 nm。红外吸收峰中心分别位于 3422 nm 波长处，吸收波段在 2800~3800 nm 范围内的吸收峰是 -OH 的红外特征振动峰，这是由锗酸钡微棒表面吸附的水引起的。位于

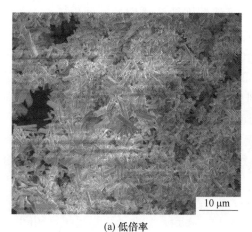

(a) 低倍率　　　　　　　　　　　　　　　(b) 高倍率

图 5-4　锗酸钡微棒不同放大倍率的 SEM 图像

1562 nm 和 1413 nm 波长处的红外吸收峰分别为羧基（O—C＝O）的对称及非对称红外特征振动峰，这是由于锗酸钡微棒结构中残留的（CH$_3$COO）$^-$引起的。位于 715～861 nm 和 516～587 nm 波长处的红外振动峰分别为锗酸钡中 Ge—O 键的 B$_{2u}$、A$_g$特征振动峰及 O—Ge—O 变形特征振动峰。因此，位于 761 nm、544 nm 波长处的红外吸收特征峰是由于锗酸钡微棒结构中的 Ge—O 键和 O—Ge—O 键引起的。

图 5-5（b）所示为 180 ℃保温 24 h 所得锗酸钡微棒结构的 PL 光谱。从图中可以看出锗酸钡微棒存在强烈的紫光和蓝光发射峰，发射峰中心位于 421 nm 和 487 nm 波长处，在 528 nm 波长处可以观察到一个微弱的绿光发射峰。在注入锗离子的石英和无定形锗酸钙纳米线中也观察到紫光发射现象，其发射中心位于 420 nm 波长处。以上这些紫光和蓝光发射峰与锗相关的缺陷中心相关，可能是由于氧空位和 O—Ge 空位引起的。锗酸钡微棒结构发射中心在 421 nm 和 487 nm 波长处的紫光和蓝光发射峰与文献报道的 PL 发射峰位是相似的。锗酸钡微棒结构中的紫光和蓝光发射峰与锗相关，而与钡无关。从一维锗酸盐纳米材料中也可以在 529 nm 波长处观察到微弱的绿光发射峰，这是由于与锗相关的发射中心引起的。因此，锗酸钡微棒结构的绿光发射峰也是由于与锗相关的发光中心引起的。

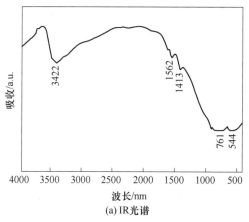
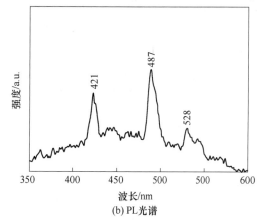

(a) IR光谱　　　　　　　　　　　　　　　(b) PL光谱

图 5-5　锗酸钡微棒的 IR 光谱和 PL 光谱

通过紫外-可见光照射水溶液中的 MB 分析了锗酸钡微棒结构的光催化活性。首先分析了照射时间对锗酸钡微棒结构光催化降解 MB 的影响，确定了较佳的光催化时间，所用 MB 溶液的体积为 10 mL，MB 的初始浓度为 10 mg/L，锗酸钡微棒用量为 10 mg。光照前后 MB 溶液的浓度变化比率如图 5-6 所示。MB 溶液经光照 30 min 后，MB 的降解率急剧升至 79.19%。随着辐射时间从 30 min 增加到 90 min，MB 的降解率从 79.19% 缓慢增加到 83.13%。添加 10 mg 锗酸钡微棒，未采用光照，在暗室内进行空白实验，结果表明，MB 没有降解现象。未添加锗酸钡微棒结构，而仅以光照 10 mL MB 溶液 90 min 后的另一组空白实验中也表明，MB 溶液难以被降解。以上结果表明，锗酸钡微棒结构对于降解 MB 具有良好的光催化活性。

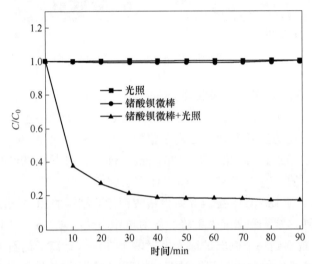

图 5-6   锗酸钡微棒作为光催化剂，光照前后 MB 溶液的浓度变化比率

以锗酸钡纳米线作为光催化剂，对比分析以锗酸钡微棒结构对于 MB 的光催化降解能力。光照 30 min 和 90 min 后，MB 的降解率分别为 80.28% 和 88.13%。由此可见，以锗酸钡纳米线作为光催化剂降解 MB 的光催化活性与采用锗酸钡微棒结构的 MB 降解率是相似的。采用不同的光催化剂，MB 可以被降解为无色产物，例如 CO_2、SO_4^{2-}、NH_4^+ 和 NO_3^-。价带中的光生空穴 h^+ 和羟基 OH^- 是光催化反应过程中的两种重要的氧化剂。光生空穴 h^+ 在乙酸脱羧反应过程中起到重要作用。在 MB 的光催化降解过程中，OH^- 基团可以通过库仑相互作用与 $C—S^+=C$ 官能团相连接，吸附于光催化剂的表面。光生空穴 h^+ 和 OH^- 自由基诱导 S、N 芳环原子断开，从而导致 SO_4^{2-}、NH_4^+ 和 NO_3^- 的形成，乙酸脱羧反应导致 CO_2 的合成。锗酸钡微棒结构的光催化活性可能是由于微棒表面与水经光催化反应产生的光生空穴 h^+ 和 OH^- 引起的。

5.3   锗酸钙纳米材料

碱土金属锗酸钙是一种重要的功能材料，具有良好的催化、光学性能。块体锗酸钙在发射中心 620 nm、700 nm 和 800 nm 波长处具有强烈的荧光特性，可以作为一种良好的光学材料。采用锗粉作为原料，温度和压力分别控制在 1100 ℃ 和 133 Pa，在 Ar 气气氛下通过高温气相冷凝技术可以制备出尺寸为 10~15 nm 的黑色立方无定形球状锗纳米颗粒,将无定形球状锗纳米颗粒浸于澄清的石灰水中,锗纳米颗粒逐渐消失,溶液中有透明胶状物质生成,所得透明胶状物为水合锗酸钙纳米线,在 400 ℃ 煅烧 2 h 的条件下可以得到直径低于 100 nm 的无定形锗酸钙纳米线。无定形锗酸钙纳米线在 300~550 nm 波长范围内具有强烈的蓝-紫外光发射现象,在 380 nm 波长处的发射中心处光发射最为强烈。此方法需要首先在高温条件下制备出锗纳米颗粒,然后将所得纳米颗粒浸于氢氧化钙溶液中,还要对所得水合锗酸钙纳米线进行高温煅烧脱水,使得锗酸钙纳米线体现出制备过程较复杂,所需设备较昂贵等缺点。

相比纳米晶体材料而言,无定形锗酸钙纳米线很难体现出晶体材料的物理、化学性能,因此,采用简单的方法制备出纳米晶体锗酸钙是重要的研究方向之一。采用水热法,以摩尔比为 2:7 的乙酸钙和二氧化锗作为原料,在 180 ℃ 保温 24 h 的水热条件下反应,可以得到白色的锗酸钙纳米线。水热温度和保温时间对锗酸钙纳米线的形成和生长有着重要影响,随着水热温度的增加、保温时间的延长,锗酸钙产物的尺寸和形态不同,最终形成了锗酸钙纳米线。锗酸钙纳米线可以作为锂离子电池电极材料,具有良好的稳定性、高可逆容量及充放电速率快等优点,是一种良好的锂离子电池电极材料。

以摩尔比为 1:2 的二氧化锗和乙酸钙为原料,通过简单的水热过程能够制备出锗酸钙纳米线。制备过程如下:将 0.16 g 二氧化锗粉末和 0.54 g 乙酸钙溶解于 60 mL 蒸馏水中,持续搅拌均匀混合。Ca 与 Ge 的摩尔比为 2:1,室温下二氧化锗在水中的溶解度为 0.4 g/mL。将所得混合溶液放入 100 mL 反应釜内,并密封反应釜。将密封后的反应釜放入烘箱内,升温至 80~180 ℃ 并保温不同的温度,随后反应釜在空气中自然冷却至室温。从反应釜内可得到白色絮状沉淀物,采用蒸馏水将白色絮状沉淀物清洗数次,并采用离心机离心处理后于烘箱内于 60 ℃ 在空气中干燥数小时,最后获得了白色絮状锗酸钙纳米线。所得锗酸钙纳米线由斜方结构 Ca_2GeO_4(JCPDS 卡,卡号:25-0137)、斜方结构 $Ca_2Ge_7O_{16}$(JCPDS 卡,卡号:34-0286)和三斜结构的 $CaGe_2O_5$(JCPDS 卡,卡号:23-0869)构成。纳米线中除了锗酸钙晶相外,还存在极少量的六方结构的二氧化锗(JCPDS 卡,卡号:65-6772),这可能是由于原料中残余的二氧化锗引起的。因此,这种锗酸钙纳米线是一种多晶纳米线,完全不同于将锗纳米颗粒浸于氢氧化钙溶液内得到含羟基的 $Ca_5Ge_2O_9$ 纳米线,将含羟基的 $Ca_5Ge_2O_9$ 纳米线热处理最终得到的无定形 $Ca_5Ge_2O_9$ 纳米线。

通过扫描电子显微镜观察锗酸钙纳米线的典型形貌及尺寸,如图 5-7 所示。从图 5-7(a)中可以看出,所得产物由大量均匀且自由分布的纳米线状结构构成,纳米线长数十到数百微米,直径 50~200 nm。除了纳米线外,产物中没有观察到其他种类的纳米结构,说明采用简单的水热过程可以较容易地获得形貌单一的锗酸钙纳米线。高倍 SEM 图像[图 5-7(b)]显示,每一根纳米线的直径均匀。

锗酸钙纳米线由斜方结构 Ca_2GeO_4、斜方结构 $Ca_2Ge_7O_{16}$ 和三斜结构 $CaGe_2O_5$ 的混合锗酸钙晶相构成。为了分析是否可以通过控制水热过程得到单相的锗酸钙纳米线,分别以原料中 Ca、Ge 摩尔比为 2:7 和 1:2 时,于 180 ℃ 保温 24 h 进行了实验,分析所得产物的形貌和晶相,其 SEM 图像和 XRD 图谱如图 5-8 和图 5-9 所示。从图中可以看出,以不同摩尔比的乙酸钙和二氧化锗为原料时,产物均由直径 40~120 nm、长数十微米的纳米线

(a) 低倍率

(b) 高倍率

图 5-7   锗酸钙纳米线不同放大倍率的 SEM 图像

构成［图 5-8（a）和图 5-9（a）］。XRD 图谱［图 5-8（b）和图 5-9（b）］显示，纳米线也是由斜方结构 Ca_2GeO_4、斜方结构 $Ca_2Ge_7O_{16}$ 和三斜结构 $CaGe_2O_5$ 的混合锗酸钙晶相构成。因此，当原料中 Ca、Ge 摩尔比为 2∶7 和 1∶2 时所得锗酸钙纳米线的形貌、尺寸与晶体结构与原料中 Ca、Ge 摩尔比为 2∶1 时所得锗酸钙纳米线是很相似的。此结果说明，以二氧化锗和乙酸钙为原料，仅可以得到由混合晶相构成的锗酸钙纳米线。图 5-10 是锗酸钙纳米线的 TEM 图像，纳米线为垂直结构、表面光滑、直径均匀，头部为平面结构。

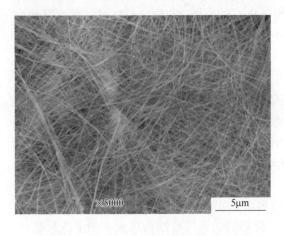

(a) SEM图谱

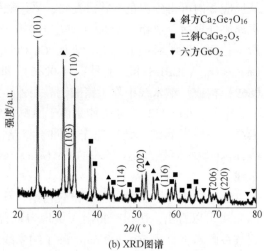

(b) XRD图谱

图 5-8   当原料中 Ca、Ge 摩尔比为 2∶7 时，180 ℃、
保温 24 h 所得锗酸钙纳米线的 SEM 图像和 XRD 图谱

以二氧化锗和乙酸钙作为原料，通过水热过程所得锗酸钙纳米线由 3 种锗酸钙晶相构成。为了分析这 3 种锗酸钙晶相分别存在于单根纳米线内还是共同存在一根纳米线内，需要了解这 3 种晶相在纳米线中的分布情况。HRTEM 图像能够提供锗酸钙纳米线更详细的结构信息。图 5-11（a）是单根锗酸钙纳米线的 TEM 图像，图 5-11（b）~图 5-11（d）是

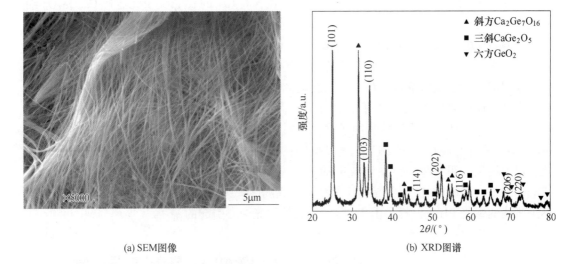

(a) SEM图像 (b) XRD图谱

图 5-9　当原料中 Ca、Ge 摩尔比为 1：2 时，180 ℃、
保温 24 h 所得锗酸钙纳米线的 SEM 图像和 XRD 图谱

图 5-10　锗酸钙纳米线的 TEM 图像

图 5-11（a）中纳米线不同部位的 HRTEM 图像。HRTEM 图像显示，纳米线具有良好的晶体结构，从图 5-11（b）纳米线边缘的 HRTEM 图像可以看出，纳米线内存在边界，这是纳米线内不同晶相的界面。通过 HRTEM 测量及装置在 TEM 上的软件（software of Digital Micrograph）计算分析可知，所得锗酸钙纳米线从内部到边缘的晶面间距分别为 0.59 nm、0.4 nm 和 0.49 nm，对应于斜方 Ca_2GeO_4 晶相的（002）晶面、斜方 $Ca_2Ge_7O_{16}$ 晶相的（111）晶面和三斜 $CaGe_2O_5$ 晶相的（011）晶面。锗酸钙纳米线内部及头部的晶面间距分别为 0.59 nm［图 5-11（c）］和 0.49 nm［图 5-11（d）］，分别对应于斜方 Ca_2GeO_4 晶相的（002）晶面和三斜 $CaGe_2O_5$ 晶相的（011）晶面。根据目前的分析结果可以初步说明 3 种锗酸钙晶相共存于单根锗酸钙纳米线内，从锗酸钙纳米线的内部到边缘部分分别存在着斜方结构 Ca_2GeO_4、斜方结构 $Ca_2Ge_7O_{16}$ 和三斜结构 $CaGe_2O_5$。

　　锗酸钙纳米线在发射中心 421 nm 和 488 nm 波长处分别存在强烈的蓝光发射现象，在

529 nm 波长位置处存在较弱的绿光发射现象。在含有 Ge$^+$的 α-石英及无定形 Ca$_5$Ge$_2$O$_9$ 纳米线中曾经分别观察到在 420 nm 波长处存在强烈的蓝光发射现象，此种蓝光发射现象是由于与 Ge 相关的缺陷中心引起的。锗酸钙纳米线在 421 nm 波长处的 PL 发射峰与上述文献中报道的数值很接近，说明此位置处的蓝光发射峰是由于与 Ge 相关的缺陷引起的。也有文献报道了二氧化锗纳米线及链状二氧化锗纳米结构分别在 488.5 nm 和 476 nm 波长处存在强烈的蓝光发射现象，这可能是由于氧空位与 O-Ge 空位中心之间的辐射复合引起的。另外，在其他的一维锗酸盐纳米材料，如锗酸锶纳米线、无定形锗酸钙纳米线及链状 In$_2$Ge$_2$O$_7$/无定形 GeO$_2$ 核壳纳米电缆结构中在 488 nm 波长处也观察到相似的蓝光发射现象，以上结果表明，锗酸钙纳米线中的蓝光发射是由 Ge 引起的，而与 Ca 无关。因此，锗酸钙纳米线的蓝光 PL 发射是由于氧空位与锗-氧空位中心之间的辐射复合引起的；锗酸钙纳米线的绿光 PL 发射峰是由于与 Ge 相关的发光中心引起的。

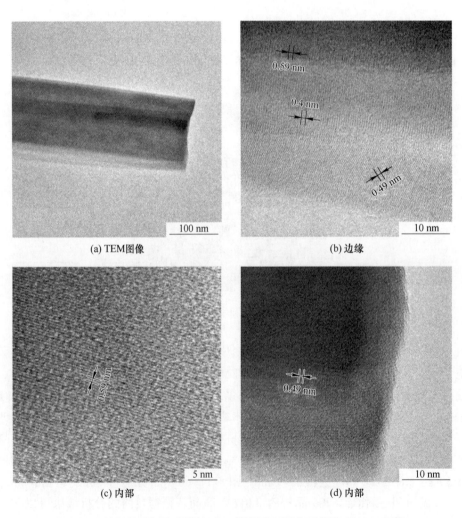

(a) TEM图像   (b) 边缘

(c) 内部   (d) 内部

图 5-11   单根锗酸钙纳米线的 TEM 图像及不同位置处的 HRTEM 图像

将氧化钙代替乙酸钙作为钙源，二氧化锗为锗源，通过相似的水热过程可以合成单相斜方结构的 $Ca_2Ge_7O_{16}$ 晶相的锗酸钙纳米线，所得锗酸钙纳米线的直径约 50 nm、长度均匀、光滑平直。水热温度和保温时间等水热生长条件对单相斜方结构的锗酸钙纳米线的成核及生长有着重要影响，随着水热温度的增加、保温时间的延长，单斜锗酸钙的长度持续增加，最终形成锗酸钙纳米线。

5.4 锗酸铜纳米材料

在所有具有 ABO_3 结构的辉石或类辉石化合物中，锗酸铜（$CuGeO_3$）是唯一拥有 GeO_4 四面体在一个侧链的无机固态化合物。自从锗酸铜被发现具有自旋-佩尔斯相变的无机固态化合物后，引起了人们的研究兴趣。锗酸铜纳米材料作为重要的纳米功能材料，由于拥有良好的光学、自旋电子及电化学传感特性，在光学器件、纳米储存器件及电化学传感器件等领域展现出了良好的应用前景。

以乙酸铜为铜源、二氧化锗为锗源，添加乙二胺，在 160 ℃保温 24 h 的水热条件下能够制备出晶体锗酸铜纳米棒。所得锗酸铜纳米棒由斜方结构的 $CuGeO_3$ 晶相构成，直径为 20～35 nm、长度达 1 μm。所得锗酸铜纳米棒的形态和尺寸与乙二胺含量、水热温度和保温时间密切相关。乙二胺对于一维纳米材料的形成具有结构导向作用，对锗酸铜纳米棒的形成与生长具有至关重要的作用，较高的水热温度和较长的保温时间有利于锗酸铜纳米棒的形成。锗酸铜纳米棒在发射中心 443 nm 和 488 nm 波长处具有强烈的蓝光发光现象，在发射中心 523 nm 波长处存在微弱的绿光发光现象。

5.4.1 锗酸铜纳米线的合成

通过简单的水热过程，以乙酸铜和二氧化锗作为原料，添加 CATB，在 180 ℃保温 24 h 的水热条件下能够制备出晶体锗酸铜纳米线。锗酸铜纳米线可以作为锂离子电池正极材料，具有高比电容和良好的循环性能，首次充电后比电容为 2544 mA·h/g，在 100 mA/g 的电流密度下循环 130 次，比电容仍然可以达到 780 mA·h/g。以氯化铜为铜源、二氧化锗为锗源，添加 CATB，pH 值调节至 8，在 180 ℃保温 24 h 的水热条件下可以制备出产率为 90% 的晶体锗酸铜纳米棒。XRD 和 SEM 分析显示，所得锗酸铜纳米棒由斜方结构的 $CuGeO_3$ 晶相构成，直径为 40～70 nm、长度达 250～350 nm。此种锗酸铜纳米棒可以用作锂离子电极材料，首次充电后比电容为 924 mA·h/g，循环 50 次后，比电容仍然可以达到690 mA·h/g，明显高于纳米二氧化锗电极的比电容。

以二氧化锗为锗源，铜片为铜源和沉积衬底，在较低温度下采用水热沉积反应能够制备出斜方单晶锗酸铜纳米线。所得锗酸铜纳米线主要含有斜方结构的 $CuGeO_3$ 晶相（JCPDS 卡 PDF 卡号：32-0333），产物中还含有少量单斜结构的 $CuGeO_3$ 晶相（JCPDS 卡 PDF 卡：53-0748）。锗酸铜纳米线的 SEM 图像如图 5-12 所示。从图 5-12（a）和图 5-12（b）中可观察到大量自由分布的锗酸铜纳米线生长于铜片衬底上，而没有观察到任何纳米颗粒或其他纳米形态，说明所得产物为高纯度的纳米线状结构。所得锗酸铜纳米线长度为数十微米，甚至超过100 μm，直径分布范围较宽，为 20～350 nm。纳米线形状笔直、表面光滑，头部为平面结构。经过进一步扫描观察纳米线头部的 SEM 图像，如图 5-12

（c）和图 5-12（d）所示，表明所得锗酸铜纳米线的头部为平面结构。事实上，$CuGeO_3$ 纳米线可以在铜片衬底的两个表面沉积。纳米线头部的这种平面结构明显与根据金属气-液-固（V-L-S）生长机理得到的头部为金属催化剂纳米颗粒的纳米线不同，与根据氧化物辅助（OAG）生长机理制备出的头部为半圆形结构的纳米线也不相同。因此，此种锗酸铜纳米线是由特殊的生长过程得到的。

(a) 低倍率   (b) 高倍率

(c) 纳米线头部低倍率   (d) 纳米线头部高倍率

图 5-12   锗酸铜纳米线不同放大倍率的 SEM 图像

通过 TEM 及 HRTEM 图像进一步分析锗酸铜纳米线的显微结构，如图 5-13 所示。从图中可清楚地看到，纳米线表面光滑、形态笔直，头部为平面结构［图 5-13（a）中的白色箭头所示］，这与 SEM 图像的观察是一致的。HRTEM 图像［图 5-13（b）］显示，纳米线由良好的单晶结构构成，未观察到明显的缺陷，相应的快速傅里叶变换（FFT）的花样图［图 5-13（b）中右上角的插入图］进一步显示纳米线为单晶结构。

为了分析所得锗酸铜纳米线中的元素价态，进一步证明锗酸铜的形成，对温度为 400 ℃、压强为 6.5~7.6 MPa、保温 12 h 所得锗酸铜纳米线进行 XPS 光谱分析，如图 5-14 所示。因为 XPS 光谱中 $Cu(2p_{3/2})$ 和 $Cu(2p_{1/2})$ 存在特征峰，所以能够将 Cu^{2+} 与 Cu^{1+} 和 Cu^0 区分开来。在 935.5 eV 和 942.9 eV ［$Cu(2p_{1/2})$］、955.5 eV 和 963.1 eV ［$Cu(2p_{3/2})$］对应于 Cu 2p 的键能，如图 5-14（a）所示，这说明纳米线样品中存在 Cu^{2+}。图 5-14（b）是纳米线的 Ge 3dXPS 光谱，在 32.3 eV 键能处的 Ge 3d 光谱峰表明样品中的 Ge 以 ［GeO_3］$^{2-}$（Ge^{4+}）的形式存在。在 531.4 eV 键能处强烈的 O 1s 光谱峰［图 5-14

(a) TEM图像

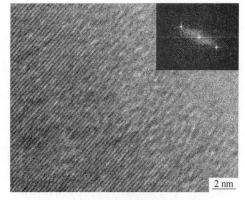

(b) HRTEM图像

图 5-13　锗酸铜纳米线的透射电子显微镜图像

（c）］表明纳米线中的 O 以 O^{2-} 形式存在。基于以上价态分析，进一步证明纳米线样品中存在 $CuGeO_3$。从热动力学的观点可以分析锗酸铜的形成，由于一定温度、压力的水热沉积条件下可以产生高能量，使得水热沉积过程中原子的迁移、反应活性高得多，因此此种水热沉积条件下更容易促使二氧化锗与氧化铜反应生成锗酸铜。

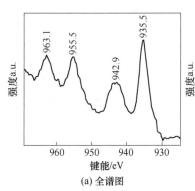

(a) 全谱图

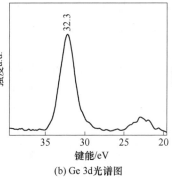

(b) Ge 3d光谱图

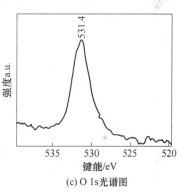

(c) O 1s光谱图

图 5-14　锗酸铜纳米线的 XPS 光谱

图 5-15 温度为 400 ℃、压强为 6.5 ~ 7.6 MPa、保温 12 h 所得锗酸铜纳米线的 PL 光谱，从图中可看出，在 450 ~ 650 nm 波长范围内存在一个宽广的绿光 PL 发射峰，发射峰中心位于 535.4 nm 波长处。锗酸铜纳米线这种宽广的绿光 PL 峰明显不同于一维锗氧化物的蓝光 PL 峰，其发射峰分别位于 440 nm 和 448 nm 波长处。蓝光发射峰一般认为是由于氧空位及氧-锗空位引起的，锗酸铜纳米线的 PL 发射峰产生的原因明显与以上因素不同。锗酸铜纳米线位于

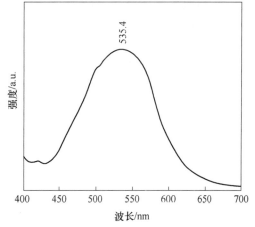

图 5-15　锗酸铜纳米线的 PL 光谱

535.4 nm 波长处的 PL 发射峰与 Mn 掺杂的锗酸锌纳米棒及纳米晶的 PL 发射峰是很接近的，其 PL 发射峰中心分别位于 525 nm 和 527 nm 波长处，而锗酸铜纳米线是一种本征结构，与掺杂的纳米材料不同。分析注意到，锗酸锌纳米线在 529 nm 波长处存在一个绿光发射峰，这是由于一些缺陷引起的。因此，锗酸铜纳米线的这种绿光发射现象很可能与纳米线中存在的一些缺陷有密切关系。

目前尚不清楚锗酸铜纳米线的真实形成过程。通常来讲，溶液-液-固（S-L-S）生长机理可以解释在溶液中金属催化得到的一维纳米材料的生长过程，这种机理可以诱导纳米材料的一维生长。在此种生长机理中，含有金属催化剂的纳米颗粒位于纳米线的一端。由于二氧化锗的熔点是 1115 ℃，在目前的水热条件下氧化锗并不能气化，因此在此种水热条件下难以产生金属催化固溶体液滴。此外，因为锗酸铜纳米线的头部为平面结构，而没有观察到任何金属催化粒子，所以锗酸铜纳米线的生长机理不能采用溶液状态下的 S-L-S 生长机理来解释。一维纳米材料的氧化物辅助生长机理是由香港城市大学的李述汤院士及其合作者提出来的，这种生长机理由氧化物来代替金属催化剂来诱导一维纳米材料的生长，纳米线的头部为半圆形结构。根据目前所得锗酸铜纳米线的电子显微图像，尚未观察到具有液态特征的半圆形头部，由此可知，在目前的水热条件下，在锗酸铜纳米线的生长过程中没有液相生成。纳米线的生长也可通过低于形成液相温度的固态状态时发生。采用这种水热沉积过程，通过固态生长过程能够形成锗酸盐纳米线及纳米棒、氧化锌纳米棒，这些一维纳米材料的头部均为平面结构。与以上几种一维纳米材料的结构类似，在锗酸铜纳米线的头部未观察到任何半圆形或金属催化颗粒，表明此种纳米线是在固态生长过程中形成的。

采用二氧化锗及铜片能够制备出锗酸铜纳米线，分析认为氧化铜是由于铜片的表面氧化形成的，提供了成核位置，并导致锗酸铜纳米线的形成与生长。为了分析铜片衬底及二氧化锗在锗酸铜纳米线中的形成作用，以硅片作为衬底来代替铜片，观察是否有一维纳米材料形成。因此，在温度为 400 ℃、压强为 6.5~7.5 MPa、保温 12 h 时，分别以氧化铜和铜片、二氧化锗和硅片衬底作为原料及衬底进行实验。当只以氧化铜和铜片为原料及衬底时，在铜片表面只观察到亚微米级的颗粒，而没有任何一维纳米结构，说明二氧化锗对于锗酸铜纳米线的形成具有决定性的作用。当以二氧化锗和硅片作为原料及沉积衬底时，在硅片表面除了占主要部分不同尺寸的颗粒外，还观察到一定数量的棒状结构，直径约 200 nm，长度小于 10 μm。EDS 能谱显示，所得棒状结构是由 Si、Cu 和 O 元素构成的，而没有检测到 Ge 元素。因此，氧化铜提供了成核位置，导致锗酸铜纳米线的最终形成与生长。另外，铜片衬底也是锗酸铜纳米线的必须因素。

采用二氧化锗及铜片作为原料与衬底，分别于 200 ℃、250 ℃ 分析锗酸铜纳米团簇形成及其生长的可能性。当将温度升至 200 ℃ 并且不保温立即冷却至室温时，在铜片衬底上可观察到大量球状纳米团簇，这种球状纳米团簇即作为一种成核点。当将温度上升至 250 ℃ 并立即冷却至室温时，在铜片表面可以观察到大量长度约 1 μm 的棒状结构。因为二氧化锗部分溶解于水形成锗酸，所以铜片衬底的纳米团簇作为成核点可以吸收水热气氛中的锗酸、二氧化锗和 CuO 纳米团簇，从而促进锗酸铜纳米线的一维生长。因此，通过传统的核化及固态生长过程可以解释水热沉积锗酸铜纳米线的形成与生长。

采用二氧化锗和铜片为原料，在水热条件下，铜片表面的铜与气氛中的氧气发生反应生成氧化铜，并提供了成核位置，导致锗酸铜纳米线的形成与生长，铜片衬底是水热沉积条件下锗酸铜纳米线形成的必须因素。图 5-16 所示为以二氧化锗为原料，在铜片上沉积锗酸铜纳米线可能的生长过程示意图。根据晶体的核化与生长过程，纳米线的形成与生长过程包括初始纳米线核的生成及超饱和状态后纳米线的一维生长。在水热条件下，原料二氧化锗与水反应生成锗酸，铜片衬底的表面被水热气氛中的氧气氧化形成氧化铜纳米团簇。反应釜内在搅拌器的搅动及水蒸气的流动作用下，导致水热气氛中的二氧化锗纳米团簇悬浮于反应釜内，另外，二氧化锗与水反应生成的锗酸也悬浮于水热气氛中。二氧化锗纳米团簇或水热溶液中的锗酸与铜片表面的氧化铜反应在成核位置形成锗酸铜晶核。锗酸铜纳米团簇晶核不断吸收水热气氛中的二氧化锗纳米团簇和锗酸，导致锗酸铜在晶核内达到过饱和状态，引起了纳米线的一维生长。通过吸附-成核-结晶生长过程，二氧化锗纳米团簇与锗酸持续沉积于铜片衬底上导致锗酸铜纳米线的形成。

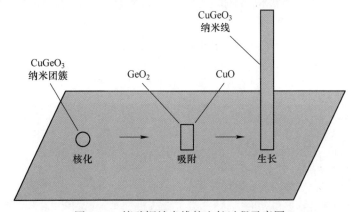

图 5-16　锗酸铜纳米线的生长过程示意图

采用相同的水热沉积过程，通过控制反应温度和保温时间可以制备出斜方晶相的锗酸铜纳米花。锗酸铜纳米花中存在锗酸铜纳米线，纳米线的直径 $20\sim100$ nm、长数十微米。锗酸铜纳米花的形成可采用晶体核化、分裂生长机制来解释。由于合成的锗酸铜纳米线是由铜片表面的氧化铜与二氧化锗反应得到的，而铜片表面的氧化铜量少，合成锗酸铜纳米线的产率低，为了提高产率，在水热沉积过程中直接加入氧化铜，使氧化铜与二氧化锗直接反应，在温度 $200\sim400$ ℃、压强 $1.4\sim7.6$ MPa、保温 $1\sim12$ h 获得了锗酸铜纳米线。所得锗酸铜纳米线主要为斜方晶相，且含有少量的单斜晶相，其长度为数十微米，直径为 $20\sim350$ nm，纳米线的头部为平面结构。PL 光谱分析表明，所得锗酸铜纳米线在 $450\sim650$ nm 波长范围内存在宽广且强烈的绿光发光现象。

以二氧化锗作为锗源、氧化铜、铜片作为沉积衬底，在铜片表面可以得到高质量的锗酸铜纳米线，但是产率相对较低，每次在数片铜片表面可以得到毫克级的淡蓝色锗酸铜纳米线样品，提高了锗酸铜纳米线的制备成本，限制了锗酸铜纳米线的应用范围。因此，低成本、高产率的大量合成锗酸铜纳米线是亟待解决的问题。改用乙酸铜作为铜源，不必使用铜片沉积衬底，而且反应设备也可以改用更为简单、普通的聚四氟乙烯内衬反应釜，从而实现了低成本、高产率的锗酸铜纳米线的大量合成，所得纳米线由斜方晶相的锗酸铜构成。图 5-17 所示为在 180 ℃保温 24 h 的水热条件下所得锗酸铜纳米线的 SEM 图像。从图

5-17（a）可以看出，所得产物为单一的纳米线状结构。锗酸铜纳米线的长度有数十微米，甚至可达数百微米。更高倍率的 SEM 图像［图 5-17（b）］显示，锗酸铜纳米线的直径 20~100 nm，平均直径约 50 nm。纳米线的表面光滑，尺寸分布较均匀。

(a) 低倍率　　　　　　　　　　　　　(b) 高倍率

图 5-17　锗酸铜纳米线不同放大倍率的 SEM 图像

从图 5-18（a）和（b）可以看出，锗酸铜纳米线的表面光滑，呈笔直形态，直径分

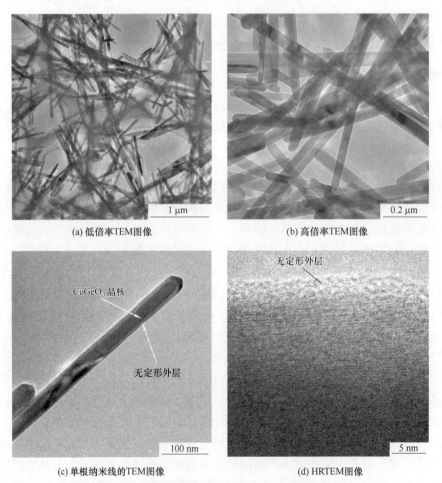

(a) 低倍率TEM图像　　　　　　　　　　(b) 高倍率TEM图像

(c) 单根纳米线的TEM图像　　　　　　　(d) HRTEM图像

图 5-18　锗酸铜纳米线的透射电子显微镜图像

布较均匀，纳米线的头部为半圆形结构。纳米线的头部未观察到金属催化剂颗粒，说明所得锗酸铜纳米线的形成与生长不能根据金属催化 V-L-S 生长机理来解释。单根锗酸铜纳米线的 TEM 图像 [图 5-18（c）] 显示，所得纳米线为核壳结构，纳米线内部为直径约 30 nm 的锗酸铜晶核，外层为厚度低于 10 nm 的无定形外壳层（白色箭头所示）。纳米线边缘的 HRTEM 图像 [图 5-18（d）] 显示，纳米线内核为良好的单晶结构，外层为约 5 nm 的无定形结构（黑色箭头所示）。这种核壳纳米线结构与通过氧化物辅助生长机理得到的一维纳米材料是相似的，同时也与从铜片衬底上得到的锗酸铜纳米线的形态及晶相结构是一致的。

　　铜源材料对锗酸铜纳米线的形成具有一定作用，为此分析了不同的铜源材料对锗酸铜纳米线形成的影响，以期进一步优化原料及水热合成条件，深入分析锗酸铜纳米线的形成机理。当采用 $CuSO_4$ 和 $CuCl_2$ 作为铜源时，只得到了微米级尺寸的颗粒，如图 5-19（a）和图 5-19（b）所示。当采用 $Cu(NO_3)_2$ 和 CuI 作为铜源时，虽然得到了纳米线状结构，但是产物中仍存在数量较多的亚微米级颗粒 [图 5-19（c）和图 5-19（d）]。因此，以上 4 种铜源都不是合成锗酸铜纳米线合适的原料。当采用 $Cu_2(OH)_2CO_3$ 作为铜源时，产物由长度低于 10 μm 的锗酸铜纳米棒构成 [图 5-19（e）]，而采用 CuBr 作为铜源时，产物为直径低于 100 nm、长度可达数十微米的锗酸铜纳米线 [图 5-19（f）]，这以与以乙酸铜为铜源所得锗酸铜纳米线是极为相似的。以上结果说明，铜源对于锗酸铜纳米线的形成与生长有着至关重要的作用，同时也说明在一定程度上锗酸铜纳米结构的形态与尺寸可通过改变铜源材料来调控。除了乙酸铜外，溴化亚铜是合成锗酸铜纳米线的另外一种合适的原料。

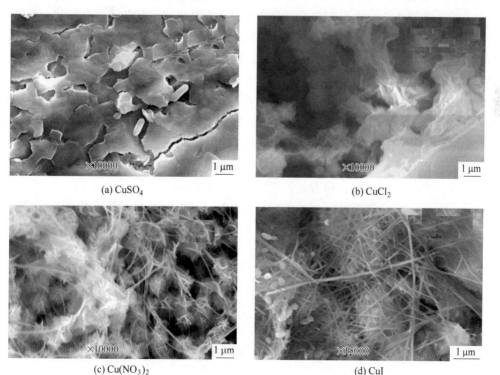

(a) $CuSO_4$

(b) $CuCl_2$

(c) $Cu(NO_3)_2$

(d) CuI

(e) Cu$_2$(OH)$_2$CO$_3$　　　　　　　　　　　　(f) CuBr

图 5-19　采用不同铜源材料所得产物的 SEM 图像

通常来讲，添加一定量的表面活性剂可以起到调控一维纳米结构形成及尺寸的作用，采用常用的乙二胺、PVP 及 SDS 3 种表面活性剂分析了对锗酸铜纳米结构形成的影响。当添加质量分数为 5% 的乙二胺和 PVP 时，于 180 ℃保温 24 h 后所得产物为微米级尺寸的片状锗酸铜，没有形成任何一维纳米结构，这说明乙二胺和 PVP 抑制了一维锗酸铜纳米结构的形成。而当添加质量分数为 5% 的 SDS 时，于 180 ℃保温 24 h 后产物为直径 80~300 nm 的锗酸铜纳米线，长度明显比未添加表面活性剂时所得的产物短得多。以上结果说明，通过控制添加的表面活性剂种类可以调控锗酸铜纳米结构的尺寸。

以非水溶剂代替水，在反应釜内合成纳米材料的方法称为溶剂热合成法，由于溶剂内一般不含有元素氧，因此此法具有防止纳米材料氧化的特点，而且也可以调控氧化物纳米材料的合成。当以水合肼作为溶剂时，产物中只含有微米级的颗粒，没有任何一维纳米结构生成，说明水合肼完全抑制了锗酸铜纳米结构的形成。虽然以聚乙二醇作为溶剂，产物中存在一定数量长度大于 10 μm 的锗酸铜纳米线，但是产物中仍存在大量的亚微米级的颗粒，说明聚乙二醇在锗酸铜纳米线的形成方面具有一定的抑制作用。

不同于水合肼和聚乙二醇为溶剂合成的颗粒及纳米线，当以正庚烷为溶剂时，产物全部为长度约 5 μm 的纳米棒状结构形成的簇状锗酸铜纳米花结构（图 5-20）。纳米花的尺寸约 10 μm，每簇纳米花由数十到数百根锗酸铜纳米棒构成，纳米棒的直径 50~200 nm，这说明与水热条件形成自由分布的锗酸铜纳米线不同的是，通过溶剂热合成过程中，正庚烷抑制了锗酸铜线状的形成，只得到长度较短的棒状结构。

(a) 低倍率　　　　　　　　　　　　　　(b) 高倍率

图 5-20　锗酸铜纳米花状结构不同放大倍率的 SEM 图像

不采用任何表面活性剂，通过水热过程可以合成高质量的锗酸铜纳米线。基于温度、时间、二氧化锗浓度、铜源、表面活性剂及溶剂种类对锗酸铜纳米线形成的影响研究结果，根据水热合成过程中成核和晶体生长理论，锗酸铜纳米线形成过程中的基本反应如下：

$$GeO_2 + H_2O \rightleftharpoons H_2GeO_3 \tag{5-5}$$

$$Cu(CH_3COO)_2 + H_2GeO_3 \rightleftharpoons CuGeO_3(晶核) + 2CH_3COOH \tag{5-6}$$

$$CuGeO_3(晶核) \longrightarrow CuGeO_3(纳米棒) \tag{5-7}$$

$$CuGeO_3(纳米棒) \longrightarrow CuGeO_3(纳米线) \tag{5-8}$$

二氧化锗溶于水后形成锗酸溶液式（5-5），在水热处理前，将乙酸铜和锗酸溶液混合后在常温下形成了锗酸与乙酸铜的混合溶液，随着水热温度的升高，在水热反应的初始阶段，锗酸与乙酸铜进一步反应并晶化，形成六方结构的二氧化锗、四方和斜方结构的锗酸铜复合晶核式（5-6），随着温度的升高及反应时间的增长，四方结构的锗酸铜发生晶相转变形成斜方结构的锗酸铜晶体。随着反应的持续进行，晶体锗酸铜在晶核内达到过饱和状态而析出，形成了具有一定长度的锗酸铜纳米棒式（5-7）。纳米棒状结构表面存在无定形氧化物外层，这种无定形氧化物外层可以限制锗酸铜米棒在直径方向上的生长，从而进一步导致锗酸铜一维纳米结构的持续生长。在反应 6~24 h 后，最终形成高纯度的锗酸铜纳米线式（5-8）。

以乙酸铜和二氧化锗作为原料、CTAB 作为表面活性剂，通过简单的水热过程，在 180 ℃ 保温 24 h 的水热条件下得到了头部为矩形结构的单晶锗酸铜纳米带，长度为 2~3 μm、宽度为 20~70 nm。当温度为 -259 ℃ 时，所得锗酸铜纳米带具有明显的自旋-佩尔斯相变现象，利用其自旋特性可以在信息储存、运输及微电子器件等领域具有广阔的应用前景。

5.4.2 锗酸铜纳米线的电化学特性

硫醇复合物在生物体生理功能及诊断方面具有重要作用，L-半胱氨酸是一种重要的硫醇复合物，广泛用于抗生素领域，可以保护皮肤，起到防辐射作用，在食品工业和制药工业中作为抗氧化剂，在药物配方及生物标志物方面具有重要作用。因此，采用灵敏的方法测定生物样品、药物及食品工业中的 L-半胱氨酸具有重要意义。

目前已经发展了荧光法、液相色谱法等多种方法来测定 L-半胱氨酸。对比以上方法，电化学方法分析生物分子具有检测过程简单、快速、灵敏度高，容易与其他方法集成等优点。然而，由于反应中间物吸附于传统电极的表面造成电极钝化，从而在测定 L-半胱氨酸时需要较大的过电势，导致采用传统电极检测 L-半胱氨酸时容易受硫化物、二硫醚等干扰物的影响。因此，采用 GCE、金刚石、金、铂及汞等传统电极测定 L-半胱氨酸时存在灵敏度低、选择性差等问题。因而，研究者关注发展新型的电极材料来高效检测 L-半胱氨酸。目前，人们已采用硼掺杂碳纳米管、多孔碳、硼掺杂金刚石、金纳米棒、锡掺杂氧化锌纳米线、二氧化锰-碳纳米复合物及碳纳米纤维等多种材料对电极改性以提高电化学检测 L-半胱氨酸的性能。锗酸铜纳米线作为三元氧化物纳米线，具有高比表面积及高表面活性，在气体传感器和电化学传感器领域有着良好的应用前景，通过循环伏安法分析了锗酸铜纳米线在电化学检测 L-半胱氨酸中的应用潜力。

在裸 GCE 表面涂一层锗酸铜纳米线，通过 SEM 观察到锗酸铜纳米线电极的表面形貌，如图 5-21 所示。从图中可知，GCE 表面覆有一层锗酸铜纳米线，其直径 30~150 nm ［图 5-21（a）］。裸 GCE 的表面为黑色，表面光滑 ［图 5-21（b）］。锗酸铜纳米线可以在 GCE 表面形成致密的纳米线薄膜 ［图 5-21（c）］，在 0.1 mol/L KCl 和 2 mmol/L L-半胱氨酸溶液中放置 2 天后，致密的锗酸铜纳米线膜仍然存在 ［图 5-21（d）］。此结果说明，采用简单的涂覆方法可以在 GCE 表面形成一层致密的锗酸铜纳米线薄膜。通过分析锗酸铜纳米线电极边缘的 SEM 图像，估计 GCE 上锗酸铜纳米线薄膜的厚度，如图 5-22 所示。可以看出，当将 10 mg 锗酸铜纳米线分散于 10 mL DMF 溶液中，然后将 10 μL 含有纳米线的悬浮液滴于 GCE 上形成的纳米线薄膜厚度约为 2 μm。

(a) SEM图像

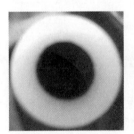

(b) 裸电极表面

(c) 锗酸铜纳米线修饰电极表面

(d) 在测试溶液中放置2天后锗酸铜纳米线电极表面

图 5-21　锗酸铜纳米线电极表面的 SEM 图像和裸 GCE 表面数码照片

EIS 阻抗谱能有效地研究电极界面性能，在 EIS 阻抗谱中，其高频区的半圆直径代表通过电极界面的电子输运电阻，直径越大，则界面电荷转移电阻越大。裸 GCE、锗酸铜纳米线电极在浓度为 1 mmol/L 的 $K_3Fe(CN)_6$ 溶液中的 EIS 阻抗谱如图 5-23 所示。EIS 谱中裸 GCE 的半圆直径明显大于锗酸铜纳米线电极的半圆直径。按图 5-24 的等效电路，采用 Zview 软件对 EIS 阻抗谱进行了拟合，其中 R_1 为电解液电阻，R_2 为电荷转移电阻，CPE_1 为对应电极表面的恒相位元件，W_1 为有限长度 Warburg 单元。拟合结果表明，溶液电阻 R_1 都很小（0.1 Ω 左右），但裸 GCE 和锗酸铜纳米线电极的电荷转移电阻 R_2 及电极电容有较大差别，结果列于表 5-1 中。

图 5-22　锗酸铜纳米线电极边缘的 SEM 图像

表 5-1　阻抗拟合结果

电极种类	R_2/Ω	CPE-T（F/s^{1-P}）	CPE-P
裸 GCE	23.39	0.00079	1.0
锗酸铜纳米线电极	4.64	0.0026	0.97

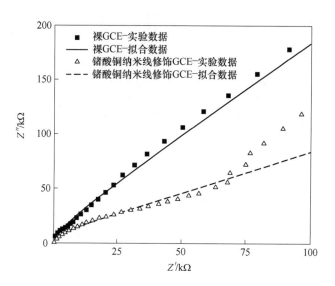

图 5-23　裸 GCE 与锗酸铜纳米线电极 EIS 测试的
Nyquist 曲线实验值及拟合值

拟合结果表明，裸 GCE 和锗酸铜纳米线电极的电荷转移电阻分别为 23.39 Ω 和 4.64 Ω，显然通过锗酸铜纳米线电极的表面更容易进行电荷转移，这对于提高电极的电化学分析性能显然是有利的。拟

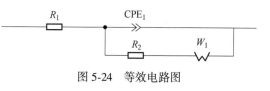

图 5-24　等效电路图

合结果也显示：锗酸铜纳米线电极的电极电容增大了一个数量级（CPE-T），同时电极表面也呈现出一定的不均匀性（CPE-P<1），这一结果与锗酸铜纳米线在 GCE 表面沉积形成

致密膜是一致的。

　　为了分析不同温度水热沉积条件下所得锗酸铜纳米线电极在 L-半胱氨酸溶液中的电化学反应，分别选取了 250 ℃保温 12 h 和 400 ℃保温 12 h 所得锗酸铜纳米线作为 GCE 修饰材料进行了实验，分别以锗酸铜纳米线-250 和锗酸铜纳米线-400 来表示。锗酸铜纳米线-250 和锗酸铜纳米线-400 电极在 0.1 mol/L KCl 与 2 mmol/L L-半胱氨酸混合溶液中的 CV 曲线如图 5-25 所示。从图中可以看出，这两种水热沉积条件下所得锗酸铜纳米线电极对 L-半胱氨酸的电化学循环伏安曲线基本相同，只有 CV 峰的强度及峰位有细微差别。因此，后续选取 250℃保温 12 h 所得锗酸铜纳米线作为电极材料来进行电化学性能研究。

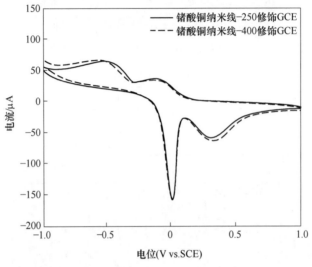

图 5-25　锗酸铜纳米线-250 和锗酸铜纳米线-400 电极在 0.1 mol/L KCl 与
2 mmol/L L-半胱氨酸混合溶液中的 CV 曲线

　　锗酸铜纳米线电极在没有及含有 2 mmol/L L-半胱氨酸 的 0.1 mol/L KCl 溶液中的 CV 曲线如图 5-26 所示，扫描速率为 50 mV/s。作为对照，图 5-27 为裸 GCE 电极在 0.1 mol/L KCl 溶液及含 L-半胱氨酸的 KCl 溶液中的 CV 曲线。无论是否存在 L-半胱氨酸，裸 GCE 电极上均没有氧化峰电流，这说明 L-半胱氨酸很难在裸 GCE 电极上氧化，这与文献的观察是一致的，在裸 GCE 电极上出现的还原电流可能来源于氧的还原。值得注意的是，氧的还原电流在锗酸铜纳米线电极上消失（图 5-26），这可能与锗酸铜纳米线沉积在 GCE 表面形成的功能膜妨碍了 O_2 的扩散有关。因而在扫描范围内，锗酸铜纳米线电极在无 L-半胱氨酸的 0.1 mol/L KCl 溶液中没有电化学响应。然而，在含有 2 mmol/L L-半胱氨酸的溶液中，锗酸铜纳米线电极的 CV 曲线在+0.31 V 和+0.01 V 电位处有两个阳极 CV 峰（1 和 2），在-0.09 V 和-0.52 V 电位处有两个阴极 CV 峰（1′和 2′）。显然，这两对氧化还原峰是与 L-半胱氨酸相关的界面电化学过程产生的，而锗酸铜纳米线则促进了 L-半胱氨酸的氧化，显示出明显的电催化活性。

　　功能化修饰的 GCE 电极显示出对 L-半胱氨酸的氧化活性，较高的氧化过电势是电化学检测 L-半胱氨酸面临的一个问题。例如采用碳纳米管修饰 GCE（CNT/GC）及硼掺杂碳纳米管修饰 GCE（BCNT/GC）测定 L-半胱氨酸，当扫速速度为 50 mV/s、pH 值为 7.4

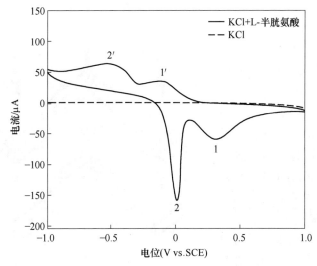

图 5-26 锗酸铜纳米线电极分别在 0.1 mol/L KCl 溶液中与在 0.1 mol/L KCl
与 2 mmol/L L-半胱氨酸混合溶液中的 CV 曲线

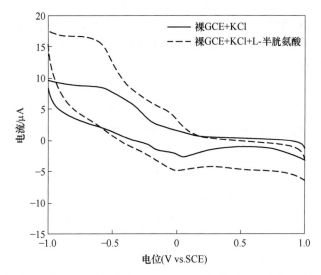

图 5-27 裸 GCE 电极在 0.1 mol/L KCl 溶液，0.1 mol/L KCl 和
2 mmol/L L-半胱氨酸混合溶液中的 CV 曲线

时，尽管氧化过电势比在裸 GCE 上有所降低，阳极氧化峰仍出现在约+0.47 V（vs. SCE）电位处。图 5-26 显示，锗酸铜纳米线电极上 L-半胱氨酸的氧化过电势较小，体现出锗酸铜纳米线催化 L-半胱氨酸氧化的优异特性。

在中性条件下有序介孔碳修饰的玻碳电极上，在约+0.02 V 和+0.38 V（vs. Ag/AgCl）电位处有两个 L-半胱氨酸的氧化电流峰。其中+0.02 V 处的阳极峰是介孔碳含氧官能团作为电子介体催化的 L-半胱氨酸氧化，+0.38 V 处的阳极峰是源于面缺陷位点催化的 L-半胱氨酸氧化。由于在 CV 扫描的电势范围内，锗酸铜纳米线自身没有氧化还原活性，不能作为电子介体催化 L-半胱氨酸的氧化剂，因此锗酸铜纳米线的存在最可能影响 L-半胱氨酸在电极表面的吸附，从而影响 L-半胱氨酸在电极表面的氧化活性，使其能够在较低的氧化电势下被氧化。

图 5-28 所示为锗酸铜的晶体结构，锗酸铜由共用的 GeO_4 四面体作为基本单元，由 Cu^{2+} 相连接沿着 c 轴形成了链状结构，每一个 Cu 原子与环绕的 6 个 O 原子相连接形成了变形的 CuO_6 八面体。L-半胱氨酸具有羧基、氨基和巯基官能团，能够与锗酸铜纳米线表面的含锗位点和铜离子产生多种表面相互作用，这可能是锗酸铜纳米线具有对 L-半胱氨酸催化氧化活性的原因。图 5-26 中的两个氧化峰则可能为 L-半胱氨酸与锗酸铜纳米线上不同的

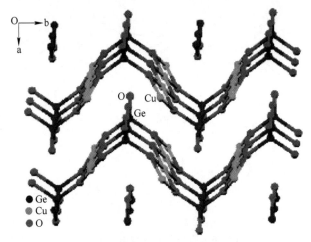

图 5-28　锗酸铜的晶体结构

路易斯酸位点，例如含锗位点、铜离子作用而产生的。

文献报道，在 pH 值 2～12 范围内，L-半胱氨酸在溶液中的可能物种中，CyS^- 和 $CySH_2^+$（氨基质子化产物，存在于低 pH 值的酸性溶液中）是电活性的物种。L-半胱氨酸等电点是 5.0，在中性的电解液中，其主要存在形式是以兼性离子存在的 CySH 及巯基去质子的阴离子 CyS^-。因此，L-半胱氨酸的氧化是由电活性的 CyS^- 导致的。CyS^- 在锗酸铜纳米线表面一个位点被氧化产生弱吸附的胱氨酸（CySSCy），而在另一位点被氧化产生与表面强作用的吸附胱氨酸（CyS-G-SCy，G 代表锗酸铜纳米线），反应机理如下：

$$CySH \longleftrightarrow CyS^- + H^+ \tag{5-9}$$

$$CyS^- \xrightarrow{G} CyS + e^- \tag{5-10}$$

$$2CyS \longrightarrow CySSCy \tag{5-11}$$

该反应过程对应氧化峰 cvp1，产生在电极表面弱吸附的 CySSCy，总反应如下：

$$2CySH \longrightarrow CySSCy + 2H^+ + 2e^- \tag{5-12}$$

对应氧化峰 cvp2 的过程如下：

$$CySH \longleftrightarrow CyS^- + H^+ \tag{5-13}$$

$$CyS^- \xrightarrow{G} CyS-G + e^- \tag{5-14}$$

$$2CyS-G \xrightarrow{G} CyS-G-SCy \tag{5-15}$$

该反应产生与电极有较强作用的吸附胱氨酸 CyS-G-SCy，总反应如下：

$$2CysH \longrightarrow CyS-G-SCy + 2H^+ + 2e^- \tag{5-16}$$

L-半胱氨酸与其氧化产物 L-胱氨酸（CySSCy）经常用作研究蛋白质中巯基与二硫键作用的一对模型化合物。虽然工业上可以利用胱氨酸电解还原制备半胱氨酸，但是胱氨酸在碳或金电极上的电化学还原动力学过程很慢，这往往造成 L-半胱氨酸在电极表面的不可逆氧化或需要很低的电极电势使胱氨酸还原脱附。一些改性电极能进行胱氨酸还原，例如在维生素 B_{12} 改性的热解石墨电极上，当缓冲液的 pH 值低于 9 时，在 −0.8 V（vs. SCE）

电位处出现了还原峰。一些金属离子与胱氨酸的配位作用也能促进胱氨酸的还原。例如，在汞电极上，胱氨酸在 pH 值为 7.4 的溶液中，分别在 -0.106 V、-0.552 V（vs. Ag/AgCl）电位处产生［RS-Hg-SR］s 和［RS-HgHg-SR］s 的还原脱附峰，而在 Cd^{2+} 参与下，在约 -0.8 V 电位处产生 Cd^{2+}/Cd^0 介导的胱氨酸的还原峰。在金电极上，在 0.1 mol/L $KClO_4$ 介质中，低扫速（<200 mV/s）时，吸附的 L-胱氨酸的 CV 曲线在约 -0.5 V 和 -0.7 V（vs. SCE）电位处出现还原脱附峰，其中 -0.5 V 处的还原峰是胱氨酸的氨基去质子后形成的。在盐酸溶液中存在 $SnCl_2$ 的条件下，胱氨酸在 GCE 电极上通过 Sn^{2+}/Sn 介导在 -0.6 V（vs. SCE）电位处产生还原电流峰，而 Cu^{2+} 也能参与胱氨酸的还原。

在 L-半胱氨酸溶液中，锗酸铜纳米线电极上出现两个阴极还原峰，对应来源于两种不同吸附能力的氧化产物 CySSCy 和 CyS-G-SCy，其反应机理如下：

$$CySSCy + 2e^- \xrightarrow{G} 2CyS^- \tag{5-17}$$

$$CyS^- + H^+ \longleftrightarrow CySH \tag{5-18}$$

该过程对应 cvp1′，是弱吸附 CySSCy 的还原，总反应如下：

$$CySSCy + 2H^+ + 2e^- \longrightarrow 2CySH \tag{5-19}$$

而 CyS-G-SCy 的还原反应为：

$$CyS-G-SCy + 2e^- \longrightarrow 2CyS^- \tag{5-20}$$

$$CyS^- + H^+ \longleftrightarrow CySH \tag{5-21}$$

该反应过程对应 cvp2′，总反应如下：

$$CyS-G-SCy + 2H^+ + 2e^- \longrightarrow 2CySH \tag{5-22}$$

半胱氨酸的氧化和胱氨酸的还原都是与质子转移偶联的表面电化学过程。

图 5-29 所示为不同浓度 L-半胱氨酸在锗酸铜纳米线电极上的 CV 曲线，左下角插入图是阳极峰电流强度与 L-半胱氨酸浓度的关系曲线。由图可知，随着 L-半胱氨酸浓度的

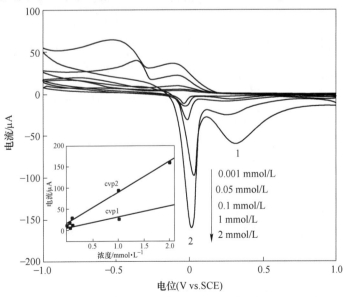

图 5-29　在不同浓度 L-半胱氨酸溶液中锗酸铜纳米线电极的
CV 曲线（扫描速率 50 mV/s，KCl 浓度 0.1 mol/L）

增加，氧化电流随之增强。当 L-半胱氨酸的浓度为 1 μmol/L 时，CV 曲线中只有一个小的阳极 CV 峰 cvp2，这决定了锗酸铜纳米线电极测定 L-半胱氨酸时的检测限。对图 5-29 左下角的内插图进行线性拟合，得到锗酸铜纳米线电极检测 L-半胱氨酸关系曲线，相关系数、线性检测范围和检测限如表 5-2 所示。

表 5-2　不同浓度 L-半胱氨酸中锗酸铜纳米线电极的电化学分析数据（KCl 浓度为 0.1 mol/L）

电化学 CV 峰	回归方程式[①]	相关系数（R）	线性检测范围 /mmol·L^{-1}	检测限[②] /μmol·L^{-1}	灵敏度/μA·(mmol·L^{-1})$^{-1}$	相对标准偏差/%
cvp1	$I_p = 7.453 + 25.474C$	0.999	0.05~2	23.4	25.5	2.53
cvp2	$I_p = 20.833 + 75.667C$	0.997	0.001~2	0.9	75.7	1.95

①I_p 和 C 分别代表 CV 峰电流强度（μA）和 L-半胱氨酸浓度（mmol/L）；
②采用信噪比为 3（$S/N = 3$）分析锗酸铜纳米电极检测 L-半胱氨酸的检测限。

为了分析锗酸铜纳米线电极在实际样品中的检测效果，使用锗酸铜纳米线电极检测自来水样品中 L-半胱氨酸的含量，通过添加标准量的 L-半胱氨酸并测定了其回收率，结果如表 5-3 所示。从表中可以看出，锗酸铜纳米线电极在检测 L-半胱氨酸时具有较高的灵敏度、稳定性和可靠性。

锗酸铜纳米线电极优异的稳定性表明，锗酸铜纳米线能够紧密地附着在 GCE 表面。同时，也与 L-半胱氨酸在锗酸铜纳米线电极上相对小的氧化过电势有关，可以在较低的氧化电位下进行检测，这不仅有利于抑制干扰物信号，也有利于避免在高氧化电势下氧化产物对电极的污染。另一方面，氧化产物在对锗酸铜纳米线电极上的还原脱附能力也有贡献。这些结果进一步表明，作为电化学传感器的改性电极材料，锗酸铜纳米线在检测 L-半胱氨酸等酸性小分子时具有较好的应用前景。

表 5-3　自来水样品中 L-半胱氨酸的电化学测定

样品编号（自来水）	所加 L-半胱氨酸含量 /μmol·L^{-1}	检测出的含量 /μmol·L^{-1}	回收率/%（检测 5 次的平均数值）
1	5	4.85±0.14	97.6
2	20	19.75±0.23	99.3
3	40	41.25±0.34	103.5

5.4.3　聚苯胺复合锗酸铜纳米线的电化学特性

聚苯胺由于电导率高、具有酸碱反应和氧化还原反应及电导率可调等特点，在化学传感器、锂离子电池等方面有重要应用。在锗酸铜纳米线电极的研究基础上，利用聚苯胺与锗酸铜纳米线复合，可以进一步提高电化学检测 L-半胱氨酸的性能。制备聚苯胺复合锗酸铜纳米线所用聚苯胺水溶液的质量分数为 30%，制备过程如下：首先将锗酸铜纳米线 0.2 g 与一定量的聚苯胺溶液相混合，分散于 20 mL 蒸馏水内，持续搅拌均匀，其中锗酸铜纳米线与聚苯胺的质量比分别为 9:1、8:2、6:4 和 4:6；然后将混合均匀的溶液放入 50 mL 聚四氟乙烯内衬不锈钢反应釜内，将反应釜加热至 100 ℃保温 24 h，生成了浅灰色聚苯胺/锗酸铜纳米线沉积物；最后将其置于烘箱内 60 ℃烘干，所得样品标记为聚苯胺/

锗酸铜纳米线-W，W 为聚苯胺的质量分数。

以聚苯胺/锗酸铜纳米线-10%为例，分析复合物电极在 L-半胱氨酸溶液中的电化学特性。图 5-30 所示为 2 mmol/L L-半胱氨酸在聚苯胺电极和聚苯胺/锗酸铜纳米线-10%电极上的电化学 CV 曲线。有文献报道，聚苯胺电极在含有 $HClO_4$ 和 HCl 的丙二醇碳酸酯溶液中的电化学 CV 曲线中，在-0.5 V 电位处存在不可逆的电化学 CV 峰（扫描速率为 50 mV/s），这是由于聚苯胺向翠绿亚胺的转变引起的。不同于聚苯胺在以上缓冲液中的电化学反应，从聚苯胺电极在 2 mmol/L L-半胱氨酸溶液中的电化学 CV 曲线中未看到任何 CV 峰，表明在-1.0~+1.0 V 电位范围内，聚苯胺电极对 L-半胱氨酸无电化学活性。从聚苯胺/锗酸铜纳米线-10%电极在 2 mmol/L L-半胱氨酸中的 CV 曲线中可以观察到两对电化学特征峰，两个阳极特征峰（cvp1、cvp2）分别在+0.24 V 和+0.07 V 电位处，两个阴极 CV 峰（cvp1′、cvp2′）分别在+0.05 V 和-0.47 V 电位处，与 L-半胱氨酸在锗酸铜纳米线电极上的两对 CV 峰的形状相似。这表明在复合物电极上，L-半胱氨酸的氧化还原机制与在锗酸铜纳米线电极上是相似的，即 L-半胱氨酸氧化产生弱吸附的 CySSCy（cvp1）和强吸附的 CyS-G-SCy（cvp2），相应的两类氧化产物分别产生两个阴极还原峰 cvp1′和 cvp2′。

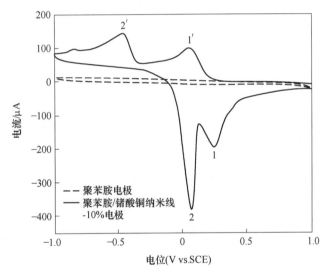

图 5-30 聚苯胺，聚苯胺/锗酸铜纳米线-10%电极在 2 mmol/L L-半胱氨酸及 0.1 mol/L KCl 混合溶液中的 CV 曲线

相比 L-半胱氨酸在锗酸铜纳米线电极上的阳极 CV 峰电势（cvp1、cvp2 分别为+0.31 V 和+0.01 V）和阴极峰电势（cvp1′、cvp2′分别为-0.09 V、-0.52 V），L-半胱氨酸在聚苯胺/锗酸铜纳米线复合物电极上的阳极峰电势向阴极方向移动（其中 cvp1 相对移动 70 mV），而阴极峰电势则向阳极方向移动（其中 cvp1′相对移动 140 mV）。这说明聚苯胺/锗酸铜纳米线-10%对 L-半胱氨酸具有更好的电催化活性，其氧化与还原过电势进一步降低。与此同时，与锗酸铜纳米线电极相比，锗酸铜纳米线中添加聚苯胺后，L-半胱氨酸在复合物电极上的 CV 峰强度也明显增强。这些结果显示，聚苯胺的存在虽然没有改变 L-半胱氨酸在电极表面的氧化还原机制，但对其氧化还原动力学的提高有明显作用，初步显示该复合物电极在检测 L-半胱氨酸中的潜力。

　　图 5-31 所示为在含不同电解质的溶液中，L-半胱氨酸在聚苯胺/锗酸铜纳米线-10%电极上的 CV 曲线。与在锗酸铜纳米线电极上类似，溶液 pH 值对 L-半胱氨酸的氧化还原有显著影响。与中性溶液 KCl 和 KBr(pH=7) 中 L-半胱氨酸的 CV 曲线有两对半可逆的 CV［图 5-31（a）］不同，在碱性 NaOH 溶液（pH=12）中所得电化学 CV 曲线中没有观察到任何电化学 CV 峰［图 5-31（b）］。在 pH=2 的强酸 H$_2$SO$_4$ 溶液中 CV 曲线有一个又宽又强的阳极 CV 峰［图 5-31（c）］，该峰的电位在 cvp1 和 cvp2 之间。而在 pH 值为 5 的 CH$_3$COONa-CH$_3$COOH 缓冲液中，L-半胱氨酸的阴极峰向正电势方向移动交叠形成了一个还原峰［图 5-31（d）］。这些变化与 L-半胱氨酸在锗酸铜纳米线电极上的电化学行为是相似的，与氢离子参与 L-半胱氨酸在聚苯胺/锗酸铜纳米线-10%电极上的电化学反应是一致的。

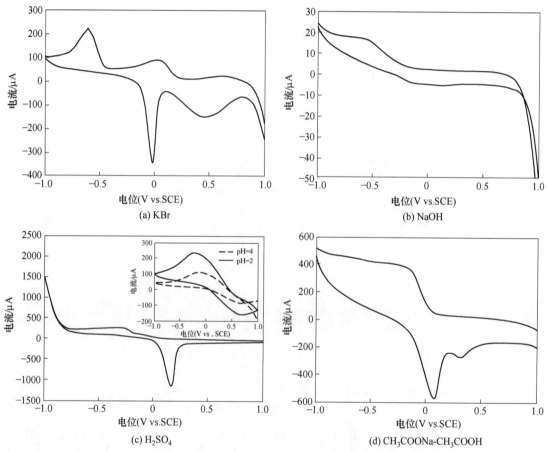

图 5-31　聚苯胺/锗酸铜纳米线-10%电极在 2 mmol/L L-半胱氨酸及浓度为
0.1 mol/L 的不同种类缓冲液中的电化学 CV 曲线

　　聚苯胺在 H$_2$SO$_4$ 溶液中有伴随质子转移的氧化还原反应，这对电极在 H$_2$SO$_4$ 溶液中的电化学行为有显著影响。图 5-31（c）的插图中给出了在 pH=4 和 pH=2 的 H$_2$SO$_4$ 溶液中，2 mmol/L L-半胱氨酸存在下，在纯聚苯胺电极上的 CV 曲线。可以看出，在+0.69 V和−0.21 V 电位处存在一对半可逆的电化学 CV 峰，这是由于电子、质子的转移引起聚苯胺的翠绿亚胺与聚对苯亚胺转变相关的氧化还原特征峰，并随溶液酸性的降低，其强度显著下降。因此，在单纯聚苯胺改性的 GCE 电极上，聚苯胺的氧化还原掩盖了 L-半胱氨酸的电化学特征。然而，在相同的溶液条件下，聚苯胺/锗酸铜纳米线-10%电极的 CV 曲线上聚苯胺的氧化还原峰被明显抑制，相反，出现很强的 L-半胱氨酸氧化峰［图 5-31 (c)］。该结果提示，在含硫酸的介质中，复合物电极上存在复杂的质子参与的表面过程。

在浓度范围 0.001~2 mmol/L 内，通过 L-半胱氨酸在聚苯胺/锗酸铜纳米线-10%电极上的 CV 曲线（图 5-32）确定了测定 L-半胱氨酸时的相关系数、检测限及线性检测范围。图 5-32 左下角插入图为阳极峰强度（cvp1 和 cvp2）与 L-半胱氨酸浓度的关系曲线，分析数据如表 5-4 所示。基于 CV 峰 cvp1 的相关系数、线性检测范围及检测限分别为 0.997、0.005~2 mmol/L 及 1.7 μmol/L（信噪比为 3），基于 CV 峰 cvp2 的相关系数、线性检测范围及检测限分别为 0.996、0.001~2 mmol/L 及 0.44 μmol/L。

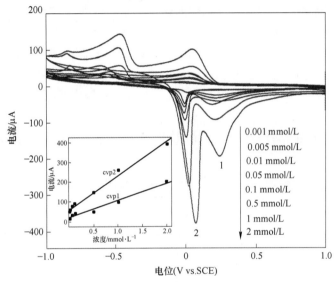

图 5-32 聚苯胺/锗酸铜纳米线-10%电极在不同浓度 L-半胱氨酸中的 CV 曲线

表 5-4 聚苯胺/锗酸铜纳米线-10%电极测定 L-半胱氨酸的分析数据

电化学 CV 峰	回归方程式[①]	相关系数 (R)	线性检测范围 /mmol · L^{-1}	检测限[②] /μmol · L^{-1}	灵敏度 /μA · (mmol · L^{-1})$^{-1}$
cvp1	$I_p = 20.56 + 82.72C$	0.997	0.005~2	1.7	82.7
cvp2	$I_p = 56.075 + 171.531C$	0.996	0.001~2	0.44	171.5

①I_p 和 C 分别代表 CV 峰电流强度（μA）和 L-半胱氨酸浓度（mmol/L）；
②根据 $S/N=3$ 分析 L-半胱氨酸的检测限。

与采用锗酸铜纳米线电极检测 L-半胱氨酸相比，聚苯胺/锗酸铜纳米线-10%电极拥有更宽的线性检测范围和更低的检测限，表明聚苯胺具有高导电能力和高比表面积，能够增强 L-半胱氨酸在复合物电极表面的氧化还原活性，提高复合物电极对 L-半胱氨酸的检测能力。与采用其他材料改性的电极相比，例如聚吡咯薄膜改性铂电极、多壁碳纳米管改性 GCE、对香豆酸/多壁碳纳米管改性 GCE、$LaNi_{0.5}Ti_{0.5}O_3$ 改性碳糊电极，聚苯胺/锗酸铜纳米线-10%电极检测 L-半胱氨酸时具有更低的检测限、更宽广的线性检测范围。与氟表面活性剂改性金电极、亮蓝修饰 Nafion 改性 GCE 相比，聚苯胺/锗酸铜纳米线-10%电极在检测 L-半胱氨酸时也具有相似的检测限，以及更宽的线性检测范围。氧化镁纳米颗粒/乙酰二茂铁改性碳糊电极、Au/氧化铈纳米纤维丝网印刷碳电极检测 L-半胱氨酸的检测限分别为 $0.03\ \mu mol/L$ 和 $0.01\ \mu mol/L$，与这两种电极相比，虽然聚苯胺/锗酸铜纳米线-10%电极检测 L-半胱氨酸时的检测限高得多，但是线性检测范围明显更宽。

聚苯胺/锗酸铜纳米线-10%电化学检测 L-半胱氨酸的性能比锗酸铜纳米线电极有明显改善，说明聚苯胺的添加有益于电化学传感。因此，有必要分析聚苯胺含量对复合物电极传感性能的影响。随着聚苯胺质量分数由 10%增至 40%，L-半胱氨酸的 CV 峰电流强度明显增加，同时 cvp2 峰电位也向阴极方向移动，说明随着聚苯胺含量的增加，L-半胱氨酸的氧化还原活性也增加。但当聚苯胺质量分数增至 60%时，CV 峰的电流强度显著降低，cvp2 峰电位也向阳极移动。因此，聚苯胺的含量并非越高越好。表 5-5 所示为采用不同含量的聚苯胺/锗酸铜纳米线电极检测 L-半胱氨酸时的线性检测范围、相关系数及检测限，结合表 5-4 的结果，可知随着聚苯胺的质量分数从 10%增加至 40%，其检测限明显改善，低至 $0.47\ \mu mol/L$（cvp1）和 $0.23\ \mu mol/L$（cvp2），灵敏度则最大，达到了 $271.47\ \mu A/(mmol\cdot L^{-1})$。但当聚苯胺的质量含量继续增至 60%，检测限和灵敏度都明显下降，检测限为 $3.8\ \mu mol/L$（cvp1）和 $0.82\ \mu mol/L$（cvp2），灵敏度为 $76.2\ \mu A/(mmol\cdot L^{-1})$，说明聚苯胺质量分数为 40%的聚苯胺复合锗酸铜纳米线（聚苯胺/锗酸铜纳米线-40%）是最优的电极改性材料。

表 5-5　聚苯胺/锗酸铜纳米线电极测定 L-半胱氨酸的分析数据（KCl 浓度为 0.1 M）

电化学 CV 峰	回归方程式[①]	相关系数 (R)	线性检测范围 /mmol·L⁻¹	检测限[②] /μmol·L	灵敏度 /μA·(mmol/L⁻¹)⁻¹	聚苯胺质量分数/%
cvp1	$I_p=72.585+112.225C$	0.989	$0.001\sim2$	0.69	112.2	20
cvp2	$I_p=115.456+206.144C$	0.993	$0.001\sim2$	0.35	206.1	
cvp1	$I_p=66.538+103.612C$	0.968	$0.0005\sim2$	0.47	103.6	40
cvp2	$I_p=50.189+271.411C$	0.992	$0.0005\sim2$	0.23	271.47	
cvp1	$I_p=23.778+76.244C$	0.987	$0.005\sim2$	3.8	76.2	60
cvp2	$I_p=61.242+127.558C$	0.992	$0.001\sim2$	0.82	127.6	

①　I_p 和 C 分别代表 CV 峰电流强度（μA）和 L-半胱氨酸浓度（mmol/L）；
②　根据 $S/N=3$ 分析 L-半胱氨酸的检测限。

为更好地了解聚苯胺含量对 L-半胱氨酸传感性能的影响，对复合物电极的表面形貌进行了分析。图 5-33 所示分别为聚苯胺质量分数为 10%、聚苯胺质量分数为 20%、聚苯胺质量分数为 40%和聚苯胺质量分数为 60%电极的表面形貌。从图中可以看出，复合物沉积在电极上，近球状形态的聚苯胺颗粒分散于锗酸铜纳米线的表面，锗酸铜纳米线的直径为 $30\sim150$ nm。随着聚苯胺含量的增加，复合物中的聚苯胺颗粒明显增加，尤其是当聚苯胺质量分数为 60%时，大量的聚苯胺颗粒覆盖在锗酸铜纳米线上，影响了锗酸铜纳米线的活性位点与分析物的接触。

进一步分析了不同聚苯胺含量的聚苯胺/锗酸铜纳米线电极的界面电子转移性能。图 5-34 所示为以 $K_3Fe(CN)_6$ 为探针分子，测量的不同聚苯胺含量的复合物电极的 EIS 阻抗谱。按照图 5-24 的等效电路，采用 Zview 软件对 EIS 阻抗谱进行拟合，计算电荷转移电

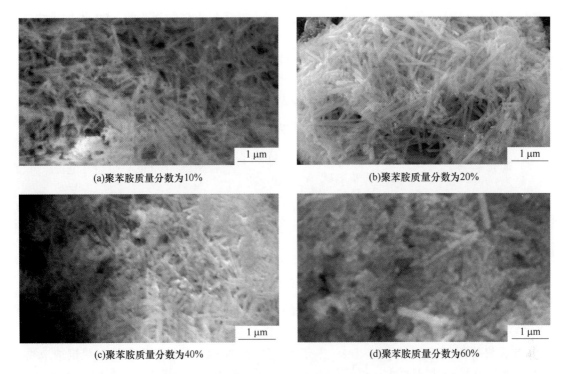

(a)聚苯胺质量分数为10%　　　　　　　　(b)聚苯胺质量分数为20%

(c)聚苯胺质量分数为40%　　　　　　　　(d)聚苯胺质量分数为60%

图 5-33　不同聚苯胺质量分数的聚苯胺/锗酸铜纳米线电极表面的 SEM 图像

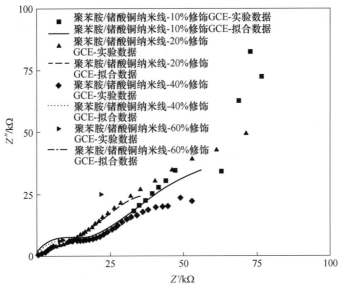

图 5-34　在浓度为 1 mmol/L 的 $K_3Fe(CN)_6$ 溶液中所得裸 GCE，锗酸铜纳米线电极及不同聚苯胺质量含量聚苯胺/锗酸铜纳米线电极 EIS 测试的 Nyquist 曲线实验值及拟合值

阻。拟合结果列于表 5-6 中。阻抗拟合结果表明：聚苯胺质量分数分别为 10%、20%、40% 及 60% 的聚苯胺/锗酸铜纳米线电极的电荷转移电阻分别为 14.74 Ω、7.16 Ω、

11.54 Ω及1.18 Ω。聚苯胺质量分数分别为10%、20%和40%的聚苯胺/锗酸铜纳米线电极的电荷转移电阻相近，而聚苯胺质量分数为60%的聚苯胺/锗酸铜纳米线电极的电荷转移电阻明显降低，说明高质量分数的聚苯胺对锗酸铜纳米线电极的界面电子转移能力具有更好的改善作用。同时，聚苯胺/锗酸铜纳米线电极恒相位元的CPE-P参数值均小于0.9，表明由于聚苯胺的存在，电极表面的非均匀性比单纯锗酸铜纳米线表面有所增加。

表5-6   阻抗拟合结果

电 极 种 类	R_2 /Ω	R_2 拟合误差/%	CPE-T /F/s^{1-P}	CPE-T 拟合误差 /%	CPE-P	CPE-P 拟合误差 /%
聚苯胺/锗酸铜纳米线-10%	14.74	2.80	0.0017	3.06	0.82	0.48
聚苯胺/锗酸铜纳米线-20%	7.16	2.59	0.0027	2.77	0.86	0.42
聚苯胺/锗酸铜纳米线-40%	11.54	3.59	0.0016	2.84	0.87	0.42
聚苯胺/锗酸铜纳米线-60%	1.18	2.55	0.0037	6.50	0.82	0.87

相比裸GCE电极，聚苯胺/锗酸铜纳米线电极的界面电子转移电阻都有明显下降。相比锗酸铜纳米线电极的电荷转移电阻R_2，除了聚苯胺/锗酸铜纳米线-60%电极的R_2值有所减小，聚苯胺/锗酸铜纳米线-10%、聚苯胺/锗酸铜纳米线-20%及聚苯胺/锗酸铜纳米线-40%电极的R_2值均相对增大。这提示在聚苯胺/锗酸铜纳米线电极上，聚苯胺与锗酸铜纳米线及电活性物质间可能存在较复杂的相互作用。

与锗酸铜纳米线具有催化活性相比，单纯的聚苯胺并无电催化活性。但聚苯胺/锗酸铜纳米线电极检测L-半胱氨酸的灵敏度和检测限相比锗酸铜纳米线电极有明显改善。在相同的溶液和电化学条件下，L-半胱氨酸在聚苯胺/锗酸铜纳米线电极上产生的电流强度相比在锗酸铜纳米线电极上都有显著增加。这些事实说明，聚苯胺的存在有利于电极性能的提高，这与聚苯胺良好的导电性能有关系。然而，在复合材料中，聚苯胺在界面电化学过程中发挥的作用并非简单地改变电极的电学性能。例如从EIS得到的R_2数值显示，聚苯胺虽然可以降低界面电子转移电阻，但是R_2的大小与电极的传感性能并不直接相关。因此，推测聚苯胺还通过其他因素改变电极界面的性质。

阳极峰电流强度可由下式表达：

$$i_a = FK_{et}C_R^S \exp[(1-\alpha)f\eta] \tag{5-23}$$

式中，F为法拉第常数；K_{et}为界面电子转移速率常数，其大小可由电荷转移电阻R_2反映；C_R^S为反应物的表面浓度；α为电荷转移系数，$f = RT/(nF)$；η为反应过电势。聚苯胺的存在不仅影响电极的K_{et}，对C_R^S也有很大影响。聚苯胺能够产生与质子相关的掺杂及氧化还原过程。由于L-半胱氨酸在电极上的电化学过程也是与质子密切相关的，聚苯胺的存在可能影响L-半胱氨酸在电极界面的扩散及吸附过程，因而改变L-半胱氨酸在电极表面的有效浓度，提高电化学动力学，从而改善了传感性能。聚苯胺如何通过质子介导的过程影响L-半胱氨酸的电化学反应的机制有待进一步研究。

在聚苯胺/锗酸铜纳米线电极上，随着聚苯胺质量分数的增加，聚苯胺/锗酸铜纳米线-40%电极表现出最好的性能。但当聚苯胺质量分数达到60%时，聚苯胺/锗酸铜纳米线-60%电极的性能又相对下降。这与两个因素有关：一是伴随聚苯胺质量分数的增加，锗酸铜纳米线的相对质量分数降低，直接导致活性位点密度的下降；二是当聚苯胺质量分数为60%时，由于锗酸铜纳米线表面明显被聚苯胺颗粒覆盖，进一步导致电极表面可接近的活性位点减少，因此当聚苯胺质量分数上升到60%时，电极表面的催化活性位点显著减少，从而导致电极催化活性的下降，传感性能也随之降低。

5.5　锗酸锌纳米材料

锗酸锌是宽带隙半导体材料，带隙为 4.68 eV，具有热稳定性好、无毒等特点，能够自发激发蓝光和绿光荧光，在场发射显示器和电致发光等方面被认为是理想的材料。随着人们对其研究的不断深入，锗酸锌微纳米材料由于具有良好的光学、电化学及光催化性能，已经成为锗酸盐微纳米材料的研究热点之一。目前可以通过不同方法制备出锗酸锌纳米线、纳米棒、纳米带及纳米花等多种纳米结构。

5.5.1　锗酸锌纳米线

采用热蒸发过程，以金作为催化剂，将摩尔比为 2∶2∶1 的碳粉、氧化锌和锗充分混合均匀后放置于长 30 cm、直径 1.5 cm 的密封石英玻璃管的一端，并将长和宽分别为1.5 cm 和 1 cm 的硅片放置在石英玻璃管的开口端来收集样品，从而制备出锗酸锌纳米线。具体步骤是：首先在 1000 ℃的温度下保温 1 h，在硅片表面生成厚度为 9 nm 的金薄膜；然后将石英管放置在热蒸发炉内，以 Ar 气作为输运气体，在 400~500 ℃温度范围内在硅片表面得到菱形结构的锗酸锌纳米线。锗酸锌纳米线长度可达数十微米，直径为 10~80 nm，400~500 ℃是合成锗酸锌纳米线的最优温度。当温度提高到 1000 ℃，不添加任何表面活性剂，仍然以碳粉、氧化锌和锗作为原料，通过热蒸发过程可以得到中空的锗酸锌纳米棒。采用气-液-固合成过程，以金属单质锌和锗混合物粉末作为原料合成锗酸锌纳米线，制备过程为：首先分别将原料和载有 3 nm 厚度金涂层的硅基板放在垂直管状炉中间上下距离为 7 cm 的两个载物台上；然后在氮气流动下，以炉中的空气作为氧源，加热到一定温度保温 1 h 可以制备出锗酸锌纳米线。900 ℃时所得锗酸锌纳米线主要由菱形晶相的锗酸锌构成，而在 700 ℃和 800 ℃时制备出的锗酸锌纳米线是含有六角氧化锌和少量菱形晶相的锗酸锌。通过化学气相沉积过程，以碳粉、氧化锌和金属锗作为原料制备出锗酸锌纳米线。此种方法首先将厚为 10 nm、宽为 10 mm、长为 20 mm 金膜的硅片放在距离石英管中心 20 cm 的位置，保持真空管内压强为 100~200 MPa；然后将石英管内的温度由室温升至 1100 ℃并保温 1 h，最终得到白色的锗酸锌纳米线。

5.5.2　锗酸锌纳米棒

以锌和锗作为原料，采用两步法合成锗酸锌纳米棒。具体步骤是：首先在高温高压下，以 Ar 气为保护气体将 Ge 和 Zn 气化，将气化的 Ge 和 Zn 用液氮使凝到不锈钢板上形成固体小颗粒；然后将小颗粒用水浸渍两个月后可获得长 2~3 μm、直径达数十纳米到数百纳米的单晶 Zn_2GeO_4 纳米棒。在碱性条件下，以 CTAB 作为表面活性剂，通过简单的水热过程可以获得长 150~600 nm、直径 20~50 nm 的单晶锗酸锌纳米棒，所得 Zn_2GeO_4 纳米棒由菱形结构构成，具有强烈的蓝光发光现象。在紫外光照射下，Zn_2GeO_4 纳米棒可以光催化降解有机物苯，比块状锗酸锌、二氧化钛具有更高的光催化活性和稳定性。以硝酸锌和二氧化锗作为原料，CTAB作为模板剂，分别在酸性及碱性溶液中，通过简单的水热过程合成比表面积大的锗酸锌纳米花及纳米棒。在140℃、pH值为6.0的水热条件下，所得产物为锗酸锌纳米花；而在140℃、pH值为10.0的水热条件下，所得产物为Zn_2GeO_4纳米棒。Zn_2GeO_4纳米花及纳米棒对MB等有机污染物具有良好的光催化性能。

采用简单的低温溶液法，以锗酸钠和乙酸锌作为原料制备出锗酸锌纳米棒。40℃和100℃所得锗酸锌纳米棒的长和宽分别为400 nm、50 nm和250 nm、150 nm，纳米棒由六方结构的锗酸锌晶相构成，晶格缺陷少。光催化分析显示，Zn_2GeO_4纳米棒由于具有较大的比表面积，因此比通过高温固相法制备的块状锗酸锌具有更高的光催化性能，负载RuO_2能够提高其光催化活性。以氧化锗和乙酸锌作为原料，添加不同种类的表面活性剂或配位剂，调节溶液的pH值为7~8后，搅拌混合溶液1 h，通过微波加热至不同温度、不同保温时间的条件下可以制备出不同形貌的锗酸锌纳米材料。当添加CATB作为表面活性剂时，可得到直径为30~60 nm、长为300~700 nm的锗酸锌纳米棒；当添加乙二胺作为配位剂时，可得到宽约50 nm、长数十微米的纳米带；当添加聚乙烯醇PEG-400作为表面活性剂时，增加了体系黏度，控制了前驱体的扩散速度和晶体的生长速度，得到了较小尺寸的纳米短棒。为了比较不同条件下所得锗酸锌纳米材料的光催化活性，将不同条件下合成的产物应用于甲基橙光催化降解反应。光催化剂的活性从低到高的顺序为纳米带、纳米棒和纳米短棒。对锗酸锌进行N掺杂的分析表明，N掺杂使锗酸锌光催化剂的光吸收能力明显增强，其带隙由4.73 eV降低为2.8 eV，还原氧化石墨烯（rGO）修饰的锗酸锌纳米短棒光吸收能力增强，但其带隙无变化。

通过简单的水热过程能够制备出均匀分散的锗酸锌纳米棒，通过光催化降解水溶液中的甲基橙、水杨酸、4-氯苯酚和苯等有机污染物来评价其光催化活性。锗酸锌纳米棒比高温固相法制备的锗酸锌粉末、商用二氧化钛具有更高的光催化活性。采用微波水热法，以乙二胺作为模板剂，水为溶剂，在170℃保温15 min能够制备出排列规则的锗酸锌纳米棒束。在室温下，此种锗酸锌纳米棒束可以光催化降解甲基橙，光照20 min后，甲基橙的降解率为99%，而未采用光催化剂的甲基橙的降解率只有9%。另外，锗酸锌纳米棒束在光催化降解罗丹明B时也具有良好的光催化活性。

通过水热沉积过程，以二氧化锗为锗源，金属锌片为锌源和沉积衬底，在锌片衬底上得到长约30 μm、直径100~250 nm的Zn_2GeO_4纳米棒。PL光谱分析显示，所得Zn_2GeO_4纳米棒在发射中心440 nm波长处存在强烈的蓝光发射现象。由于采用水热沉积过程制备Zn_2GeO_4纳米棒所需时间较长，制备Zn_2GeO_4纳米棒的成本较高，因此采用简单、有效的方法制备Zn_2GeO_4纳米棒是目前重要的研究方向之一。采用微波法，以乙酸锌和二氧化锗作为原料，添加乙二胺作为配位剂，在较短时间内能够制备出长约80 nm、直径40~70 nm的Zn_2GeO_4纳米棒。Zn_2GeO_4纳米棒的形成和生长与反应温度、保温时间及乙二胺的浓度有密切关系。分别以乙酸锌和二氧化锗作为原料，未添加任何表面活性剂，通过简单的水热过程可以获得长约10 μm、直径为50~500 nm的单晶Zn_2GeO_4纳米棒。图5-35所示为不同温度下保温24 h所得锗酸锌纳米棒的XRD图谱。经过检索可知，锗酸锌纳米棒由斜方结构的Zn_2GeO_4晶相（JCPDS卡，卡号：11-0687）构成，此方法所得锗酸锌纳米棒的晶体结构与其他方法所得锗酸锌一维纳米材料的晶体结构是相同的。不同温度下所得锗酸锌纳米棒的晶相相同，然而，随着水热温度降至 80 ℃，XRD 衍射峰的强度有了明显降低，说明温度降低会降低锗酸锌纳米棒的结晶度。

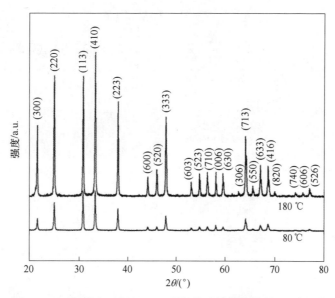

图 5-35　不同温度下保温 24 h 所得锗酸锌纳米棒的 XRD 图谱

　　图 5-36（a）和（b）所示为 180 ℃保温 24 h 所得锗酸锌纳米棒的 SEM 图像。从图 5-36（a）可看出，产物中存在长度约 10 μm 的锗酸锌纳米棒状结构。更高分辨率 SEM 图像［图 5-36（b）］显示，纳米棒的直径 50~500 nm，表面光滑，为笔直结构。锗酸锌纳米棒的典型 TEM 图像［图 5-36（c）］显示，产物为棒状结构。更高分辨率的单根锗酸锌纳米棒［图 5-36（c）中右上角插入图所示］进一步显示，纳米棒的表面光滑，头部为半圆形结构。锗酸锌纳米棒边缘的 HRTEM 图像［图 5-36（d）］显示，所得纳米棒为良好的单晶结构，纳米棒的表面覆有厚度大约 10 nm 的无定形外层，限制了纳米棒在直径方向上的生长。图 5-36（d）右上角插入图的 FFT 花样进一步验证了纳米棒的单晶结构。

　　锗酸锌纳米棒在发射中心 421 nm、488 nm 波长处存在强烈的蓝光发射现象，在 529 nm 波长处存在较弱的绿光发射现象。锗酸锌纳米棒强烈的蓝光发射现象与文献报道不同。锗酸锌是一种缺陷磷光体，有文献分析了锗酸锌在氢气还原气氛和氧化气氛中退火后的本征缺陷，认为锗酸锌发射紫外光是由于施主-受体复合引起的，氧空位（$V_O^{\cdot}$）和间隙锌（$Zn_i^{\cdot}$）是施主，而锗空位（V_{Ge}）和锌空位（V_{Zn}''）是受体。从采用热蒸发法制备的锗酸锌纳米结构的 PL 光谱中能够观察到紫外-蓝-绿光发射现象，这种在 455 nm 波长处出现的蓝光发射是由于氧缺陷引起的。锗酸铜纳米线和一维二氧化锗纳米结构也具有强烈的蓝光 PL 发射现象，发射中心分别位于 442 nm 和 448 nm 波长处，这可能是由于氧空位和 O-Ge 空位中心引起的。也有文献报道了二氧化锗纳米线及链状二氧化锗纳米结构分别在 488.5 nm 和 476 nm 波长处存在强烈的蓝光发射现象，这可能是由于氧空位与 O-Ge 空位中心之间的辐射复合引起的。锗酸锌纳米棒在 421 nm、488 nm 波长处的 PL 发射峰与以上文献报道很相近。另外，有文献报道锗酸锌纳米结构在 530 nm 波长处存在强烈的绿光发射峰，在锗酸锌晶体的形成过程中由于锗取代了锌的位置引起此位置的绿光发射现象，因

(a) 低倍率SEM图像   (b) 高倍率SEM图像

(c) TEM图像   (d) HRTEM图像

图 5-36 锗酸锌纳米棒的电子显微镜图像

此，锗酸锌纳米棒在 529 nm 波长处较弱的 PL 发射峰可能是由于与 Ge 相关的发光中心造成的。

在 Ar 气保护下，于 1000 ℃ 在 Au-ZnO-Ge-C 系统中通过金属催化化学气相沉积过程制备出 Zn_2GeO_4 纳米线。也可以首先通过热蒸发过程制备出包裹有 Zn 的 Ge 纳米粒子，然后将其置于水溶液中，长时间水化处理得到锗酸锌。采用 $Zn(NO_3)_2$-Na_2CO_3-GeO_2-H_2O 体系，通过共沉淀过程可以制备出稳定的 Zn_2GeO_4 纳米线。与以上文献不同，在锗酸锌纳米棒的合成过程中没有采用任何表面活性剂，根据水热条件下成核和晶体生长理论，锗酸锌纳米棒形成过程中的基本反应如下：

$$GeO_2 + H_2O \longrightarrow H_2GeO_3 \tag{5-24}$$

$$Zn(CH_3COO)_2 + H_2GeO_3 \longrightarrow Zn_2GeO_4(核) + CH_3COOH \tag{5-25}$$

$$Zn_2GeO_4(核) \longrightarrow Zn_2GeO_4(纳米棒) \tag{5-26}$$

在反应的初始阶段，首先将二氧化锗溶于水中，与水反应生成 H_2GeO_3［式 (5-24)］，然后 H_2GeO_3 和乙酸锌发生反应形成了锗酸锌［式 (5-25)］。纳米颗粒自发地从饱和溶液中析出，从而形成了锗酸锌纳米晶核，通过在特定晶面上进行择优吸附生长，晶核可以生长成具有一定长度的锗酸锌纳米棒［式 (5-26)］。随着反应的进行，通过奥斯特瓦尔德熟化过程导致小纳米颗粒消失，以及纳米棒的持续生长，从而最终形成锗酸锌纳米棒。纳米棒状结构表面存在无定形氧化物外层，抑制了纳米棒在直径方向上的生长。

通过添加表面活性剂及乙二胺可以控制锗酸锌纳米结构的形貌及尺寸。图 5-37 是以质量分数为 5% 的 PVP、SDS 作为表面活性剂及添加 5% 的乙二胺，于 180 ℃保温 24 h 所得锗酸锌纳米结构的 SEM 图像。当添加质量分数为 5% 的乙二胺时，所得锗酸锌纳米棒的直径降低至 30~100 nm [图 5-37（a）]，比未添加乙二胺所得锗酸锌纳米棒的直径小得多，但是纳米棒的长度也减少到了 1~2 μm。此结果说明，以乙二胺作为配体可以调控锗酸锌纳米棒的尺寸。然而，与添加乙二胺所得锗酸锌纳米棒不同的是，当以 PVP 作为表面活性剂时，所得产物由表面粗糙的微米级棒状结构生成 [图 5-37（b）]；而当以 SDS 作为表面活性剂时，所得产物为锗酸锌微米级管状结构 [图 5-37（c）和（d）]，微米级管状结构的内径、外径及长度分别为小于 2 μm、小于 10 μm 和约 10 μm。目前关于以 PVP 和 SDS 作为表面活性剂所得棒状和管状结构的生长机制还不是很清楚，考虑表面活性剂的模板作用可能促进了表面粗糙的棒状和管状结构的生成。

(a) 乙二胺 　　　　　　　　　　　　(b) PVP

(c) SDS(低倍率) 　　　　　　　　　　(d) SDS(高倍率)

图 5-37　添加不同种类的表面活性剂所得产物的 SEM 图像

5.5.3　其他锗酸锌纳米材料

以乙酸锌和锗酸钠作为原料，在室温条件下采用离子交换法能够合成微孔/介孔锗酸锌，光催化分析显示，此种微孔/介孔锗酸锌比通过高温固相法制备的块体锗酸锌具有更高的光催化还原二氧化碳的能力。采用水热法，以二氧化锗、硝酸锌和尿素作为原料制备出锗酸锌微米球，所得整个锗酸锌微米球的直径为 5~10 μm，微米球由纳米棒构成，纳米棒的长度为 0.5~1 μm 的纳米棒构成。TEM 图像分析表明，纳米棒的直径为 200~

500 nm。固体紫外-可见光漫散射光谱分析表明，所得锗酸锌微米球与普通锗酸锌相比，吸收边发生了蓝移，这有助于提高其光催化活性。尿素促进了二氧化锗的溶解和锗酸锌晶体的生长，水热温度对锗酸锌微米球的生长过程分析表明，水热过程进行 0.5 h 生成了由纳米束棒组成的锗酸锌微米球和锗酸锌微米片，随着反应时间的增加，早期形成的锗酸锌晶体通过溶解-结晶-自组装过程形成由纳米棒构成的实心微米球，同时部分结晶度不好的微米球通过奥斯特瓦尔德熟化机制形成了空心微米球。在紫外光照射下，锗酸锌微米球光催化降解酸性红 G 100 min 后，酸性红 G 可以被完全降解，而微米级锗酸锌粉末却不能完全降解酸性红 G。采用锗酸锌微米球光催化降解 4-硝基酚，经过紫外光照射140 min 后，4-硝基酚的降解率可以达到 96%。另外，锗酸锌微米球对甲醛也具有良好的光催化降解能力，可以将甲醛分解为二氧化碳。循环降解分析表明，锗酸锌微米球循环使用 4 次后，降解性能无变化，表明锗酸锌微米球具有良好的稳定性。以乙酸锌和二氧化锗作为原料，六次甲基四胺作为辅助剂，采用简单的水热方法也可以合成具有分级结构的锗酸锌纳米材料，这种分级结构的锗酸锌纳米材料由纳米棒自组装而成，纳米棒的长度为 $3 \sim 4 \, \mu m$。

以氧化锌和二氧化锗作为原料，通过高温固态熔融法可以制备出锗酸锌纳米颗粒，纳米锗酸锌可以作为光催化材料，在汞-氙灯照射下，具有良好的光催化分解水的能力。负载有 RuO_2 的锗酸锌复合光催化剂可分解水，从而制取氧气和氢气。当 RuO_2 负载量为 1.0%、烧结温度为 1200 ℃时，催化剂的效果最佳，而且稳定性很好，循环使用 3 次后，其催化性能没有变化。锗酸锌光催化剂负载贵金属（Pt、Pd、Rh、Au）和金属氧化物（RuO_2、IrO_2）在光催化分解水方面具有良好的协同效应，催化效果高于负载单一的光催化剂。在太阳光照射下，$Pt-RuO_2/Zn_2GeO_4$ 分解水的速率分别是 Pt/Zn_2GeO_4、RuO_2/Zn_2GeO_4 分解水速率的 2.2 倍和 2.3 倍。负载 Pt 和 RuO_2 能够促进光催化剂电子-空穴对的分离，从而提高水分解为氢气和氧气的速率。

5.6　锗酸镉纳米材料

锗酸镉作为一种重要的锗酸盐，由 GeO_4 四面体和 CdO_4 四面体与边界的氧结合而成。由于其独特的电子结构，锗酸镉纳米材料展示出良好的光学特性和光催化能力，因此可控合成锗酸镉纳米材料在锗酸盐纳米材料的基础研究及应用方面具有较重要的研究意义。二氧化锗微溶于水，在水中的溶解度为 0.4 g/100 mL，是合成锗酸盐一维纳米材料合适的锗源材料。分别以二氧化锗和乙酸镉作为锗源和镉源，未使用任何表面活性剂，通过简单的水热过程能够合成锗酸镉纳米线。所得锗酸镉纳米线由单斜结构的 $Cd_2Ge_2O_6$ 晶相（JCPDS 卡，卡号 43-0468）构成。SEM 图像 [图 5-38 （a）] 显示，产物由大量自由分布的纳米线构成；更高分辨率的 SEM 图像 [图 5-38 （b）] 显示，所得锗酸镉纳米线的直径 $30 \sim 300 \, nm$，长度达数十微米。TEM 图像 [图 5-39 （a）] 显示，所得纳米线的形态与尺寸与 SEM 图像的观测结果是相似的。纳米线为垂直结构，表面光滑，头部为平面结构，这与采用相似的水热方法所得锗酸铅一维纳米材料是相似的。HRTEM 图像 [图 5-39 （b）] 显示，所得纳米线具有良好的单晶结构。通过 HRTEM 测量及装置在 TEM 上的软件分析可知，所得纳米线的晶面间距为 0.69 nm，对应于单斜 $Cd_2Ge_2O_6$ 晶相的 $\{\bar{1}10\}$ 晶面。

从图中可以看出，纳米线表面覆盖厚度大约 2 nm 的无定形外层，说明所得锗酸镉纳米线为一种核壳结构。

(a) 低倍率

(b) 高倍率

图 5-38　锗酸镉纳米线不同放大倍率的 SEM 图像

(a) TEM图像

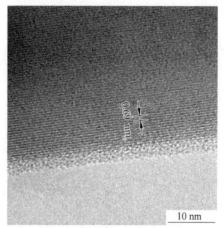

(b) HRTEM图像

图 5-39　锗酸镉纳米线的透射电子显微镜图像

　　乙二胺是一种配体，可以调控一维纳米材料的形态，已有报道表明，添加乙二胺，通过水热过程可以得到花状纳米结构。因此，在合成锗酸镉纳米线的过程中，添加了质量分数为5%的乙二胺，分析乙二胺对锗酸镉纳米线形态转变的影响。图 5-40 是添加质量分数为 5%的乙二胺，在 180 ℃保温 24 h 所得产物不同放大倍率的 SEM 图像。从图 5-40（a）可以看出，在合成锗酸镉纳米结构过程中，添加乙二胺可以得到成簇花状结构。更高倍率的 SEM图像 [图 5-40（b）] 显示，这种成簇的花状结构是由大量直径约 100 nm、长度约 2 μm 的纳米棒构成。纳米棒沿中心生长而形成簇状的花状结构。这种由纳米棒组成的花状结构与 Mn：CdS、Bi_2SiO_5 和 Co 花状结构是相似的。图 5-41 是添加质量分数为 5%的乙二胺，在 180 ℃保温 24 h 所得花状结构的 XRD 图谱。根据 JCPDS 卡检索（JCPDS 卡，卡号：43-0468）可知，所得花状结构为单斜 $Cd_2Ge_2O_6$ 晶相，这与此方法所得锗酸镉纳米线的晶相是一致的。从 XRD 衍射峰未观察到不纯相的峰，说明此方法可得到高纯度的单斜锗酸镉花状结构。

(a) 低倍率　　　　　　　　　　　　　(b) 高倍率

图 5-40　锗酸镉花状纳米结构不同放大倍率的 SEM 图像

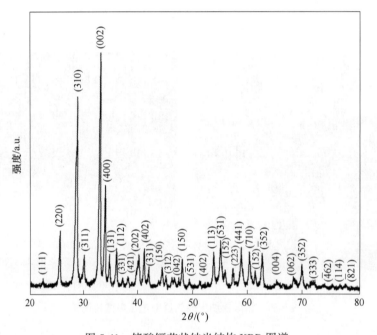

图 5-41　锗酸镉花状纳米结构 XRD 图谱

采用乙二胺辅助的奥斯特瓦尔德熟化生长过程能够解释锗酸镉花状结构的形成与生长。通过乙二胺的辅助可以控制晶相材料的核化与生长过程，在目前的水热合成系统中，乙二胺可以与镉离子配位结合，促进锗酸镉花状结构的核化与生长。在反应的初始阶段，二氧化锗与水反应形成锗酸，通过乙酸镉与锗酸反应生成锗酸镉，当锗酸镉在水热溶液中达到过饱和状态时，锗酸镉从饱和溶液中析出生成球状锗酸镉纳米颗粒。纳米颗粒为了减小表面势能，会通过自组织生长过程形成尺寸更大的纳米晶体，于是这些球状纳米晶体作为晶核，随着水热温度和反应时间的增加，根据水热条件下的奥斯特瓦尔德熟化过程导致锗酸镉纳米棒的形成。水热溶液中存在乙二胺，乙二胺与镉离子的配位结合使得锗酸镉的核化与生长过程变慢，导致长度较短的锗酸镉纳米棒的形成。如果乙二胺没有充分覆盖到锗酸镉纳米棒的表面，一些具有高表面能的纳米晶作为基体沿着半径四散生长，最终导致锗酸镉花状结构的生成。

采用水热法，以二氧化锗和乙酸镉作为原料、CTAB 作为表面活性剂，在 100～180 ℃、pH＝8～10、保温 24 h 的水热条件下合成了 $Cd_2Ge_2O_6$ 纳米棒。所得锗酸镉纳米棒由单斜结构的 $Cd_2Ge_2O_6$ 晶相构成，纳米棒产率达到 95％，直径 20～80 nm、长度 150 nm～1.5 μm。溶液的 pH 值及水热温度对锗酸镉纳米棒的形成有着重要影响。分析表明，由于锗酸镉纳米棒独特的结构和高比表面积，对苯、甲基橙及水杨酸等有机污染物具有良好的光催化降解效果。与商用 TiO_2、Pt/TiO_2 光催化剂相比较，锗酸镉纳米棒具有更好的光催化活性和稳定性。以乙酸镉和二氧化锗作为原料、CTAB 作为表面活性剂，在弱碱性水热条件下能够合成 $Cd_2Ge_2O_6$ 纳米棒。140 ℃、pH 值为 8 的水热条件下所得 $Cd_2Ge_2O_6$ 纳米棒具有较高的光催化活性，能够对水杨酸和甲基橙等有机污染物起到了良好的光催化降解效果。在紫外光照射 80 min 后，甲基橙可以完全降解，而采用二氧化钛作为光催化剂时，需要 120～160 min 才能将甲基橙完全降解。当锗酸镉纳米棒光催化降解水杨酸时，紫外光照射 240 min 后，水杨酸可以完全降解；当采用二氧化钛作为光催化剂时，紫外光照射 240 min 后，水杨酸的降解率只有 50％。对锗酸镉纳米棒循环使用 4 次后，其光催化活性未见降低。

采用微波辅助水热法，以二氧化锗和乙酸镉作为原料，能够制备出锗酸镉纳米棒束状结构。通过改变条件，引入水合肼，合成了红血球形状的锗酸镉超结构。红血球形状的锗酸镉超结构是由大量的锗酸镉纳米棒聚集形成的，反应温度、保温时间及水合肼含量对红血球形状的锗酸镉超结构的形成起到了关键作用。以 CTAB 作为表面活性剂、二氧化锗和乙酸镉作为原料，采用氢氧化钠调节溶液的 pH 值为 8，在 100～180 ℃保温 12～24 h 的水热条件下合成出纺锤体形貌的锗酸镉微纳米结构。XRD 和 SEM 结果显示，所得锗酸镉纳米结构由单斜 $Cd_2Ge_2O_6$ 晶相构成，平均直径和长度分别为 450 nm 和 1.8 μm。所得纺锤体形貌的锗酸镉微纳米结构具有特殊的结构和高比表面积，在光催化降解气相污染物（如苯和甲苯）及液相污染物（如氯苯酚）具有显著的效果。在紫外光照射下，光催化降解甲苯的过程中，生成中间产物苯甲醛，光催化降解 10 h 后其光催化效率可以达到 88.3％，最终产物为 CO_2 和 CO。在光催化降解苯的过程中，降解 10 h 后其光催化降解率可以达到 62.1％，生成的最终产物为 H_2O、CO_2 和 CO。当光催化降解对氯苯酚时，5 h 后的降解率可以达到 75％。此种锗酸镉光催化剂在光催化降解以上有机污染物时具有良好的稳定性。

通过水热过程能够合成锗酸镉纳米棒，以甲基橙作为光催化反应模型，分析其液相光催化活性。分析表明，以锗酸镉纳米棒作为光催化剂，在紫外光照射下，光催化降解甲基橙时具有良好的稳定性和光催化活性。在液相反应体系中，纳米锗酸镉受到光辐射产生大量的羟基自由基，可以保证光催化反应高效、稳定地进行。以锗酸镉纳米线为光催化剂，在水蒸气存在时，光催化还原 CO_2 可以生成可燃气体 CH_4，这为保护环境、解决温室效应提供了一个绿色途径。负载 1％RuO_2 的锗酸镉纳米线可以提高催化还原 CO_2 生成 CH_4 气体的速率，比未负载任何光催化剂的锗酸镉纳米线催化还原 CO_2 生成 CH_4 的速率提高了 2.2 倍，这是由于 RuO_2 的加入提高了锗酸镉纳米线光生电子-空穴的分离能力，从而提高其光催化活性。

5.7　锗酸锰纳米棒

锗酸锰是一种良好的光学、电学材料，在光学、电化学等领域具有良好的应用前景。以乙酸锰作为锰源、二氧化锗作为锗源，未添加任何表面活性剂，通过简单的水热过程能够制备出斜方 Mn_2GeO_4 和单斜 $Mn_2Ge_2O_7$ 晶相构成的锗酸锰纳米棒。图 5-42 所示为锗酸锰纳米棒的 SEM 图像。从图 5-42（a）可看出，样品由纳米棒状结构构成，长度大于 10 μm，直径 60~350 nm。产物中除了纳米棒状结构外，未观察到其他形态，说明采用此种水热过程可以容易地合成锗酸锰纳米棒。更高倍率 SEM 图像 [图 5-42（b）] 显示，每根纳米棒的直径在长度方向上是相同的。通过透射电子显微镜 [图 5-43（a）] 所观察到的锗酸锰纳米棒的形态和尺寸与扫描电镜的观察结果是相似的。纳米棒为垂直结构、表面光滑。锗酸锰纳米棒的头部为平面结构，这与通过水热法所合成的 $PbGeO_3$ 一维纳米材料的头部结构是相似的。单根锗酸锰纳米棒的 TEM 图像 [图 5-43（a）中右上角插入图所

(a) 低倍率 　　　　　　　　　　　　(b) 高倍率

图 5-42　锗酸锰纳米棒不同放大倍率的 SEM 图像

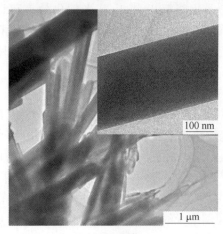 

(a) TEM图像 　　　　　　　　　　　(b) HRTEM图像

图 5-43　锗酸锰纳米棒的透射电子显微镜图像

示] 进一步显示纳米棒的表面光滑。图 5-43（b）所示为锗酸锰纳米棒边缘的 HRTEM 图像，从图中可看出，所得锗酸锰纳米棒具有良好的晶体结构，纳米棒的边缘存在一层无定形外层结构。图 5-43（b）右上角插入图所示为 HRTEM 图像相应的 FFT 花样，进一步显示所得纳米棒为单晶结构。

表面活性剂、乙二胺、非水溶剂聚乙二醇和锰源材料对锗酸锰纳米结构的形态和尺寸有着重要影响。当在锗酸锰纳米结构的合成过程中添加质量分数为 5% 的 SDS、PVP 和乙二胺时，所得锗酸锰纳米棒的长度分别减小到约 5 μm［图 5-44（a）］、1 μm［图 5-44（b）］和 2 μm［图 5-44（c）］。当使用聚乙二醇代替水作为溶剂时，可观察到产物中存在

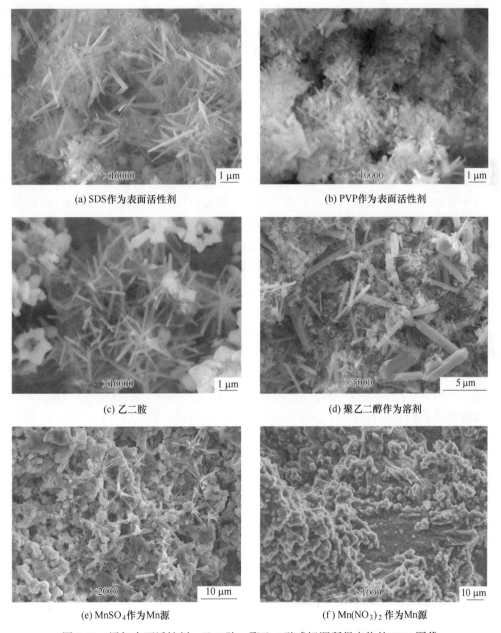

(a) SDS作为表面活性剂

(b) PVP作为表面活性剂

(c) 乙二胺

(d) 聚乙二醇作为溶剂

(e) MnSO₄作为Mn源

(f) Mn(NO₃)₂作为Mn源

图 5-44　添加表面活性剂、乙二胺、聚乙二醇或锰源所得产物的 SEM 图像

大量的纳米级颗粒，而锗酸锰棒的直径增大到了大于 1 μm［图 5-44（d）］。以上结果表明，SDS、PVP 等表面活性剂及乙二胺和聚乙二醇溶剂抑制了锗酸锰纳米棒的形成和生长。然而，当以硫酸锰和硝酸锰作为锰源时，产物中没有观察到任何一维纳米结构［图 5-44（e）和（f）］。锰源也对锗酸锰纳米棒的形成起着至关重要的作用，乙酸锰是合成锗酸锰纳米棒的合适锰源材料。

5.8   锗酸铟纳米材料

锗酸铟纳米材料在光学、光催化等领域具有潜在的应用前景，引起了人们的研究兴趣。采用溶剂热合成法，以乙酸铟和二氧化锗作为原料、水和乙二胺作为混合溶剂，在 180 ℃保温 24 h 的条件下能够合成锗酸铟纳米线，纳米线的长度达数百纳米，直径 2 ~ 3 nm。采用相似的溶剂热合成方法还可以制备出稻草束状锗酸锌纳米结构，以及厚度约 7 nm、长度达数百微米和长径比高达 1000 的单晶锗酸锌纳米带。在氙灯照射下，稻草束状锗酸锌纳米结构和单晶锗酸锌纳米带都具有良好的光催化降解二氧化碳的能力，可以将二氧化碳还原为甲烷。采用热蒸发法，以氧化铟和金属锗作为原料、硅片为衬底，制备出单晶锗酸铟纳米线。锗酸铟一维纳米材料的形态、尺寸与载气速率、沉积位置、催化剂、温度和原料密切相关。当以高纯度氩气作为载气，经过 1000 ℃热蒸发处理后，在温度为 520 ~ 600 ℃的硅片衬底上得到锗酸铟纳米线。所得锗酸铟纳米线为单斜结构，直径为 20 ~ 80 nm、长数十微米。当以氧气和氩气作为载气，氧气的浓度分别为 5% 和 10% 时，在温度分别为 620 ~ 700 ℃和 750 ~ 800 ℃的硅片衬底上可以得到锗酸铟纳米带，长度为数十微米、宽为 330 nm、厚为 15 nm。当以铟粉代替氧化铟时，可在硅片衬底上得到长度为 0.2 ~ 2 μm、厚度为 10 ~ 50 nm 的层状结构锗酸铟，不同条件下所得锗酸铟纳米结构可以采用金属 VLS 催化生长机制来解释。

以氧化铟、锗粉和碳粉作为原料，采用含 5% 氢气的氩气混合气体为载气，经过 1100 ℃热蒸发处理 2 h 后，在硅片衬底温度为 700 ℃时得到了直径为 30 nm、长数十微米的单晶链状锗酸铟纳米线，以及核壳结构的二氧化锗纳米电缆。此种无定形核壳结构的纳米电缆含有椭圆结构和线状结构两部分，椭圆结构之间具有不同的距离，其直径有数微米，而线状结构的直径仅为几十纳米到数百纳米。对所得产物进行分析认为，首先通过热蒸发过程生成锗酸铟纳米线，其次气氛中的氧气、锗蒸气不断覆于锗酸铟纳米线表面，形成了无定形二氧化锗柱状结构，由于锗酸铟表面张力的存在，使得锗酸铟纳米线表面上的无定形二氧化锗柱状结构不稳定，进而形成了链状结构的锗酸铟纳米线及核壳结构的二氧化锗纳米电缆。PL 光谱分析显示，所得产物在发射中心 448.5 nm、466.5 nm 和 491 nm 波长处存在强烈的蓝光光致发光现象，在发射中心 401 nm 波长处存在强烈的紫外光致发光现象。采用喷金的硅片为衬底，以纯铟和锗粉末作为原料、氧气和氩气作为混合载气，在 600 ℃时通过热蒸发过程能够制备出尖端含金的锗酸铟纳米线，当温度升至 700 ℃时得到了纯的锗酸铟纳米线，而当温度为 900 ℃时得到了氧化铟纳米线。当温度为 600 ℃时锗酸铟纳米线的生长符合 VLS 生长机制，当温度为 700 ~ 900 ℃时锗酸铟纳米线的生长遵循气-固（V-S）生长机制。

5.9　钒掺杂锗酸盐纳米材料

碱土金属锗酸盐属于重要的半导体功能材料，在光催化、纳米电子器件及电化学传感器方面具有潜在的应用前景。锗酸锶纳米线、锗酸钡微棒及锗酸钙纳米线这些碱土金属锗酸盐微纳米材料作为光催化剂，在紫外光照射下降解 MB 等有机污染物方面具有良好的光催化特性，可望成为工业废水处理的光催化剂及自清洁材料，实现工业废水处理和产品的自清洁功能。然而，因为碱土金属锗酸盐的带隙较大，如锗酸锶的带隙为 3.67 eV，比氧化锌和二氧化钛的带隙大，所以对可见光利用率较低，难以在可见光照射下对有机污染物进行有效的光催化降解处理。

提高宽带隙的光催化材料在太阳可见光下的光催化活性引起了人们的研究兴趣，而在宽带隙的光催化剂中，通过添加过渡金属元素可以降低光催化剂的带隙，提高其在可见光下的光催化活性。在 $Cd_{0.6}Zn_{0.4}S$ 中掺杂 La 可以提高其光催化制 H_2 的能力。有研究表明，在氧化锌中掺杂元素 Co、La 和 Ta 等数种元素，可以提高氧化锌的光催化特性。通过在二氧化钛中掺杂 La、Si 和 Fe、Fe 和 N 等多种元素，可以提高二氧化钛在太阳可见光下的光催化降解性能。在过渡金属元素中，由于钒在可见光区域具有良好的光吸收能力和增加载流子的寿命，因此在氧化锌和二氧化钛半导体光催化剂中掺杂钒可以提高其在可见光照射下的光催化活性。因此，通过钒掺杂可以提高半导体光催化剂在可见光下的光催化活性。类似于宽带隙的 $Cd_{0.6}Zn_{0.4}S$、ZnO 和 TiO_2 半导体光催化剂，提高碱土金属锗酸盐在可见光照射下光催化降解有机污染物的光催化能力具有较重要的研究意义。

到目前为止，通过化学气相沉积法、离子注入法、电化学沉积法、溶胶-凝胶法和水热方法可以实现半导体光催化剂的过渡金属元素掺杂。水热法具有成本低、设备简单及掺杂过程简单等特点，在半导体光催化剂的掺杂方面具有广泛的应用。以乙酸盐、二氧化锗作为原料，钒酸钠作为掺杂源，通过简单的水热过程能够制备出钒掺杂质量分数为 1% ~ 10% 的钒掺杂锗酸锶、钒掺杂锗酸钡微棒及钒掺杂锗酸钙纳米线等碱土金属锗酸盐微纳米材料。

5.9.1　钒掺杂锗酸锶及其光催化特性

通过 XRD 图谱分析不同钒掺杂质量含量的钒掺杂锗酸锶的晶相，如图 5-45 所示。钒掺杂质量分数为 1% 和 3% 的钒掺杂锗酸锶的 XRD 图谱是相同的，所有衍射峰对应于斜方结构的 $SrGeO_3$ 晶相（JCPDS 卡，卡号：27-0845），钒掺杂锗酸锶的 $SrGeO_3$ 晶相与相同水热条件下所得未掺杂的锗酸锶纳米线的 $SrGeO_3$ 晶相是一致的。此结果显示，当钒掺杂质量分数低于 3% 时，产物中除了 $SrGeO_3$ 晶相外，没有观察到其他晶相，例如钒或钒氧化物的衍射峰，表明钒离子可能进入了 $SrGeO_3$ 晶格内。当钒掺杂质量分数达到 5% 和 10% 时，钒掺杂锗酸锶中除了斜方结构的 $SrGeO_3$ 晶相外，产物中还存在斜方结构的 $SrV_{11}O_5$ 晶相（JCPDS 卡，卡号：30-1314）。除了斜方结构的 $SrGeO_3$ 和 $SrV_{11}O_5$ 晶相外，产物中没有发现其他晶相。当钒掺杂质量含量高于 5% 时，斜方结构的 $SrGeO_3$ 晶相在 2θ 为 41.8°、66.5° 和 74.8° 位置处的衍射峰消失。随着钒掺杂质量分数达到 10%，斜方结构 $SrV_{11}O_5$ 晶相的衍射峰强度明显增加。

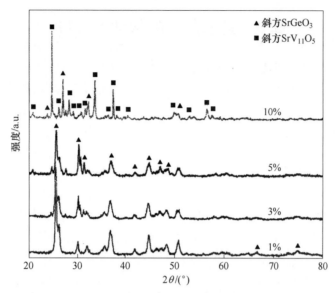

图 5-45   不同钒掺杂质量分数的钒掺杂锗酸锶的 XRD 图谱

图 5-46 所示为 180 ℃保温 24 h 的水热条件下所得不同钒掺杂质量分数钒掺杂锗酸锶的典型形貌及尺寸。钒掺杂质量分数为 1% 的钒掺杂锗酸锶主要由自由分散的纳米线构成 ［图 5-46（a）］，纳米线的平均直径约 60 nm，长度为数十到数百微米。1% 钒掺杂锗酸锶的形貌与尺寸与相同水热条件下所得未掺杂的锗酸锶纳米线是相似的。不同于 1% 钒掺杂锗酸锶的形貌和尺寸，钒掺杂质量分数超过 3% 的钒掺杂锗酸锶主要由微米级尺寸的棒状结构构成。当钒掺杂质量分数为 3% 时，棒状结构的直径 600 nm~3 μm，长度大于 10 μm ［图 5-46（b）］。然而，样品中除了棒状结构外，还存在一些纳米线。随着钒掺杂质量分数增加到 5%，棒状结构的直径明显减少 ［图 5-46（c）］，直径 500 nm~1.5 μm，长度大于 10 μm。除了棒状结构外，产物中仅存在少量的纳米线。当钒掺杂质量分数达到 10% 时，棒状结构的尺寸进一步减少，产物中未观察到纳米线 ［图 5-46（d）］，主要由纳米棒和微米级尺寸的棒状结构构成。除了纳米棒和微米级尺寸的棒状结构外，产物中还存在一些颗粒，纳米棒和微棒结构的平均直径分别为 70 nm 和 1 μm，长度小于 10 μm。

表 5-7 所示为未掺杂的锗酸锶纳米线与不同钒掺杂质量分数的钒掺杂锗酸锶的带隙。从表中可以看出，钒掺杂锗酸锶对光的吸收边明显高于未掺杂的锗酸锶纳米线的吸收边，带隙从 3.67 eV（未掺杂的锗酸锶纳米线）减少到了 2.74 eV（1% 钒掺杂锗酸锶）。钒质量分数为 1% 和 3% 的钒掺杂锗酸锶的带隙相似，分别为 2.74 eV 和 2.77 eV。随着钒掺杂质量分数从 5% 增加到 10%，钒掺杂锗酸锶的带隙从 2.88 eV 增加到了 3.02 eV。以上结果表明，通过钒掺杂可以减少锗酸锶的带隙。然而，随着钒掺杂质量分数的增加，钒掺杂锗酸锶的带隙明显增加，目前产生此种现象的原因还不清楚。一些研究表明，半导体的带隙与半导体材料的比表面积密切相关，当二氧化钛的比表面积从 122 m²/g 减少到 38 m²/g，其带隙从 3.00 eV 增加到了 3.14 eV，这与文献中报道的带隙随着比表面积的变化结果是一致的。当钒掺杂质量分数分别为 1%、3%、5% 和 10% 时，钒掺杂锗酸锶的比表面积分别为 35.54 m²/g、34.76 m²/g、32.67 m²/g 和 31.16 m²/g。随着钒掺杂质量分数的增加，

(a) 钒掺杂质量分数为1%   (b) 钒掺杂质量分数为3%

(c) 钒掺杂质量分数为5%   (d) 钒掺杂质量分数为10%

图 5-46　不同钒掺杂质量分数的钒掺杂锗酸锶的 SEM 图像

钒掺杂锗酸锶的比表面积降低。因此，分析认为，当钒掺杂质量分数为 1%~10% 时，比表面积的减少可能引起了钒掺杂锗酸锶带隙的增加。与未掺杂的锗酸锶纳米线相比，钒掺杂锗酸锶的吸收边出现了红移，在可见光区域的光吸收显著增强，显示出在可见光区域良好的光吸收能力。未掺杂钒的锗酸锶纳米线的吸收边波长为 338 nm，表明未掺杂的锗酸锶纳米线在紫外区域具有强烈的紫外光吸收能力。然而，钒掺杂锗酸锶的吸收边波长大于 410 nm，表明钒掺杂锗酸锶在可见光区域具有强烈的可见光吸收能力。因此，由于钒掺杂锗酸锶的带隙变窄使得钒掺杂锗酸锶可以吸收太阳可见光。

表 5-7　不同钒掺杂质量分数的钒掺杂锗酸锶的带隙

钒掺杂质量分数/%	吸收边波长（λ）/nm	带隙（E_g）/eV
0	338	3.67
1	453	2.74
3	447	2.77
5	431	2.88
10	410	3.02

在太阳光照射下，通过光催化降解 MB 评价了未掺杂及钒掺杂锗酸锶的光催化特性。为了分析吸附对 MB 溶液脱色的贡献，研究了在黑暗条件下静置 4 h 后的 UV-Vis 吸收光谱。然而，在黑暗条件下静置 4 h 和 20 min 后，在 665 nm 波长处的 UV-Vis 吸收峰强度是

相似的。此结果说明，吸附对于 MB 的脱色没有作用。以钒掺杂锗酸锶作为光催化剂，在太阳光照射下，随着光照时间的增加，在 665 nm 波长处的 UV-Vis 吸收峰强度明显降低。分析了光照时间对钒掺杂锗酸锶光催化活性的影响，分别采用 20 mg 未掺杂和不同钒掺杂质量分数的锗酸锶，研究了光催化降解 10 mg/L MB 溶液的光催化特性，MB 溶液的体积为 20 mL。图 5-47 所示为以未掺杂和钒掺杂锗酸锶作为光催化剂，采用太阳光照射 4 h 前后的 MB 溶液浓度变化比率。从图中可以看出，在太阳光照射下，未掺杂的锗酸锶纳米线难于降解 MB，这是由于锗酸锶纳米线的带隙宽，难以吸收可见光引起的。在太阳光照射下，钒掺杂锗酸锶比未掺杂的锗酸锶纳米线具有更好的可见光催化活性，这是由于掺杂钒后可以减小锗酸锶的带隙引起的。

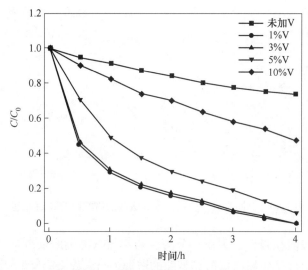

图 5-47　以不同钒掺杂质量分数的钒掺杂锗酸锶作为光催化剂，
经太阳光照射 20 mL MB 不同时间前后的 MB 溶液浓度变化比率

以质量分数为 1% 和 3% 的钒掺杂锗酸锶作为光催化剂时的 MB 降解比率是相似的，可见光光照 0.5 h 后，MB 降解率分别为 55.49% 和 53.48%，随着光照时间增至 4 h 后，MB 能够完全降解。质量分数为 1% 和 3% 钒掺杂锗酸锶的带隙分别为 2.74 eV 和 2.77 eV，表明质量分数为 1% 和 3% 的钒掺杂锗酸锶有相似的可见光吸收能力。钒掺杂锗酸锶属于半导体，能够吸收可见光，在可见光照射下，电子从钒掺杂锗酸锶的价带转移到导带，从而在导带和价带分别形成了电子和空穴，空穴与钒掺杂锗酸锶表面吸附的水反应生成羟基自由基，通过空穴与羟基自由基的共同作用导致 MB 的降解。随着钒掺杂锗酸锶中的钒掺杂质量分数从 5% 增加至 10%，钒掺杂锗酸锶降解 MB 的光催化活性明显降低。当钒掺杂质量分数分别为 5% 和 10% 时，在太阳光辐射 4 h 后，MB 的降解率分别为 94.41% 和 52.55%。随着钒掺杂质量分数从 5% 增至 10%，其带隙从 2.88 eV 增至 3.02 eV，带隙的增加导致钒掺杂锗酸锶光催化活性的降低。根据以上分析结果可知，当钒掺杂质量分数分别为 1% 和 3% 时，钒掺杂锗酸锶具有较佳的可见光催化活性。

钒掺杂锗酸锶光催化活性的提高与钒掺杂锗酸锶可以更好地吸收可见光、钒掺杂引起的氧空位或者缺陷密切相关。当钒掺杂质量分数为 5%～10% 时，钒掺杂锗酸锶的光催化活性明显降低。产生此种现象的原因还不清楚，然而，光催化剂的比表面积及光子转换效率对其光催化活性具有本质作用，光催化剂的平均粒子尺寸决定了比表面积及光子转换效率。小的颗粒尺寸增加了光催化剂的比表面积及表面的活性位置，因为在活性位置处光生载流子与吸附的分子相互反应导致有机污染物的降解，所以减少光催化剂的尺寸可以增强其光催化活性。

有报道显示，颗粒尺寸通过影响电子-空穴对的复合提高了纳米二氧化钛基光催化剂的活性，颗粒尺寸为 10 nm 的二氧化钛可以在液相中光催化降解 $CHCl_3$。二氧化钛颗粒尺寸在水溶液中对光催化降解 MB 的影响结果表明，随着二氧化钛颗粒尺寸的减少，吸附于氧化钛颗粒上的 MB 分子的吸附比率及吸附数量明显增加。当二氧化钛颗粒的尺寸减小时，二氧化钛光催化降解 MB 的活性显著增加。锗酸锶纳米线比块体锗酸锶具有更小的尺寸和更大的比表面积，在紫外光照射下具有更好的光催化活性。CdS 纳米颗粒对于降解硝基芳烃的光催化活性与其尺寸密切相关，当 CdS 纳米颗粒的尺寸从 5.8 nm 减少至 3.8 nm 时，其光催化活性提高了 5 倍。当钒掺杂质量分数分别为 1%、3%、5% 及 10% 时，钒掺杂锗酸锶的比表面积分别为 35.54 m^2/g、34.76 m^2/g、32.67 m^2/g 及 31.16 m^2/g。随着钒掺杂质量分数的增加，钒掺杂锗酸锶的比表面积明显减少。因此，钒掺杂质量分数在 5%~10% 范围内光催化活性的减少可能是由于钒掺杂锗酸锶的比表面积减少引起的。钒掺杂质量分数为 1% 和 3% 是钒掺杂锗酸锶光催化降解 MB 的较佳含量，而随着钒掺杂质量分数的进一步增加，其光催化活性降低。

5.9.2 钒掺杂锗酸钡微棒及其光催化特性

图 5-48 所示为在 180 ℃保温 24 h 的水热条件下所得钒掺杂锗酸钡产物的典型 SEM 图像。从图中可以看出，不同钒掺杂质量分数的锗酸钡微棒结构的形貌是相似的，都是由短棒状结构构成，这与采用同样的水热条件下所得未掺杂的锗酸钡微棒结构是相似的。钒掺杂锗酸钡的头部为平面结构，长度约 2 μm。然而，从图中也可以看出所得钒掺杂锗酸钡微棒结构的直径随着钒掺杂质量分数的不同而有所变化。当钒掺杂质量分数为 1% 时，锗酸钡微棒结构的直径约 800 nm［图 5-48（a）］，而当钒掺杂质量分数分别为 3%、5% 和 10% 时，钒掺杂锗酸钡微棒结构的直径分别降至 500 nm［图 5-48（b）］、250 nm［图 5-48（c）］和 150 nm［图 5-48（d）］。从以上结果可以看出，钒掺杂锗酸钡微棒结构的直径与钒掺杂质量分数密切相关，随着钒掺杂质量分数的增加，钒掺杂锗酸钡的直径明显减小。

(a) 钒掺杂质量分数为1%

(b) 钒掺杂质量分数为3%

(c) 钒掺杂质量分数为5%   (b) 钒掺杂质量分数为10%

图 5-48   不同钒掺杂质量分数的钒掺杂锗酸钡微棒的 SEM 图像

表 5-8 所示为未掺杂及钒掺杂锗酸钡微棒结构的带隙。未掺杂锗酸钡的吸收边为 249 nm，其带隙为 4.98 eV，锗酸钡微棒结构中掺杂钒后其带隙减小。当钒掺杂质量分数分别为 1%、3%、5% 和 10% 时，钒掺杂锗酸钡微棒结构的带隙分别为 2.89 eV、2.80 eV、2.92 eV 和 2.88 eV。锗酸钡中由于钒的掺杂使其吸收边红移至可见光区域，表明钒掺杂锗酸钡微棒结构比未掺杂的锗酸钡微棒在可见光波段范围内具有更强的可见光吸收能力。因此，钒掺杂锗酸钡微棒结构具有较窄的带隙，其吸收边出现了红移，使其可以吸收可见光，在太阳光的照射下，钒掺杂锗酸钡微棒结构具有良好的光催化活性。

表 5-8   未掺杂及钒掺杂锗酸钡微棒结构的带隙

钒掺杂质量分数/%	吸收边波长（λ）/nm	带隙（E_g）/eV
0	249	4.98
1	429	2.89
3	443	2.80
5	425	2.92
10	430	2.88

通过在水溶液中于太阳可见光光照下光催化降解 MB，分析钒掺杂锗酸钡微棒结构的光催化活性，微棒的用量为 20 mg，MB 溶液的浓度为 10 mg/L，用量为 20 mL。UV-Vis 吸收光谱分析显示，以钒掺杂锗酸钡微棒结构作为光催化剂，在太阳光照射一段时间后，MB 溶液在 665 nm 波长处的吸收峰强度明显降低。在太阳光照射下，以未掺杂的锗酸钡微棒结构作为光催化剂，MB 难于被降解，这是由于锗酸钡微棒结构大的带隙引起的。然而，在太阳光照射下，钒掺杂锗酸钡微棒结构比未掺杂的锗酸钡微棒对 MB 具有更好的光催化活性。当钒掺杂质量分数分别为 1%、3%、5% 和 10% 时，在钒掺杂锗酸钡微棒的作用下，经太阳光照射 10 min 后，MB 的降解率分别达到 61.75%、73.76%、58.98% 和 62.85%。随着光照时间的延长，MB 的降解率明显增加。当使用钒掺杂质量分数为 3% 的锗酸钡微棒结构作为光催化剂时，经太阳光照射 90 min 后，MB 可以被完全降解。然而，当钒掺杂质量分数分别为 1%、5% 和 10% 时，经太阳光照射 90 min 后，MB 的降解率分别

为 96.75%、95.79% 和 97.43%，MB 不能完全降解。钒掺杂质量分数为 3% 的钒掺杂锗酸钡微棒结构的带隙为 2.80 eV，小于钒掺杂质量分数分别为 1%、5% 和 10% 的钒掺杂锗酸钡微棒结构的带隙，带隙的减少导致钒掺杂锗酸钡微棒结构的可见光光催化活性的增强。以上结果表明，在太阳光照射下，钒掺杂质量分数为 3% 的钒掺杂锗酸钡微棒结构具有最好的可见光光催化活性。钒掺杂锗酸钡微棒结构比未掺杂的锗酸钡微棒结构具有更好的光催化活性，这是由于钒掺杂产生了很多的氧空位或缺陷，使得钒掺杂锗酸钡微棒结构在可见光范围内具有更强的光吸收能力，进而提高了锗酸钡的光催化活性。

5.9.3 钒掺杂锗酸钙纳米线及其光催化特性

通过 XRD 分析了在 180 ℃ 保温 24 h 的水热条件下所得钒掺杂锗酸钙纳米线的 XRD 图谱，如图 5-49 所示。从 XRD 图谱中可以看出，不同钒掺杂质量含量锗酸钙纳米线的 XRD 图谱是相似的，没有观察到明显不同。钒掺杂锗酸钙产物的所有衍射峰对应于菱方结构的 Ca_3GeO_5 晶相（JCPDS 卡，卡号：40-0851）和斜方结构的 CaV_3O_7 晶相（JCPDS 卡，卡号：26-0337）。除了菱方结构的 Ca_3GeO_5 晶相和斜方结构 CaV_3O_7 晶相外，产物中未发现其他晶相，例如钒氧化物或钒的晶相。图中钒掺杂锗酸钙产物的 XRD 衍射峰强度高，说明所得钒掺杂锗酸钙具有良好的结晶度。

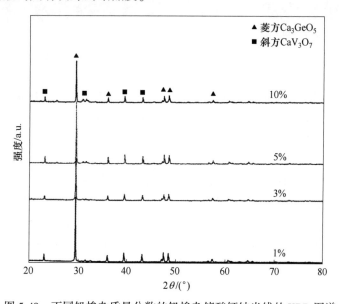

图 5-49　不同钒掺杂质量分数的钒掺杂锗酸钙纳米线的 XRD 图谱

图 5-50 所示为在 180 ℃ 保温 24 h 的水热条件下所得钒掺杂锗酸钙纳米线的典型 SEM 图像。从图中可以看到，不同钒掺杂质量分数的钒掺杂锗酸钙纳米线的形态和尺寸是相似的，所得产物由较长的纳米线构成，与采用相同的水热条件下所得未掺杂的锗酸钙纳米线是相似的。除了钒掺杂锗酸钙纳米线外，产物中未观察到其他纳米形貌，说明采用水热方法可以得到形态单一的纳米线状结构。钒掺杂锗酸钙纳米线随机分布，长度数十微米、直径 50~200 nm。

半导体的带隙与光吸收特性密切相关。表 5-9 所示为未掺杂和不同钒掺杂质量分数的

(a) 钒掺杂质量分数为1%　　　　　　　　(b) 钒掺杂质量分数为3%

(c) 钒掺杂质量分数为5%　　　　　　　　(d) 钒掺杂质量分数为10%

图 5-50　不同钒掺杂质量分数的钒掺杂锗酸钙纳米线的 SEM 图像

锗酸钙纳米线的带隙。未掺杂锗酸钙纳米线的吸收边波长为 254 nm，对应的带隙为 4.88 eV。然而，当钒掺杂质量分数分别为 1%、3%、5% 和 10% 时，钒掺杂锗酸钙纳米线的吸收边分别红移至 441 nm、445 nm、450 nm 和 469 nm 波长处。钒掺杂质量分数从 0 增加至 10%，钒掺杂锗酸钙纳米线的带隙从 4.88 eV 减小至 2.64 eV。以上结果表明，钒掺杂锗酸钙纳米线的带隙与钒掺杂质量分数密切相关，随着钒掺杂质量分数的增加，钒掺杂锗酸钙纳米线的吸收边从紫外光区域红移至了可见光区域。锗酸钙纳米线中，由于钒的掺杂形成了新的电子态，导致带隙的减小，这可由 XRD 分析中产生的斜方结构 CaV_3O_7 晶相来证实。在太阳光照下，锗酸钙纳米线的价带电子被激发到钒杂质能级和导带，导致钒掺杂锗酸钙纳米线的带隙变窄。因此，在可见光范围内，钒掺杂锗酸钙纳米线比未掺杂的锗酸钙纳米线具有更高的可见光吸收能力，以上结果说明，在太阳光照射下，钒掺杂锗酸钙纳米线是一种高效的光催化剂。

表 5-9　未掺杂及钒掺杂锗酸钙纳米线的带隙

钒掺杂质量分数/%	吸收边波长（λ）/nm	带隙（E_g）/eV
0	254	4.88
1	441	2.81
3	445	2.79
5	450	2.76
10	469	2.64

在太阳光照射下，采用钒掺杂锗酸钙纳米线作为光催化剂，分析在水溶液中光催化降解 MB 的光催化特性。首先分析了光催化降解时间对 MB 降解率的影响，未掺杂和钒掺杂锗酸钙纳米线的用量为 20 mg，MB 溶液的体积和浓度分别为 20 mL 和 10 mg/L。UV-Vis 光谱分析表明，在太阳光照射下，钒掺杂锗酸钙纳米线光催化降解 MB 不同时间后，在 665 nm 波长处的吸收峰强度显著降低。

为了评估锗酸钙纳米线的可见光催化活性，首先使用未掺杂的锗酸钙纳米线进行太阳可见光的 MB 光催化降解。经太阳光照射 90 min 后，MB 溶液的浓度变化很小。由于未掺杂的锗酸钙纳米线的带隙窄，在太阳光照射下对于 MB 的光催化活性很低。然而，通过钒掺杂锗酸钙纳米线，在太阳光照射下可以有效降解 MB。在太阳光照射下，与未掺杂的锗酸钙纳米线相比，钒掺杂锗酸钙纳米线在可见光范围内具有更好的 MB 光催化降解特性。当钒掺杂质量分数分别为 1%、3%、5% 和 10% 时，经太阳光照射 10 min 后，MB 的降解率分别为 38.65%、57.82%、61.25% 和 74.35%。随着光照时间增加到 90 min，MB 的降解率也随之增加。当钒掺杂质量分数分别为 1%、3% 和 5% 时，经太阳光照射 90 min 后，MB 的降解率分别达到 74.04%、96.85% 和 97.76%。随着钒掺杂质量分数增加至 10%，MB 可以被完全降解。因此，钒掺杂锗酸钙纳米线的光催化活性与钒掺杂质量分数密切相关。从表 5-9 可知，钒掺杂质量分数为 10% 的锗酸钙纳米线的带隙为 2.64 eV，比钒掺杂质量分数分别为 1%、3% 和 5% 的锗酸钙纳米线带隙更窄，带隙的减小导致钒掺杂锗酸钙纳米线 MB 光催化降解活性的提高。从以上结果可以看出，在太阳光照射下，钒掺杂质量分数为 10% 的锗酸钙纳米线在可见光催化降解 MB 时具有更好的光催化活性。

5.10　其他锗酸盐纳米材料

以乙酸铅作为铅源、二氧化锗作为锗源，于 60 ℃ 通过简单的微波辅助水热过程合成锗酸铅花状微结构，所得花状微结构由六方结构构成，平均直径为 10 μm，反应温度和时间会影响花状结构锗酸铅的形成。花状结构的锗酸铅由大量直径为 100～300 nm、长为数微米的锗酸铅微棒组成，其带隙为 3.94 eV。通过简单的水热过程，以二氧化锗和乙酸铅为原料，不添加任何表面活性剂制备出锗酸铅纳米纤维和锗酸铅纳米带。水热温度、保温时间及乙二胺浓度对锗酸铅纳米结构的形态和尺寸有着重要影响。当保温时间为 1 h 时，得到的是宽度为 60～100 nm、厚度为 10～20 nm、长度为数百微米的锗酸铅纳米带；随着保温时间增至 6 h，锗酸铅纳米带逐渐变成了直径为 300～900 nm、长数十微米、表面光滑的锗酸铅纳米纤维。调节乙二胺的浓度可以使锗酸铅纳米纤维的直径从 300～900 nm 减小到 80～120 nm。以乙酸铅和二氧化锗为原料，采用低温化学涂覆方法首次制备出 $PbGeO_3$/聚吡咯纳米复合材料，此种锗酸铅复合电极经过 100 次循环后，比电容仍然可以达到 657 mA·h/g，具有良好的倍率特性，可以作为一种良好的锂离子电池负极材料。

采用热蒸发过程，以铋和锗粉末作为原料、氩气为载气，在镀金厚度为 3 nm 的硅片衬底上制备出具有铁磁性的锗酸铋纳米线。当温度为 600 ℃ 时得到了球状锗酸铋纳米线，800 ℃ 时得到了含有二氧化铋和二氧化锗晶相的锗酸铋纳米线。分析认为，当温度为 600 ℃ 时球状锗酸铋纳米线的生长遵循 V-L-S 生长机理，800 ℃ 时锗酸铋纳米线的生长符合 V-S 生长机理，表明温度对锗酸铋的形态、结构和化学成分有着重要影响。以硝酸铋和二氧化锗作为原料、CATB 作为表面活性剂，在 pH＝9、180 ℃保温 48 h 的水热条件下得到锗酸铋纳米带，所得纳米带由斜方结构构成，宽度为 80~170 nm。

通过熔融置换反应法，以碳酸钠和二氧化锗作为原料，在 900 ℃保温 12 h 的条件下反应生成锗酸钠，然后将摩尔比为 1∶4 的锗酸钠与硝酸银在 210 ℃保温 20 h，从而得到了多晶纳米锗酸银，此种纳米锗酸银在可见光范围内具有良好的光催化活性。多元金属纳米 Ag_2ZnGeO_4 光催化剂的合成，在可见光照射下，分别光催化降解 RhB 和橙色 II 360 min 后，其降解率分别可以达到 100% 和 69.2%。Ag_2ZnGeO_4 为方石英结构，光生载流子速度快，具有较窄的带隙（2.29 eV），可以吸收可见光，在可见光照射下，对于有机污染物具有良好的光催化活性。还有研究者报道了分层空心球状结构纳米 Ag_2ZnGeO_4 的光催化特性。在可见光照射下，分层空心球状结构纳米 Ag_2ZnGeO_4 光催化降解 RhB 480 min 后，RhB 溶液完全褪色，降解率可以达到 100%；而当采用通过高温固相法制备的 Ag_2ZnGeO_4 粉末作为光催化剂时，RhB 的降解率只有 47%。空心球结构纳米 Ag_2ZnGeO_4 具有良好的结晶度、大比表面积及强吸光能力使其具有良好的光催化活性。以 Li_2CO_3、In_2O_3 和 GeO_2 作为原料能够制备出纳米 $LiInGeO_4$，通过负载 RuO_2 可以获得 $RuO_2/LiInGeO_4$ 复合光催化剂，在可见光照射下可以用来分解水，制备氢气和氧气。当 RuO_2 负载量为 1.0% 时，$RuO_2/LiInGeO_4$ 复合光催化剂的效果最佳，生成氧气和氢气的速度最快，并且具有良好的光催化稳定性，循环使用多次后，其光催化性能没有变化。

6 羟基锡酸盐纳米材料

随着社会工业化的快速发展，环境污染愈发严重，尤其是水体污染。纺织业、制药业、皮革制造业、塑料制造业等行业在生产过程会排放出含有大量污染物的废水，从而造成水体污染，长期威胁着人类健康。水体中的污染物主要包括有机污染物、金属氧化物、抗生素、病原体等，其中有机污染物具有结构复杂、色度高、毒性大和难降解等特点，在水体中大量存在会破坏水体的生态平衡，危害人类的生命健康。因此，消除水体中的有机污染物具有重要的实际研究意义。目前处理污水中有机污染物的方法主要有吸附、萃取、电渗析法、薄膜过滤技术和光催化降解技术等。和传统的处理方法相比，光催化降解技术具有操作简单、成本低、处理过程不产生二次污染等优点，在污水处理领域具有良好的应用潜力。目前，在污水处理中应用最广的光催化剂是二氧化钛，但是其主要吸收紫外光，对太阳光的利用效率低。因此，开发出可以高效利用太阳光的光催化剂是目前主要的研究方向。

羟基锡酸盐是一种类钙钛矿结构的羟基化合物材料，表面含有大量的羟基，有利于捕获空穴，生成具有高活性的羟基自由基，在光催化领域有着良好的应用潜力。目前已有研究表明，六羟基锡酸锌 [$ZnSn(OH)_6$]、六羟基锡酸钙 [$CaSn(OH)_6$]、六羟基锡酸镁 [$MgSn(OH)_6$] 等纳米材料具有良好的光催化特性，但是因为羟基锡酸盐具有较宽的带隙，对太阳光的利用率较低，所以需要对其进行改性，以进一步提高光催化性能。掺杂和表面修饰是提高半导体光催化性能的改性方法。掺杂主要通过在半导体晶格中引入缺陷位置或改变结晶度来影响电子-空穴对的复合，从而提高光催化性能。表面修饰是指通过浸渍法、光还原法等方法使贵金属、过渡金属负载到光催化剂表面，通过改变电子-空穴对的分离速率和电子的迁移速率来提高光催化材料的光催化性能。例如，以硝酸钕、二氧化钛作为原料，通过溶胶-凝胶法能够制备出钕掺杂二氧化钛，钕离子的掺杂抑制了二氧化钛晶粒的生长和晶相转变，增加了二氧化钛的比表面积，提高了 MB 染料分子吸附于二氧化钛表面的数量，有效提高了二氧化钛降解 MB 的光催化性能。因此，通过稀有金属掺杂及表面改性可望有效地提高含羟基锡酸盐纳米材料的光催化性能。

6.1　六羟基锡酸锶纳米材料

六羟基锡酸锶具有良好的光学、电学及光催化特性，在光学、电学及光催化领域具有良好的应用潜力。采用简单的沉淀法能够制备出 Ag/Ag_2O 负载 $SrSn(OH)_6$ 纳米线复合光催化剂，通过在可见光照射下去除空气中的 NO，评价了 Ag/Ag_2O-$SrSn(OH)_6$ 的光催化性能，当 Ag/Ag_2O 的含量（质量分数）为 10% 时，Ag/Ag_2O-$SrSn(OH)_6$ 对 NO 的降解率最高，可以达到 45.10%。当 Ag/Ag_2O 的含量达到 13% 时，对 NO 的光催化活性显著降低，这是因为大量的 Ag/Ag_2O 覆盖了 $SrSn(OH)_6$ 表面的光催化活性位点。经过 5 次光催化循环测试，Ag/Ag_2O-$SrSn(OH)_6$ 对 NO 的降解率略有下降，表明此种光催化剂在降解 NO 方面具有良好的稳定性。

采用共沉淀法可以在室温下制备出六方结构的 $SrSn(OH)_6$，自由基捕获实验与电子共旋自振（ESR）测试结果表明，羟基自由基（·OH）是 $SrSn(OH)_6$ 光催化氧化苯的主要活性物质。$SrSn(OH)_6$ 光催化处理 32 h 后，气相苯的降解率为 55%，比相同条件下的二氧化钛提高了 3 倍。通过简单的声化学方法能够合成出六方单晶 $SrSn(OH)_6$ 纳米线，纳米线的表面光滑，直径和长度分布均匀，直径为 150 nm。将 $SrSn(OH)_6$ 纳米线煅烧处理后，获得 $SrSnO_3$ 纳米棒。将 $SrSnO_3$ 纳米棒作为锂离子电池的阳极，通过 50 次充放电循环后，$SrSnO_3$ 纳米棒表现出了稳定的充放电循环性能，锂存储容量为 200 mAh/g。

有文献报道了通过水热法合成了纳米棒状 $SrSn(OH)_6$ 和哑铃状 $SrSn(OH)_6$。纳米棒状 $SrSn(OH)_6$ 比哑铃状 $SrSn(OH)_6$ 具有更高的光催化活性，当光催化降解水时，氢析出速率接近 8.2 mmol/(g·h)。通过循环微波辐射法能够制备出 $SrSn(OH)_6$，经 900 ℃ 煅烧后得到了高结晶度的 $SrSnO_3$ 纳米棒，此种 $SrSnO_3$ 纳米棒可以有效光催化降解 MB，光催化处理 320 min 后，MB 脱色效率可以达到 85%。

六羟基锡酸盐 $[MSn(OH)_6]$ 含有 SnO_6 和 MO_6 八面体结构，氢原子与八面体上的氧原子相连接。六羟基锡酸锶纳米材料属于重要的羟基碱土金属锡酸盐，由于具有良好的催化、光学和电子性能，在催化、光学及电学领域具有良好的应用前景。目前已经报道了采用多种方法合成了纳米线、纳米棒和纳米颗粒等多种不同形貌的 $SrSn(OH)_6$ 纳米材料。例如采用 $SrCl_2$ 和 $K_2Sn(OH)_6$ 为原料合成了亚微米尺寸的针状 $SrSn(OH)_6$。以四氯化锡、氯化锶、氢氧化钠及碳酸钠为原料，在室温下通过快速、简单的声化学方法合成了 $SrSn(OH)_6$ 纳米线，将 $SrSn(OH)_6$ 纳米线煅烧后可以制备出锡酸锶纳米棒，此种锡酸锶纳米棒比锡酸锶纳米颗粒具有更好的可逆锂离子存储能力和循环稳定性。以氢氧化钠、硝酸锶及锡酸钠为原料，采用简单的共沉淀法合成 $SrSn(OH)_6$ 纳米棒，此种 $SrSn(OH)_6$ 纳米棒可以作为蓝光发射材料、阻燃剂和阻烟材料。

由于含羟基纳米材料表面的羟基基团能够接收光生空穴，产生高氧化反应活性的羟基自由基，因此羟基对于有机污染物的光催化降解至关重要。因为六羟基锡酸锶纳米材料的中心金属离子具有 d^{10} 电子结构，有利于光生电子-空穴对的分离，所以六羟基锡酸锶具有高光催化活性。采用四氯化锡、氯化锶、氢氧化钠和盐酸为原料，通过简单的沉淀法合成了 $SrSn(OH)_6$ 纳米颗粒。与商用二氧化钛相比，在波长为 254 nm 的紫外光照射下，$SrSn(OH)_6$ 纳米颗粒对降解苯具有更高的光催化活性。因此，采用简单的方法合成 $SrSn(OH)_6$ 纳米材料，例如纳米棒，并研究 $SrSn(OH)_6$ 纳米棒光催化降解有机污染物引起了人们的研究兴趣。不采用任何表面活性剂的水热法能够有效合成一维无机纳米材料。以锡酸钠、氯化锶作为原料，通过水热法能够有效合成出 $SrSn(OH)_6$ 纳米棒。图 6-1 所示为以锡酸钠和氯化锶作为原料，于 180 ℃ 保温 24 h 所得产物的 XRD 图谱。经检索可知，所得样品由六方 $SrSn(OH)_6$（JCPDS 卡，PDF：09-0086）晶相构成，从 XRD 图谱上没有观察到其他晶相的衍射峰，这与其他课题组报道的不同形貌的 $SrSn(OH)_6$ 纳米材料的晶相是相同的。

从图 6-2（a）可以看出，所得产物完全由纳米棒构成。$SrSn(OH)_6$ 纳米棒的表面光滑，头部为平面结构，长度低于 10 μm、直径为 50~150 nm，平均直径约 100 nm ［图 6-2

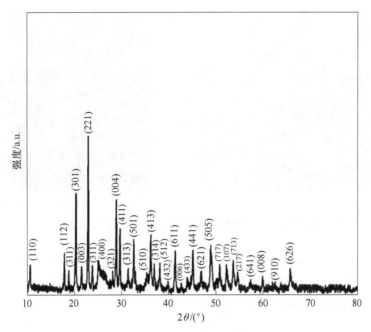

图 6-1 以锡酸钠和氯化锶作为原料所得产物的 XRD 图谱

（b）]。此种 SrSn(OH)$_6$ 纳米棒的形貌和尺寸与文献报道的通过共沉淀方法合成的纳米棒是相似的。TEM 图像 [图 6-3 （a）] 进一步表明，所得产物均由纳米棒形貌构成。HRTEM 图像 [图 6-3 （b）] 表明，所得 SrSn(OH)$_6$ 纳米棒具有规则和清晰的晶格条纹，晶格间距为 0.82 nm，对应六方 SrSn(OH)$_6$ 相的 （110） 面。XRD 图谱和电子显微镜观察结果表明，所得 SrSn(OH)$_6$ 纳米棒由单晶六方 SrSn(OH)$_6$ 晶相构成。

(a) 低倍率　　　　　　　　　　　　　　(b) 高倍率

图 6-2　SrSn(OH)$_6$ 纳米棒不同放大倍数的 SEM 图像

根据 SrSn(OH)$_6$ 纳米棒的 XPS 全谱图 [图 6-4 （a）]，所得纳米棒中含有 Sr、Sn、O 3 种元素，这与文献中报道的成分是相似的。键能为 293.93 eV 位置处的元素 C 1s XPS 峰用于校正其他元素的结合能。图 6-4 （b）~（d） 所示为 O 1s、Sn 3d 和 Sr 3d 轨道的高分辨率 XPS 光谱。键能为 538.98 eV 处的 O 1s 峰 [图 6-4 （b）] 是由 SrSn(OH)$_6$ 纳米棒表面

(a) TEM图像   (b) HRTEM图像

图 6-3   六羟基锡酸锶纳米棒的透射电子显微镜图像

的金属-氧（Sn-O）引起的；键能为 494.78 eV 处的 Sn 3d XPS 特征峰［图 6-4（c）］和键能 141.13 eV 处的 Sr 3d XPS 特征峰［图 6-4（d）］分别对应 Sn^{4+} 和 Sr^{2+}。XPS 结果证实了合成的 $SrSn(OH)_6$ 纳米棒的成分。

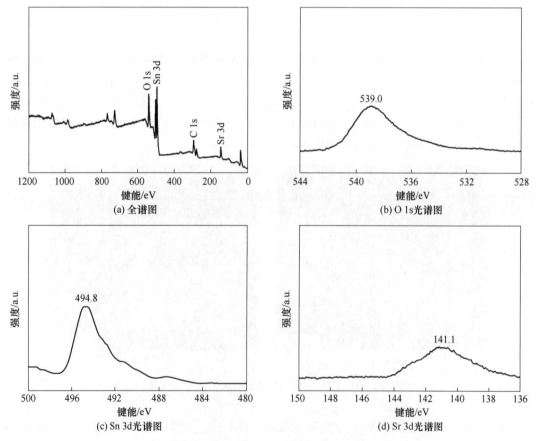

(a) 全谱图   (b) O 1s光谱图

(c) Sn 3d光谱图   (d) Sr 3d光谱图

图 6-4 $SrSn(OH)_6$ 纳米棒的 XPS 光谱

$SrSn(OH)_6$ 纳米棒的形成可以分为成核和晶体生长两个过程，如图 6-5 所示。在水热反应的初始阶段，锡酸钠和水反应生成了氢氧化钠和二氧化锡。反应形成的二氧化锡、氢氧化钠、氯化锶和水反应生成了六方 SrSn(OH)$_6$。随着反应的进行，SrSn(OH)$_6$ 在水热溶液中达到过饱和状态，与未反应的二氧化锡从水热溶液中析出，形成了由六方 SrSn(OH)$_6$ 和四方 SnO$_2$ 晶相构成的纳米晶核。随着反应时间和水热温度的增加，氯化锶、氢氧化钠、二氧化锡和水完全反应，从水热溶液中析出的晶核通过奥斯特瓦尔德熟化过程形成了具有六方 SrSn(OH)$_6$ 晶相的六羟基锡酸锶米棒。

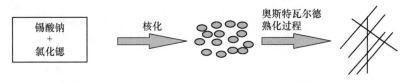

图 6-5　SrSn(OH)$_6$ 纳米棒在水热条件下的生长过程示意图

通过固体 UV-Vis 漫反射光谱分析了 SrSn(OH)$_6$ 纳米棒的光学吸收能力及带隙。SrSn(OH)$_6$ 纳米棒的光吸收边波长为 333.3 nm，带隙为 3.72 eV。采用沉淀法合成的 SrSn(OH)$_6$ 纳米棒的带隙和吸收边波长分别为 3.86 eV 和 321.2 nm。所得 SrSn(OH)$_6$ 纳米棒的带隙明显窄于沉淀法所得 SrSn(OH)$_6$ 纳米棒的带隙，更窄的带隙说明 SrSn(OH)$_6$ 纳米棒对紫外光具有更强的吸收能力，可望拥有更高效率的光催化性能。

以龙胆紫（GV）作为污染物模型，研究 SrSn(OH)$_6$ 纳米棒在室温、空气气氛、紫外光照射下降解龙胆紫（GV）的光催化性能。首先分析在紫外光照射下，光照时间对 GV 降解率的影响。实验使用 10 mL 浓度为 10 mg/L 的 GV 溶液，10 mg SrSn(OH)$_6$ 纳米棒。SrSn(OH)$_6$ 纳米棒光催化降解后，GV 溶液的 UV-Vis 吸收光谱如图 6-6（a）所示，光照时间对于光催化剂降解有机污染物具有重要作用，从图中可以看出，当延长紫外光的照射时间后，在 583.2 nm 波长处，GV 溶液的吸收峰强度显著降低。随着光照时间分别增加到 1 h、2 h、3 h、4 h 和 5 h 后，GV 降解率分别增加到 25.7%、47.4%、62.9%、77.7% 和 90.3%［图 6-6（b）］，经过光照 6 h 后，GV 能够被 SrSn(OH)$_6$ 纳米棒完全降解。通过两组对照实验分析 SrSn(OH)$_6$ 纳米棒的吸附作用和 GV 溶液自身褪色的作用。第一组实验将 10 mL 的 10 mg/L GV 溶液和 10 mg SrSn(OH)$_6$ 纳米棒混合溶液放置于黑暗环境中；第二组实验采用紫外光照射 10 mL 的 10 mg/L GV 溶液；在 6 h 后，两组对照实验的 GV 溶液几乎不褪色。以上光催化对照测试结果表明，GV 只能在 SrSn(OH)$_6$ 纳米棒和紫外光的共同作用下才能降解。通过一级动力学曲线［图 6-6（b）右上角插入图］分析了 GV 的反应速率常数 k，k 值根据方程式 $-\ln(C/C_0) = kt$ 计算得出。一级反应速率方程式为 $-\ln(C/C_0) = 0.2972t$，反应速率常数为 0.005 min^{-1}，相关系数为 0.99。以上光催化分析结果表明，SrSn(OH)$_6$ 纳米棒具有良好的降解 GV 的光催化活性。

为了分析 SrSn(OH)$_6$ 纳米棒用量对降解 GV 的光催化性能的影响，保持其他参数不变，控制 SrSn(OH)$_6$ 纳米棒的用量为 2.5~20 mg/10 mL GV 溶液。光催化降解后，GV 溶液的 UV-Vis 吸收峰的强度随着 SrSn(OH)$_6$ 纳米棒用量的增加明显降低，GV 的降解率从 38.3% 增加到 90.3%。随着 SrSn(OH)$_6$ 纳米棒用量的增加，可吸附 GV 分子的纳米棒表面积增加，提供了更多的可降解 GV 分子的活性位点，从而提高了 SrSn(OH)$_6$ 纳米棒光催化处理 GV 的降解率。

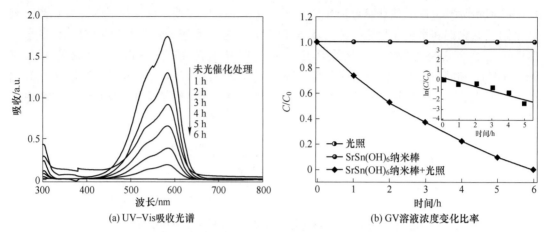

(a) UV-Vis吸收光谱　　　　　(b) GV溶液浓度变化比率

图 6-6　SrSn(OH)$_6$ 纳米棒光催化处理不同时间后 GV 溶液的 UV-Vis 吸收光谱
和 GV 溶液浓度变化比率

羟基自由基（·OH）、空穴（h$^+$）和超氧自由基（·O$_2^-$）是降解有机污染物的重要
活性物质，以抗坏血酸、EDTA 和甲醇分别作为 ·O$_2^-$、h$^+$ 和 ·OH 的清除剂，研究了
SrSn(OH)$_6$ 纳米棒光催化降解 GV 过程中的活性物质种类及其光催化机制。图 6-7 所示为
在不同种类的清除剂作用下，光照 6 h 后，SrSn(OH)$_6$ 纳米棒光催化降解 GV 的降解率。
在加入不同种类的清除剂后，GV 的降解率分别降低到 62.5%（抗坏血酸）、33.4%
（EDTA）和 14.2%（甲醇），表明，·O$_2^-$、h$^+$ 和 ·OH 自由基是 SrSn(OH)$_6$ 纳米棒光催化
降解 GV 的主要活性物质，尤其是当清除剂为甲醇时，GV 降解率最低，说明与 ·O$_2^-$ 和 h$^+$
相比，·OH 自由基在 SrSn(OH)$_6$ 纳米棒光催化降解 GV 过程中起到了最重要的作用。

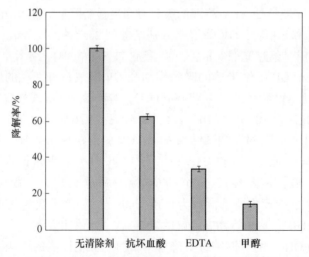

图 6-7　采用 SrSn(OH)$_6$ 纳米棒进行自由基清除实验后的 GV 降解率

基于上述不同种类的清除剂对 GV 降解的作用分析结果，提出了 SrSn(OH)$_6$ 纳米棒
光催化降解 GV 的反应过程，如图 6-8 所示。当 SrSn(OH)$_6$ 纳米棒吸收的光强度大于其带
隙时，激发纳米棒中的电子从 VB 跃迁到 CB，从而产生了高活性的电子-空穴对（e$^-$/

h$^+$)，其光催化过程如式（6-1）所示。

SrSn(OH)$_6$（纳米棒）+ $h\nu$ $\longrightarrow$

SrSn(OH)$_6$（纳米棒）+ h$^+$ + e$^-$ （6-1）

电子与 SrSn(OH)$_6$ 纳米棒表面的氧发生反应形成了·O$_2^-$ 自由基，h$^+$ 与水发生反应形成·OH 自由基，具有强氧化性的·O$_2^-$ 和·OH 自由基将吸附于纳米棒表面的 GV 分子氧化为二氧化碳和水，其光催化过程如下：

$$O_2 + e^- \longrightarrow \cdot O_2^- \qquad (6-2)$$

$$H_2O + h^+ \longrightarrow \cdot OH + H^+ \qquad (6-3)$$

$$GV + \cdot OH / \cdot O_2^- \longrightarrow CO_2 + H_2O \qquad (6-4)$$

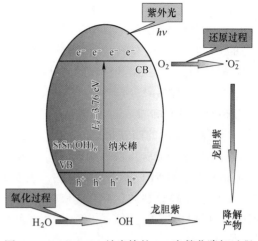

图 6-8　SrSn(OH)$_6$ 纳米棒的 GV 光催化降解过程

6.2　六羟基锡酸锶纳米棒的稀有金属掺杂及光催化性能

通过简单的水热法合成具有六方 SrSn(OH)$_6$ 晶相的六羟基锡酸锶纳米棒，此种 SrSn(OH)$_6$ 纳米棒对于 GV 具有良好的紫外光光催化性能。然而，由于 SrSn(OH)$_6$ 纳米棒具有较宽的带隙（3.76 eV），限制了其在去除有机污染物方面的实际应用，因此增强 SrSn(OH)$_6$ 纳米棒的光催化性能，在将来的实际应用方面具有重要的研究意义。

掺杂改性是提高光催化剂光催化性能的有效方法，尤其是近年来，对光催化剂进行 La、Nd 等稀有金属掺杂引起了人们的广泛研究兴趣。具有 4f 电子组态的 La、Nd 掺杂可以显著提高半导体光催化剂的光催化性能。La、Nd 离子中的 4f 电子轨道可以在半导体的价带与导带之间形成新的能级，从而降低半导体带隙。例如 La 掺杂提高了花状 BiOBr 纳米片的光催化性能，扩大了对于可见光的吸收范围，降低了光生电子和空穴的复合比率。在紫外光照射下，La 掺杂氧化锌纳米材料比未掺杂的氧化锌对于刚果红（CR）具有更高的光催化降解活性。Nd 掺杂可以通过延长光生载流子的寿命，有效地抑制电子-空穴对的复合。质量分数为 0.5% Nd 掺杂的二氧化钛的带隙窄、比表面积大、电子-空穴对分离比率高，对甲基橙的光催化活性高于商业光催化剂二氧化钛。由于 Nd^{3+} 的激发，Nd 掺杂的 BiVO$_4$ 具有强烈的紫外光吸收能力及上转换发光能力，从而提高了 BiVO$_4$ 的光催化活性。Nd 掺杂也能显著提高 CdTe 对活性红 43 的光催化活性，摩尔分数为 8% 的 Nd 掺杂 CdTe 具有良好的活性红 43 光催化活性。通过对六羟基锡酸锶纳米棒进行 La、Nd 等稀有金属掺杂可望增强其光催化性能。

采用水热法能够制备出 La 掺杂及 Nd 掺杂的 SrSn(OH)$_6$ 纳米棒，合成过程如下：将锡酸钠、氯化锶及乙酸镧与 60 mL 蒸馏水相混合，搅拌 30 min 混合均匀，其中锡酸钠与氯化锶的摩尔比为 1∶1，La 在 SrSn(OH)$_6$ 中的质量分数分别为 2%、5% 和 8%。将混合溶液转移到含有聚四氟乙烯内衬的 100 mL 反应釜内，加热至 180 ℃ 保温 24 h，并自然冷却。从反应釜中收集到白色絮状沉淀物，采用蒸馏水对白色沉淀物清洗多次，每次清洗后均离心处理，然后在空气气氛中，将样品在干燥箱内于 60 ℃ 干燥 24 h，从而获得了 La 掺杂 SrSn(OH)$_6$。将不同 La 质量分数的 La 掺杂 SrSn(OH)$_6$ 分别标记为 2% La-SrSn(OH)$_6$、5% La-SrSn(OH)$_6$ 和 8% La-SrSn(OH)$_6$。以硝酸钕为钕源,采用相似的水热方法合成出白色的 Nd 掺杂 SrSn(OH)$_6$,将不同 Nd 质量分数的 Nd 掺杂 SrSn(OH)$_6$ 分别标记为 2% Nd-SrSn(OH)$_6$、5% Nd-SrSn(OH)$_6$ 和 8% Nd-SrSn(OH)$_6$。

X 射线衍射结果(图6-9)表明,未掺杂的 SrSn(OH)$_6$ 纳米棒由六方 SrSn(OH)$_6$ (JCPDS 卡,PDF 09-0086)构成。对于 2% La-SrSn(OH)$_6$,除了六方 SrSn(OH)$_6$ 晶相外,产物中还存在少量的四方 SnO$_2$ 晶相(JCPDS 卡,PDF 41-1445)。另外,六方 SrSn(OH)$_6$ 晶相的 XRD 衍射峰强度明显降低。与未掺杂 SrSn(OH)$_6$ 纳米棒的 XRD 图谱相比较,2% La-SrSn(OH)$_6$ 的 XRD 图谱是相似的,表明 La 掺杂没有改变 SrSn(OH)$_6$ 的晶体结构。Sn 和 Sr 的原子半径分别为 0.14 nm 和 0.215 nm,La 的原子半径为 0.187 nm,与 Sr 的原子半径接近,所以考虑 La 进入了 SrSn(OH)$_6$ 晶格,取代了 SrSn(OH)$_6$ 中的 Sr。当 La 掺杂质量分数分别为 5% 和 8% 时,La-SrSn(OH)$_6$ 中形成了立方 LaSn$_2$O$_7$ 晶相(JCPDS 卡,PDF 13-0082)。随着 La 质量分数的增加,立方 LaSn$_2$O$_7$ 晶相的衍射峰强度明显增加。此结果表明,5% La-SrSn(OH)$_6$ 和 8% La-SrSn(OH)$_6$ 中的 La 以立方 LaSn$_2$O$_7$ 晶相的形式存在。

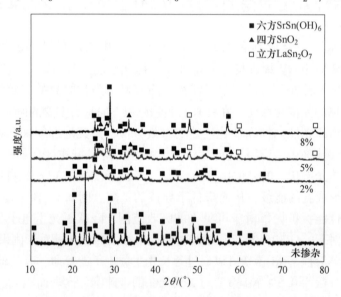

图 6-9 不同 La 含量的 La-SrSn(OH)$_6$ 的 XRD 图谱

与 La 掺杂 SrSn(OH)$_6$ 相比较,Nd 掺杂对产物结构的变化作用是相似的。如图6-10所示,2% Nd-SrSn(OH)$_6$ 样品中存在六方 SrSn(OH)$_6$ 和少量的四方 SnO$_2$ 晶相,这与未掺杂 SrSn(OH)$_6$ 纳米棒的晶相是相似的,表明在 2% Nd-SrSn(OH)$_6$ 样品中,Nd 元素掺入了六方 SrSn(OH)$_6$ 晶格中。Nd 的原子半径为 0.181 nm,与 Sr 的原子半径接近,所以考虑 Nd 取代了 SrSn(OH)$_6$ 中的 Sr。在 5% Nd-SrSn(OH)$_6$ 和 8% Nd-SrSn(OH)$_6$ 样品中,Nd 以立方 NdSn$_2$O$_7$ 晶相(JCPDS 卡,PDF 13-0185)的形式存在。随着 Nd 掺杂质量分数从 5% 增加到 8%,立方 NdSn$_2$O$_7$ 晶相的衍射峰强度明显增加。以上研究结果表明,稀有金属掺杂 SrSn(OH)$_6$ 的结构变化与其他课题组报道掺杂纳米材料的结构变化是相似的。

通过扫描电子显微镜研究了掺杂前后 SrSn(OH)$_6$ 样品的形貌变化。与 SrSn(OH)$_6$ 纳

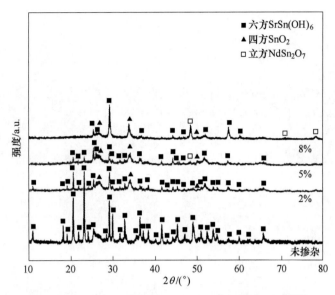

图 6-10 不同 Nd 含量的 Nd-SrSn(OH)$_6$ 的 XRD 图谱

米棒相比，2% La-SrSn(OH)$_6$ 样品中除了纳米棒状形貌外，还形成了少量的纳米颗粒 [图 6-11（a）]。随着 La 的掺杂质量分数增加到 5%，纳米棒的数量显著减小，5% La-SrSn(OH)$_6$ 主要由尺寸低于 100 nm 的纳米颗粒构成 [图 6-11（b）]，同时产物中也形成了一些类似纳米片的结构。当 La 掺杂质量分数增加到 8% 时，样品主要为厚度低于 100 nm 的纳米片 [图 6-11（c）]。与 La 掺杂对 SrSn(OH)$_6$ 形貌变化的作用类似，在 2% Nd-SrSn(OH)$_6$ 样品中也形成了一些尺寸低于 100 nm 的纳米颗粒 [图 6-11（d）]。随着 Nd 掺杂质量分数增加到 5% 和 8%，Nd-SrSn(OH)$_6$ 完全由尺寸低于 100 nm 的纳米颗粒组成 [图 6-11（e）和（f）]。以上结果表明，稀有金属掺杂对 SrSn(OH)$_6$ 的形貌变化与稀有金属的掺杂量密切相关，这与锆掺杂硫化锌纳米粉末、Gd 和 Sn 共掺杂 BiFeO$_3$ 与氮掺杂石墨烯和钒掺杂铋酸镧纳米棒对产物形貌的影响结果是相似的。掺杂的稀有金属引起了产物的结构变化，从而导致稀有金属掺杂 SrSn(OH)$_6$ 的形貌发生了变化。La、Nd 分别置换 SrSn(OH)$_6$ 中的 Sr 形成 La、Nd 掺杂 SrSn(OH)$_6$，或者形成 LaSn$_2$O$_7$、立方 LaSn$_2$O$_7$ 引起了 SrSn(OH)$_6$ 的结构变化，形貌由纳米棒转变为了纳米片纳米颗粒。

与未掺杂的 SrSn(OH)$_6$ 纳米棒相比，稀有金属掺杂 SrSn(OH)$_6$ 的吸收边出现了明显的红移现象，表明 La、Nd 掺杂能够有效地提高 SrSn(OH)$_6$ 对紫外光的吸收能力。La、Nd 掺杂后 SrSn(OH)$_6$ 的带隙小于未掺杂 SrSn(OH)$_6$ 纳米棒的带隙（3.76 eV）。与其他样品相比，2% La-SrSn(OH)$_6$ 和 2% Nd-SrSn(OH)$_6$ 的吸收边具有最大的红移，且带隙最小，这可能是由 La、Nd 的 s 型或 p 型电子与 d 电子之间的 sp-d 交换耦合作用引起的。然而，随着掺杂的稀有金属含量（质量分数）增加到 5% 和 8%，由于掺杂 SrSn(OH)$_6$ 中形成了立方 LaSn$_2$O$_7$ 相和立方 LaSn$_2$O$_7$ 相，因此带隙分别增加到了 3.38 eV（5% La 掺杂）、3.44 eV（8% La 掺杂）和 3.46 eV（5% Nd 掺杂）、3.57 eV（8% Nd 掺杂）。2% La-SrSn(OH)$_6$、2% Nd-SrSn(OH)$_6$ 的带隙较窄，分别为 3.26 eV 和 3.25 eV，增强了 SrSn(OH)$_6$ 的载流子转移效率。由于 2% La-SrSn(OH)$_6$ 和 2% Nd-SrSn(OH)$_6$ 具有较低的带隙和强烈的光吸收

(a) 2% La-SrSn(OH)$_6$

(b) 5% La-SrSn(OH)$_6$

(c) 8% La-SrSn(OH)$_6$

(d) 2% Nd-SrSn(OH)$_6$

(e) 5% Nd-SrSn(OH)$_6$

(f) 8% Nd-SrSn(OH)$_6$

图 6-11　La-SrSn(OH)$_6$ 和 Nd-SrSn(OH)$_6$ 的 SEM 图像

能力，可望对有机污物具有良好的光催化降解性能。

　　图 6-12 和图 6-13 所示为 2% La-SrSn(OH)$_6$ 和 2% Nd-SrSn(OH)$_6$ 的 TEM 和 HRTEM 图像，进一步分析了稀有金属掺杂 SrSn(OH)$_6$ 的微形貌与微结构。如图 6-12 和图 6-13 所示，2%La-SrSn(OH)$_6$ 和 2%Nd-SrSn(OH)$_6$ 的形貌是相似的，由直径约 50 nm 的纳米棒和尺寸低于 100 nm 的纳米颗粒构成。与 SrSn(OH)$_6$ 纳米棒的单晶结构不同的是，2% La-SrSn(OH)$_6$ 和 2% Nd-SrSn(OH)$_6$ 均具有规则和清晰的、方向不同的多晶格结构，晶格间距分别为 0.50 nm 和 0.33 nm，分别对应于六方 SrSn(OH)$_6$ 晶相的（112）面和四方 SnO$_2$ 晶相的（110）面。

　　在紫外光照射下，通过在水溶液中光催化降解 GV，研究了 La-SrSn(OH)$_6$、Nd-SrSn(OH)$_6$ 的光催化性能。以未掺杂的 SrSn(OH)$_6$ 纳米棒作为参考样品，未掺杂和掺杂 SrSn(OH)$_6$ 的用量为 10 mg、GV 溶液浓度为 10 mg/L、体积为 10 mL。图 6-14（a）和

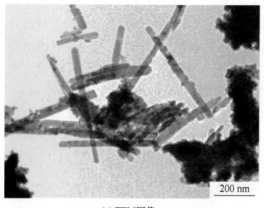 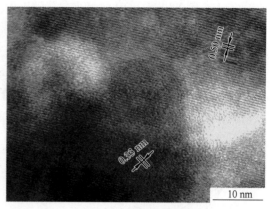

(a) TEM图像 (b) HRTEM图像

图 6-12 2% La-SrSn(OH)₆ 的透射电子显微镜图像

(a) TEM图像 (b) HRTEM图像

图 6-13 2% Nd-SrSn(OH)₆ 的透射电子显微镜图像

（b）分别为 La-SrSn(OH)₆ 和 Nd-SrSn(OH)₆ 光催化处理 GV 后，GV 溶液浓度变化比率与光照时间的关系曲线。从图中可以看出，随着光照时间的增加，GV 降解率显著增加。在光照 180 min 后，未掺杂的 SrSn(OH)₆ 纳米棒对于 GV 的降解率达到了 62.9%。当 La 的掺杂质量分数分别为 2%、5% 和 8% 时，在光照 120 min、150 min 和 180 min 后，La 掺杂的 SrSn(OH)₆ 可以完全降解 GV。当 Nd 的掺杂质量分数分别为 2%、5% 和 8% 时，在光照 120 min、180 min 和 210 min 后，Nd 掺杂的 SrSn(OH)₆ 可以完全降解 GV。在光照360 min 后，SrSn(OH)₆ 纳米棒才能够完全降解 GV。很明显，通过 La、Nd 稀有金属掺杂，显著增强了 SrSn(OH)₆ 纳米棒的光催化性能，这可能与掺杂后样品的带隙降低有关。2% La-SrSn(OH)₆ 和 2% Nd-SrSn(OH)₆ 在相应的掺杂 SrSn(OH)₆ 中的带隙最窄，分别为 3.26 eV（La 掺杂）和 3.25 eV（Nd 掺杂）。带隙的降低使得稀有金属掺杂 SrSn(OH)₆ 能够增强光吸收能力，能够有效提高 SrSn(OH)₆ 纳米棒的光催化性能。

根据 Langmuir-Hinshelwood 方程中的一级线性动力学方程式分析了稀有金属掺杂 SrSn(OH)₆ 光催化降解 GV 的一级反应速率常数 k［图 6-14（c）和（d）］，研究了 La-

SrSn(OH)$_6$ 和 Nd-SrSn(OH)$_6$ 光催化降解 GV 的光催化效率。采用方程式 $\ln(C/C_0) = -kt$ 计算了光催化降解 GV 的 k 值，其中 C 为光照时间 t 后的 GV 溶液浓度，C_0 是未光照前的 GV 溶液浓度，k 是一级反应速率常数（单位为 min^{-1}）。随着稀有金属掺杂含量（质量分数）从 2% 增加到 8%，k 值显著降低。2% La-SrSn(OH)$_6$ 和 2% Nd-SrSn(OH)$_6$ 样品在相应的掺杂 SrSn(OH)$_6$ 中具有最高的 k 值，分别为 0.015 min^{-1}（La 掺杂）和 0.017 min^{-1}（Nd 掺杂），是 SrSn(OH)$_6$ 纳米棒光催化降解 GV（0.005 min^{-1}）的 3 倍。以上研究结果表明，2% La-SrSn(OH)$_6$ 和 2% Nd-SrSn(OH)$_6$ 在相应的掺杂 SrSn(OH)$_6$ 中对于 GV 具有最优的光催化性能。

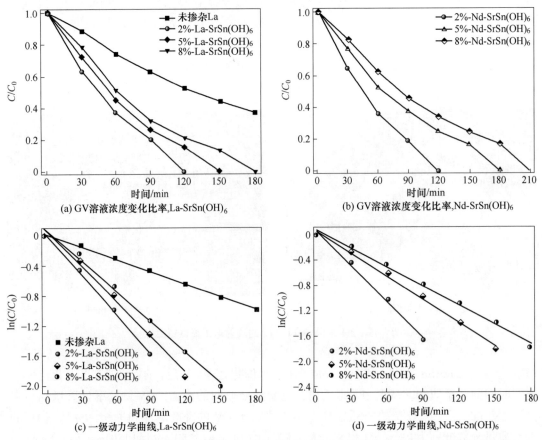

图 6-14　掺杂 SrSn(OH)$_6$ 光催化降解 GV 不同时间前后的 GV 浓度变化比率和一级动力学曲线

　　通过 PL 光谱能够分析稀有金属掺杂 SrSn(OH)$_6$ 的表面氧缺陷和电子-空穴对的分离能力。图 6-15 所示为未掺杂的 SrSn(OH)$_6$ 纳米棒、2% La-SrSn(OH)$_6$ 和 2% Nd-SrSn(OH)$_6$ 的光致发光（PL）光谱。SrSn(OH)$_6$ 纳米棒的 PL 发射峰位于 468.8 nm 波长处，发射波段范围为 420~600 nm，而 2% La-SrSn(OH)$_6$ 和 2% Nd-SrSn(OH)$_6$ 的 PL 发射峰位于 504.7 nm 波长处，发射波段范围为 480~530 nm。与 SrSn(OH)$_6$ 纳米棒相比较，稀有金属掺杂 SrSn(OH)$_6$ 的 PL 峰发生了红移、强度降低及发射波段范围变小。PL 发射峰强度越低，说明光生电子-空穴对的复合效率越低，电荷分离效率越高。2% La-SrSn(OH)$_6$ 和 2% Nd-SrSn(OH)$_6$ 的 PL 发射峰显著低于 SrSn(OH)$_6$ 纳米棒的 PL 发射峰强度，说明稀有金属掺杂 SrSn(OH)$_6$ 比 SrSn(OH)$_6$ 纳米棒具有更低的电子-空穴对的复合效率,更高的电荷分离效率。因此,3 种六羟基锡酸锶样品的电荷分离效率排序分别为:2% Nd-SrSn(OH)$_6$ > 2% La-SrSn(OH)$_6$ > SrSn(OH)$_6$ 纳米棒。PL 光谱分析表明,稀有金属 La、Nd 掺杂抑制了电子-空穴对的复合,提高了电荷分离效率,从而增强了稀有金属掺杂 SrSn(OH)$_6$ 降解 GV 的光催化性能。

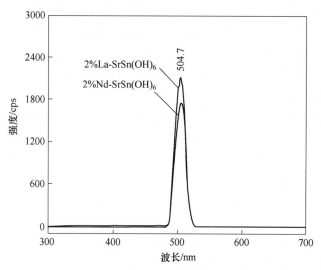

图 6-15　未掺杂的 SrSn(OH)$_6$ 纳米棒、2% La-SrSn(OH)$_6$
和 2% Nd-SrSn(OH)$_6$ 的 PL 光谱

　　稀有金属掺杂 SrSn(OH)$_6$ 降解 GV 的光催化反应过程可以分为以下步骤。首先,当稀有金属掺杂 SrSn(OH)$_6$ 吸收的光能量超过带隙能量时,GV 溶液中稀有金属掺杂 SrSn(OH)$_6$ 中的 e$^-$ 从 VB 跃迁到 CB,并在 VB 中产生了 h$^+$。由于掺杂形成了新的能级,成为 e$^-$/h$^+$ 对迁移到 SrSn(OH)$_6$ 表面的有效通道,提高了 e$^-$/h$^+$ 对的寿命。然后,e$^-$ 与稀有金属掺杂 SrSn(OH)$_6$ 表面的 O$_2$ 反应,生成了 ·O$_2^-$ 自由基。h$^+$ 与掺杂 SrSn(OH)$_6$ 表面吸附的水分子反应生成了 ·OH 自由基。最后,生成的高反应活性 ·OH 和 ·O$_2^-$ 自由基将吸附在稀有金属掺杂 SrSn(OH)$_6$ 上的 GV 分子分解为水和二氧化碳等无害产物。PL 光谱的研究表明,La、Nd 掺杂有效抑制了稀有金属掺杂 SrSn(OH)$_6$ 的 e$^-$/h$^+$ 对的复合,提高了电荷分离效率,进一步增强了稀有金属掺杂 SrSn(OH)$_6$ 降解 GV 的光催化性能。

6.3　六羟基锡酸锶纳米棒的钕修饰及光催化性能

　　除了掺杂改性以外,采用稀有金属表面改性方法也能有效提高半导体光催化剂的光催化性能,稀有金属可以促进光生载流子的产生和分离过程。半导体表面的金属纳米粒子吸收光后并激发高能电子,被激发的电子通过半导体与金属之间的界面进入半导体的 CB,提高了半导体光催化剂降解有机污染物的光催化性能。到目前为止,Au、Pt 和 Pd 等金属已被用于半导体光催化剂的表面改性,提高了降解有机污染物的光催化性能。例如,通过光沉积过程将 Au 纳米团簇负载到二氧化钛纳米片的表面,提高可见光下水裂解反应制氢气的光催化效率。将 Au 或 Pt 纳米颗粒光沉积在 TiO_2/WO_3 的表面，形成 $TiO_2/WO_3/Au$ 或 Pt 纳米结构，所得 Au、Pt 修饰 TiO_2/WO_3 在降解乙二酸和光催化制氢气方面具有良好的光催化活性。在紫外光照射下，Pd 修饰的二氧化钛纳米晶对乙醇具有高光催化活性。因此对 $SrSn(OH)_6$ 纳米棒进行稀有金属表面修饰改性，以提高其光催化性能引起了人们的研究兴趣。Nd 属于一种重要的稀有金属，通过 Nd 表面修饰能够扩大光的吸收波段范围，减少光生电子和空穴的复合，提高光催化剂降解有机污染物的光催化性能。因此，通过对 $SrSn(OH)_6$ 纳米棒进行 Nd 表面修饰，可望增强其光催化性能。

光化学沉积法具有仪器简单、制备过程简单及成本低的特点，是对半导体光催化剂进行金属表面修饰的有效方法。通过光化学沉积法在 $SrSn(OH)_6$ 纳米棒表面能够修饰不同含量的 Nd 纳米颗粒，系统研究钕修饰 $SrSn(OH)_6$ 纳米棒降解 GV 的光催化活性。钕修饰 $SrSn(OH)_6$ 纳米棒的制备过程如下：首先将 60 mg 的 $SrSn(OH)_6$ 纳米棒和一定量的硝酸钕混合在 15 mL 蒸馏水内，并搅拌 15 min，然后将体积为 5 mL 的甲醇加入上述混合溶液中。将含有 $SrSn(OH)_6$ 纳米棒、硝酸钕及甲醇的混合溶液在功率为 200 W 的汞灯照射下连续搅拌 30 min，将收集到的产物采用蒸馏水清洗数次，在真空干燥箱内于 60 ℃ 干燥 12 h，得到了白色的 Nd 修饰 $SrSn(OH)_6$ 纳米棒。将 Nd 含量（物质的量）分别为 0.02 mmol、0.05 mmol 和 0.08 mmol 的 Nd 修饰 $SrSn(OH)_6$ 纳米棒分别标记为 0.02-NdSrSnOHNRs、0.05-NdSrSnOHNRs 和 0.08-NdSrSnOHNRs。Nd 修饰 $SrSn(OH)_6$ 纳米棒的光沉积制备过程示意图如图 6-16 所示。

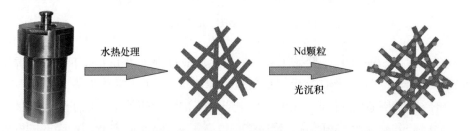

图 6-16　Nd 修饰 $SrSn(OH)_6$ 纳米棒的光沉积制备过程示意图

0.08-NdSrSnOHNRs 由六方 $SrSn(OH)_6$（JCPDS 卡，PDF 09-0086）和六方 Nd（JCPDS 卡，PDF 65-3424）晶相构成 [图 6-17（a）]。通过光化学沉积过程，将硝酸钕光还原为 Nd，修饰到 $SrSn(OH)_6$ 纳米棒上。通过透射电子显微镜观察 0.08-NdSrSnOHNRs 的微观形貌，如图 6-17（b）所示。从图中可以看出，Nd 修饰 $SrSn(OH)_6$ 纳米棒的长度和直径分别为数微米和 50~150 nm，一些纳米颗粒附着于 $SrSn(OH)_6$ 纳米棒的表面。与 $SrSn(OH)_6$ 纳米棒具有单晶结构不同的是，所得 Nd 修饰 $SrSn(OH)_6$ 纳米棒具有不同方向的清晰多晶晶格 [图 6-17（c）]，晶格间距分别为 0.82 nm 和 0.59 nm，分别对应于六方 $SrSn(OH)_6$ 的（110）晶面和六方 Nd 的（002）晶面的晶面间距。XRD 和透射电子显微镜观察表明，Nd 纳米颗粒负载于 $SrSn(OH)_6$ 纳米棒表面，具有多晶结构。

与 $SrSn(OH)_6$ 纳米棒相比，Nd 修饰 $SrSn(OH)_6$ 纳米棒的吸收边出现了明显的红移现象，说明通过 Nd 表面修饰改性可以显著提高 $SrSn(OH)_6$ 纳米棒的紫外光吸收能力。0.05-NdSrSnOHNRs 和 0.08-NdSrSnOHNRs 的带隙分别为 3.37 eV 和 3.33 eV，Nd 修饰 $SrSn(OH)_6$ 纳米棒的带隙明显低于未修饰的纳米棒的带隙。Nd 修饰 $SrSn(OH)_6$ 纳米棒的吸收边发生红移和带隙的降低是由于 s 型或 p 型带电子与 Nd 的 d 型电子之间的 sp-d 耦合交换相互作用、氧空位造成的。0.08-NdSrSnOHNRs 的带隙最窄，说明对于紫外光的吸收能力更强，能够提高 $SrSn(OH)_6$ 纳米棒的光生载流子转移效率和光催化去除有机污染物的光催化性能。

在紫外光照射下，研究了 Nd 修饰 $SrSn(OH)_6$ 纳米棒降解 GV 的光催化活性，未修饰的 $SrSn(OH)_6$ 纳米棒作为光催化测试对比样品，纳米棒用量为 10 mg、GV 溶液体积为 10 mL、GV 溶液浓度为 10 mg/L。图 6-18 （a）为不同 Nd 含量（质量分数）的 NdNrOHNRs 光催化降解 GV 不同时间后 GV 溶液的浓度变化比率与光照时间的关系曲线。随着光照时间和 Nd 含量的增加，Nd 修饰 $SrSn(OH)_6$ 纳米棒能够有效降解 GV，值得注意的是，Nd 修饰 $SrSn(OH)_6$ 纳米棒比未修饰的 $SrSn(OH)_6$ 纳米棒对于 GV 降解得更快。经紫外光照射240 min 后，$SrSn(OH)_6$ 纳米棒对于 GV 的降解率为 77.7%。当采用 0.02-NdSrSnOHNRs、0.05-NdSrSnOHNRs 和 0.08-NdSrSnOHNRs 降解 GV 时，分别经紫外光照射 240 min、180 min 和 150 min 后，GV 能够完全被降解，而在相同的光催化条件下，光照 360 min 后，$SrSn(OH)_6$ 纳米棒才能完全降解 GV。

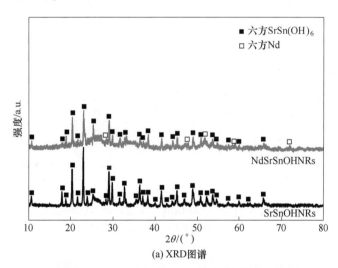

(a) XRD图谱

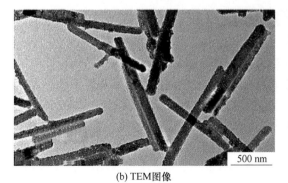

(b) TEM图像

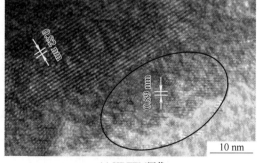

(c) HRTEM图像

图 6-17　0.08-NdSrSnOHNRs 的 XRD 图谱和透射电子显微镜图像

通过一级动力学曲线［图 6-18 （b）］，根据一级反应速率方程式 $\ln(C/C_0) = -kt$，分析 Nd 修饰 SrSn(OH)$_6$ 纳米棒对 GV 降解的光催化反应速率常数 k。随着 Nd(物质的量) 从 0.02 mmol 增加到 0.08 mmol, k 值明显增加。0.08-NdSrSnOHNRs (0.014 min^{-1}) 的 k 值最大, 是 SrSn(OH)$_6$ 纳米棒的 2.8 倍。与 SrSn(OH)$_6$ 纳米棒相比, 0.08-NdSrSnOHNRs 对 GV 的光催化活性最高。以上结果表明, Nd 表面修饰能够显著增强 SrSn(OH)$_6$ 纳米棒 降解 GV 的光催化性能, 这与 Nd 修饰纳米棒的带隙降低有着重要关系。由于 Nd 修饰 SrSn(OH)$_6$ 纳米棒的带隙降低, 增加了纳米棒的光吸收能力, 抑制了电子-空穴对的复合, 因此提高了 Nd 修饰 SrSn(OH)$_6$ 纳米棒的光催化性能。自由基清除剂光催化测试结果表 明, $\cdot O_2^-$、h$^+$ 和 $\cdot$OH 是 GV 降解过程中的反应活性物质, h$^+$ 和 $\cdot O_2^-$ 自由基在 Nd 修饰 SrSn(OH)$_6$ 纳米棒对 GV 的光催化降解反应过程中比 $\cdot$OH 自由基起到了更重要的作用。 Nd 表面修饰能够有效抑制电子-空穴对的复合, 增加 Nd 修饰 SrSn(OH)$_6$ 纳米棒表面进行 光催化反应的载流子数量, 提高了 SrSn(OH)$_6$ 纳米棒降解 GV 的光催化活性。Nd 修饰 SrSn(OH)$_6$ 纳米棒降解 GV 具有良好的恢复性和光催化稳定性。

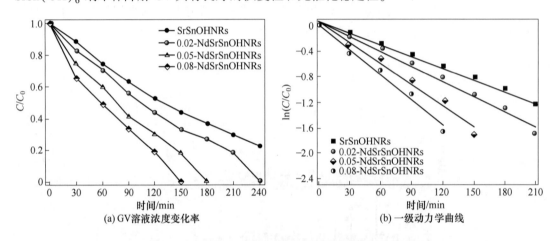

图 6-18　不同 Nd 含量的 NdSrSnOHNRs 光催化降解 GV 不同时间后 GV
溶液的浓度变化率及一级动力学曲线

6.4　六羟基锡酸锌纳米材料

六羟基锡酸锌 [ZnSn(OH)$_6$] 是一种新型的半导体光催化材料, 具有低毒性和环境 友好性, 其大量的表面羟基能够与光生空穴反应形成羟基自由基, 用于催化降解各种难以 降解的有机污染物。

有文献报道了在室温条件合成中空结构的六羟基锡酸锌立方体, 所得 ZnSn(OH)$_6$ 中 空立方体的尺寸均匀, 平均为 440 nm。在紫外光照射下, 通过光催化降解苯酚评价了 ZnSn(OH)$_6$ 中空立方体的光催化活性。经紫外光照射 4 h 后, 苯酚的降解率达到了 50%。 由于 ZnSn(OH)$_6$ 中空立方体具有较大的比表面积 (51.8 m^2/g), 增加了反应位点, 从而 导致 ZnSn(OH)$_6$ 中空立方体具有较强的光催化效率。陈强等通过水热法和沉淀法制备出 3 种不同形貌的六羟基锡酸锌, 以 RhB 作为模拟污染物, 研究形貌对六羟基锡酸锌光催化 活性的影响。与八面体和球状 ZnSn(OH)$_6$ 相比, 立方体 ZnSn(OH)$_6$ 具有更大的比表面积，从而表现出更好的光催化性能。在模拟太阳光照射 108 min 后，RhB 的降解率可以达到 80%。

在 $ZnSn(OH)_6/TiO_2$-漂珠异质结构光催化剂中，由于 $ZnSn(OH)_6$ 和 TiO_2 之间形成了异质结构，从而降低了电子与空穴的复合概率，增强了 $ZnSn(OH)_6/TiO_2$-漂珠的光催化性能。$ZnSn(OH)_6/TiO_2$-漂珠对 RhB 具有良好的光催化降解性能，当 $ZnSn(OH)_6$ 与 TiO_2-漂珠质量比为 1∶100 时，复合光催化剂的降解效率最高，达到了 98.2%。有文献报道，控制溶液的 pH 值，通过液相沉积法制备 $ZnSn(OH)_6$ 纳米管。当溶液 pH 值为 11.1 时，所得 $ZnSn(OH)_6$ 纳米管尺寸分布均匀，可以有效降解 MB。在自然光照射 5 h 后，$ZnSn(OH)_6$ 纳米管对于 MB 的降解效率能够达到 76.3%。

6.5 六羟基锡酸钙纳米材料

六羟基锡酸钙 $[CaSn(OH)_6]$ 是一类钙钛矿型氢氧化物，中心的 Sn^{4+} 具有 d^{10} 电子结构，有利于光生电子-空穴对的分离，在光催化领域具有潜在的应用前景。$CaSn(OH)_6$ 晶体具有 Pn3 空间群的正交晶钙钛矿结构，通过共享顶点八面体构成，此种结构可以促进载流子的迁移，增强 $CaSn(OH)_6$ 的光催化活性。

通过水热法能够合成出 $CaSn(OH)_6/SnO_2$ 异质结构光催化剂，通过 Fe^{3+} 掺杂提高了 $CaSn(OH)_6/SnO_2$ 异质结构的光催化活性。Fe^{3+} 掺杂 $CaSn(OH)_6/SnO_2$ 相比未掺杂的 $CaSn(OH)_6/SnO_2$ 对于 MB 的降解率提高了 14 倍。经过 4 次光催化循环降解后，$CaSn(OH)_6/SnO_2$ 并未失活，245 ℃时的热稳定性实验结果表明，$CaSn(OH)_6/SnO_2$ 未分解，表明此种 $CaSn(OH)_6/SnO_2$ 具有良好的光催化稳定性。

有文献报道了通过声化学方法可以制备出 $CaSn(OH)_6$ 纳米立方体，在紫外光照射下，评估了所得 $CaSn(OH)_6$ 降解苯的光催化活性。与二氧化钛相比，$CaSn(OH)_6$ 纳米立方体对苯的降解率为 20%，连续紫外光照射 25 h 后，苯的降解率保持在 15%，二氧化碳产率超过万分之一。结果表明，$CaSn(OH)_6$ 纳米立方体具有更好的光催化活性和稳定性。在 Sn 掺杂 $CaSn(OH)_6$ 纳米立方体中，掺杂的 Sn 可以改变纳米立方体中的电子转移方向，诱导表面电子重排，提高电荷的分离效率。与未掺杂的 $CaSn(OH)_6$ 相比，Sn 掺杂 $CaSn(OH)_6$ 中的 Sn-O 键会使导带下移，缩小了带隙，扩大了光吸附范围，Sn 掺杂 $CaSn(OH)_6$ 在光照下，能够产生更多的具有高氧化能力的羟基自由基，从而提高了降解甲醛的光催化性能。

6.6 其他六羟基锡酸盐纳米材料

$MgSn(OH)_6$ 属于钙钛矿结构的羟基化合物，表面分布着丰富的羟基自由基。Mg 原子和 O 原子配位构成了 $Sn(OH)_6$ 和 $MgSn(OH)_6$ 的八面体结构。在八面体结构中，氧原子在棱角处起到连接结构框架的桥梁作用。

以乙酸镁、四氯化锡和氢氧化钠作为原料，采用沉淀法能够可控合成不同尺寸、不同形貌的纳米 $MgSn(OH)_6$。氢氧化钠的含量对产物形貌有着重要影响，随着氢氧化钠含量的增加，产物由纳米颗粒转变为纳米立方体。与 $MgSn(OH)_6$ 纳米立方体相比，$MgSn(OH)_6$ 纳米颗粒具有更大的比表面积和更高的紫外光吸收能力，具有优异的降解苯的光催化性能。在 254 nm 波长紫外光的照射下，苯转化率达到 68%，在 50 h 光催化处理后仍保持稳定的转化率，催化剂稳定且未失活。

通过改变水热过程中的反应时间能够制备出 $MgSn(OH)_6$，所得 $MgSn(OH)_6$ 由纳米颗粒和立方体构成，纳米颗粒的分散性良好，附着于立方体的表面，立方体的长度为 1~10 μm。以甲基橙作为模型污染物，评价不同保温时间制备出的 $MgSn(OH)_6$ 的光催化性能。结果表明，保温时间为 15 h 所得 $MgSn(OH)_6$ 的光催化活性最好，90 min 内可以完全降解甲基橙，与商用光催化剂 TiO_2 的光催化活性相同。

有文献通过原位水热法制备出 $MgSn(OH)_6/SnO_2$ 异质结构光催化剂，并评估了在紫外光照射下降解四环素的光催化性能。与 $MgSn(OH)_6$ 和 SnO_2 相比，异质结构的 $MgSn(OH)_6/SnO_2$ 表现出优异的光催化活性。当 $MgCl_2 \cdot 6H_2O : SnCl_4 \cdot 5H_2O = 4 : 5.2$ 时，$MgSn(OH)_6/SnO_2$ 异质结构对于四环素具有最高的光催化性能。当紫外光照射 60 min 后，$MgSn(OH)_6/SnO_2$ 异质结构对于四环素的降解率可以达到 91%，是 $MgSn(OH)_6$ 的 5 倍、SnO_2 的 3.3 倍。经过 4 次光催化循环后，$MgSn(OH)_6/SnO_2$ 异质结构对于四环素仍能保持较高的光催化性能。异质结构界面上的电场可以提高载流子的运动速率，促进光生电子-空穴对分离，从而使得 $MgSn(OH)_6/SnO_2$ 异质结构在降解四环素方面具有优异的光催化性能。

采用沉淀法能够合成出 $CoSr(OH)_6$ 纳米管，此方法首先将 10 mL 乙醇溶液和 2 mmol $SnCl_4 \cdot 5H_2O$ 加入 70 mL 氯化钴（2 mmol）和柠檬酸钠（2 mmol）混合溶液中，磁力搅拌 15 min，然后加入 10 mL 氢氧化钠溶液，反应 1 h 后，离心收集粉红色沉淀，使用去离子水和乙醇多次洗涤，最后在 60 ℃ 温度下真空烘干，得到了 $CoSr(OH)_6$ 纳米管。所得 $CoSn(OH)_6$ 纳米管在可见光照射下具有良好的二氧化碳还原活性，在最佳反应条件下，CO 的生成速率为 18.7 μmol/L。

以 $Mn(NO_3)_2 \cdot 4H_2O$ 和 $SnCl_2 \cdot 2H_2O$ 作为原料，通过水热方法制备出 $MnSn(OH)_6$ 纳米管，电化学阻抗结果表明，$MnSn(OH)_6$ 纳米管电极具有较高的电导率、较高的活性、较低的过电位和高比电容。Dong 等以 Na_2SnO_3、$CuSO_4 \cdot 5H_2O$ 和氨溶液作为原料制备出 $CuSn(OH)_6$，制备方法为：将 $CuSO_4 \cdot 5H_2O$ 溶于蒸馏水内，在磁力搅拌器搅拌条件下，向硫酸铜溶液中加入 1 mL 氨溶液及 16 mL 0.05 M Na_2SnO_3 溶液，并持续搅拌 60 min，所得产物采用蒸馏水清洗数次，然后在 80 ℃ 下干燥。在太阳光光照 100 min 后，$CuSn(OH)_6$ 对 MB 的降解率为 73.04%。自由基捕获实验结果表明，光生 h^+ 在 $CuSn(OH)_6$ 光催化降解 MB 中过程起到了主要作用。

含镝氧化物纳米材料

含镝氧化物是重要的稀土氧化物材料，具有大的活性表面积、良好的界面电子输运性能、催化性能、化学和热稳定性，在电化学传感器、锂离子电池、超级电容器及催化领域具有良好的应用潜力。通过溶胶-凝胶自蔓延燃烧法能够制备出含 Bi、Dy 的双钙钛矿金属氧化物（A_2DyBiO_6，A = Mg、Ca、Sr、Ba），此种氧化物具有良好的介电性能。L-半胱氨酸/AuNPs/Bi_2O_3 修饰 GCE，能够高灵敏地检测 Cu（Ⅱ），检测限为 $5×10^{-11}$ mol/L。由于具有大比表面积和高循环性能，$Bi_2O_2CO_3$/rGO 电极拥有优异的电容性能。含镝氧化物纳米材料作为电极修饰材料，在电化学检测生物分子（如 L-半胱氨酸）方面可望具有良好的电化学性能。目前，在含镝氧化物纳米材料方面主要集中于氧化镝、氟化镝、铋镝氧化物、碳酸氧镝及镝掺杂 ZnO 等。

7.1 氧化镝纳米材料

氧化镝具有良好的超导性、高化学活性、比表面积大和量子效应等特点，广泛用于核反应器、阳极涂层、磁光存储、镝灯、气体传感器等领域。Bi_2O_3 纳米材料由于具有良好的离子导电性、大比表面积、大量的活性催化位点、良好的生物相容性和化学稳定性等特点，是一种具有良好应用前景的电极材料，用于电化学传感器检测不同种类的生物分子。氧化镝（Dy_2O_3）纳米材料由于具有良好的催化、光学、化学性能及稳定性，在电化学传感器、催化领域也具有良好的应用潜力。过渡金属氧化物和稀土氧化物构成的纳米复合物由于具有良好的电学性能、大比表面积和电催化活性位点，在作为电极修饰材料电化学检测 L-半胱氨酸方面具有良好的应用潜力，因此可望用于检测不同种类的生物分子。

以硫酸镝和铋酸钠作为原料、十六烷基三甲基溴化铵（CTAB）作为表面活性剂，通过控制 CTAB 溶液的浓度，采用水热方法能够合成 Bi_2O_3/Dy_2O_3 复合物。所得 Bi_2O_3/Dy_2O_3 复合物由三斜 Bi_2O_3（JCPDS 卡，PDF 50-1088）和立方 Dy_2O_3（JCPDS 卡，PDF 43-1006）晶相构成。通过电子显微镜分析 Bi_2O_3/Dy_2O_3 复合物的微观形貌和微观结构。从图 7-1（a）可以看出，所得产物由卷曲的纳米片构成，整个纳米片的尺寸约 2 μm，纳米片的厚度约 25 nm［图 7-1（b）］，此种纳米片状形貌与其他研究者通过相似的水热过程制备的不同成分的纳米片状结构是相似的。

TEM 图像［图 7-2（a）］表明，所得产物由卷曲的纳米片构成，与 SEM 图像的观察结果是相似的。HRTEM 图像［图 7-2（b）］显示，Bi_2O_3/Dy_2O_3 纳米片具有不同方向、清晰的晶格条纹。根据透射电子显微镜附带的 Digital Micrograph 软件计算结果表明，晶面间距为 0.72 nm 和 0.53 nm，分别对应于三斜 Bi_2O_3 晶相的（100）面和立方 Dy_2O_3 晶相的（200）面的晶面间距。电子显微镜分析结果表明，所得 Bi_2O_3/Dy_2O_3 纳米片具有多晶结构。

(a) 低倍率   (b) 高倍率

图 7-1　Bi_2O_3/Dy_2O_3 纳米片不同放大倍率的 SEM 图像

(a) TEM图像   (b) HRTEM图像

图 7-2　Bi_2O_3/Dy_2O_3 纳米片的透射电子显微镜图像

　　采用 XPS 技术分析了 Bi_2O_3/Dy_2O_3 纳米片的元素种类和化学价态。XPS 全谱［图 7-3（a）］显示，纳米片中含有 Bi、Dy、O 元素。位于 541.31 eV 键能处的高分辨 O 1s XPS 峰［图 7-3（b）］是由 Bi-O 峰引起的。在 Bi 4f 高分辨 XPS 光谱［图 7-3（c）］中，在 163.86 eV 和 158.68 eV 键能处存在两个峰，分别是由 Bi^{3+} $4f_{7/2}$ 和 Bi^{3+} $4f_{5/2}$ 离子引起的，表明纳米片中存在稳定的 Bi^{3+}。位于 1306.94 eV 键能处的 Dy 3d XPS 峰［图 7-3（d）］是由 Dy^{3+} 引起的。XPS 光谱分析结果表明，复合纳米片中存在 Bi_2O_3 和 Dy_2O_3。

　　表面活性剂 CTAB 促进了 Bi_2O_3/Dy_2O_3 纳米片的形成，水热反应温度和反应时间对 Bi_2O_3/Dy_2O_3 纳米片的生长也起到了重要作用。Bi_2O_3/Dy_2O_3 纳米片的形成和生长过程示意图如图 7-4 所示。CTAB 是一种结构导向剂，当水热溶液中形成晶相时，能够降低溶液的表面张力和表面自由能。CTAB 是一种具有亲水性和疏水性的两亲性偶联结构的材料，可以在水热反应系统中产生自聚集现象。在 Bi_2O_3/Dy_2O_3 纳米片的形成过程中，CTAB 起到了生长控制和抑制团聚的作用。在水热反应的初始阶段，原料铋酸钠和硫酸镝分解形成了具有三斜 Bi_2O_3 和立方 Dy_2O_3 晶相的氧化铋和氧化镝。当氧化铋和氧化镝晶相在水热溶液中达到过饱和状态时，从水热溶液中析出了 Bi_2O_3/Dy_2O_3 晶核。当 CTAB 的浓度（质量

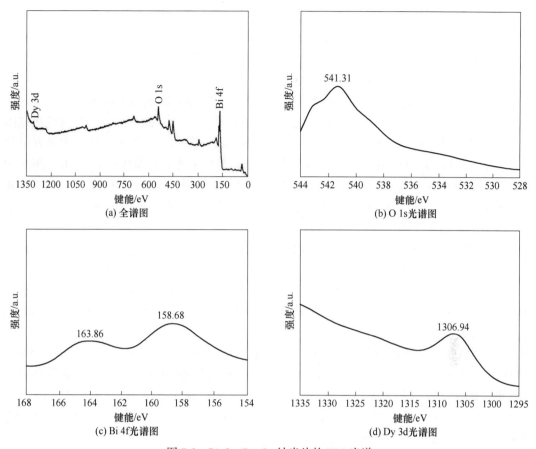

图 7-3　Bi_2O_3/Dy_2O_3 纳米片的 XPS 光谱

分数）较高时（如 1%）时，CTAB 分子附着在 Bi_2O_3/Dy_2O_3 晶核的表面，促进了纳米片的形成。随着 CTAB 浓度、反应温度和反应时间的增加，最终形成了 Bi_2O_3/Dy_2O_3 纳米片。

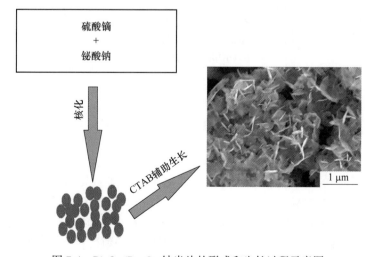

图 7-4　Bi_2O_3/Dy_2O_3 纳米片的形成和生长过程示意图

电化学阻抗谱分析表明，Bi_2O_3/Dy_2O_3 纳米片修饰 GCE 阻抗谱的半圆直径比裸 GCE 阻抗谱的半圆直径更小，说明 Bi_2O_3/Dy_2O_3 纳米片修饰 GCE 具有更小的界面电子转移电阻和更快的电子转移速度，通过 Bi_2O_3/Dy_2O_3 纳米片修饰 GCE 的表面更容易进行电荷转移，这对于提高电极的电化学分析性能显然是有利的。

通过 CV 方法研究 Bi_2O_3/Dy_2O_3 纳米片修饰 GCE 在 L-半胱氨酸中的电化学性能。在 0.1 mol/L KCl 溶液中，裸 GCE 对 L-半胱氨酸没有电催化活性（图 7-5），这与其他研究团队的报道结果是一致的。Bi_2O_3/Dy_2O_3 纳米片修饰 GCE 在 0.1 mol/L KCl 溶液中没有电化学 CV 峰。Bi_2O_3/Dy_2O_3 纳米片修饰 GCE 在 2 mmol/L L-半胱氨酸和 0.1 mol/L KCl 溶液中的 CV 曲线中存在一对强烈的准可逆的电化学 CV 峰，分别位于 +0.01 V（cvp1）和 -0.68 V（cvp1'）电位处。此结果说明，Bi_2O_3/Dy_2O_3 纳米片修饰 GCE 对于 L-半胱氨酸具有良好的电催化作用。

作为对比，分析 L-半胱氨酸在不同条件下所得 Bi_2O_3/Dy_2O_3 纳米复合物修饰 GCE 的电化学性能，如图 7-6 所示。当分别采用质量分数为 1% 和 3% 的 CTAB 在 180 ℃ 保温 24 h，采用 5% 的 CTAB 分别在 80 ℃ 保温 24 h、180 ℃ 保温 0.5 h、180 ℃ 保温 12 h 所得 Bi_2O_3/Dy_2O_3 纳米复合物作为 GCE 修饰材料时，其 CV 曲线中仅形成了一个不可逆的电化学 CV 峰，分别位于 +0.37 V、+0.31 V、+0.18 V、+0.09 V 和 +0.04 V 电位处。另外，这些不可逆 CV 峰的电流低于 Bi_2O_3/Dy_2O_3 纳米片修饰 GCE 的 CV 峰电流。而采用 5% 的 CTAB 在 120 ℃ 保温 24 h 所得 Bi_2O_3/Dy_2O_3 纳米复合物修饰 GCE 对 L-半胱氨酸没有电催化活性。因此，采用 5% 的 CTAB 在 180 ℃ 保温 24 h 所得 Bi_2O_3/Dy_2O_3 纳米片修饰 GCE 对 L-半胱氨酸具有良好的电催化氧化还原性能，所以将此种水热条件下得到的 Bi_2O_3/Dy_2O_3 纳米片用于后续的电化学传感研究。

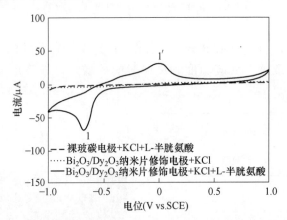

图 7-5 不同种类的电极，在含有或没有 2 mmol/L L-半胱氨酸，
0.1 mol/L KCl 溶液中的 CV 曲线

当使用不同种类的纳米材料修饰电极电催化氧化 L-半胱氨酸时，通常需要不同的氧化过电位。例如氧化石墨烯/Au 纳米团族（GO-Au NCs）修饰 GCE 在扫描速率为 50 mV/s，pH 值为 7.4 的 PBS 缓冲液中，在 +0.387 V 电位处对 L-半胱氨酸具有电催化氧化作用。聚苯胺/锗酸铜纳米线修饰 GCE 在 +0.07 V 电位处对 L-半胱氨酸具有电催化氧化作用。与其他化学修饰电极相比，Bi_2O_3/Dy_2O_3 纳米片修饰 GCE 电催化氧化 L-半胱氨酸的阳极峰电

位偏移到 +0.01 V 电位处，表明 Bi_2O_3/Dy_2O_3 纳米片对 L-半胱氨酸具有更优的电催化性能。

图 7-7 所示为 Bi_2O_3/Dy_2O_3 纳米片修饰 GCE 在不同浓度 L-半胱氨酸、0.1 mol/L KCl 溶液中的 CV 曲线。向 0.1 mol/L KCl 溶液中加入 0.001~2 mmol/L L-半胱氨酸后，阳极 CV 峰的电流线性增加（图 7-7 中右下角插入图）。Bi_2O_3/Dy_2O_3 纳米片修饰 GCE 对 L-半胱氨酸的检测限为 0.32 μmol/L，相关系数为 0.994，表明 Bi_2O_3/Dy_2O_3 纳米片修饰 GCE 对 L-半胱氨酸具有良好的电催化活性，这主要是由 Bi_2O_3 和 Dy_2O_3 协同催化作用及 Bi_2O_3/Dy_2O_3 纳米片的大比表面积引起的。与文献中采用不同种类的电极检测 L-半胱氨酸相比较，Bi_2O_3/Dy_2O_3 纳米片修饰 GCE 检测 L-半胱氨酸具有更宽的线性检测范围和较低的检测限。

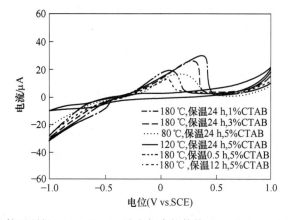

图 7-6　不同条件下所得 Bi_2O_3/Dy_2O_3 纳米复合物修饰 GCE 在 2 mmol/L L-半胱氨酸，
0.1 mol/L KCl 溶液中的 CV 曲线

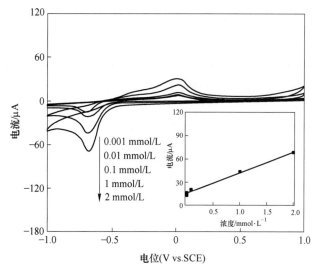

图 7-7　Bi_2O_3/Dy_2O_3 纳米片修饰 GCE 在不同浓度 L-半胱氨酸，
0.1 mol/L KCl 溶液中的 CV 曲线

采用水热方法能够制备出珊瑚状的氧化镝纳米材料，所得氧化镝纳米材料的形貌为氧化镝纳米颗粒构成的珊瑚结构，纳米颗粒的尺寸为（12.3±3.6）nm。室温气体敏感性能分析结果表明，珊瑚状的氧化镝纳米材料对氨气的响应值为 7.754，选择性系数为 5.531，表明此种氧化镝纳米材料对氨气有良好的响应性和选择性，这主要是由于珊瑚状氧化镝的三维结构具有大比表面积，有利于氨气分子吸附在表面及电子转移造成的。有研究采用 $Nd(NO_3)_3 \cdot 6H_2O$、$Ce(NO_3)_3 \cdot 6H_2O$ 作为原料，通过水热法合成了 Nd-Ce 共掺杂的氧化镝纳米颗粒。Nd-Ce 共掺杂氧化镝纳米颗粒对枯草芽孢杆菌、金黄色葡萄球菌、铜绿假单胞菌和伤寒杆菌具有良好的抗菌作用。与 Ce 掺杂和 Nd 掺杂氧化镝纳米颗粒相比，摩尔分数为 5% 的 Nd-Ce 共掺杂的氧化镝纳米颗粒的抗菌效果分别为 Ce 掺杂和 Nd 掺杂氧化镝纳米颗粒的 1.5 倍和 3 倍。

以六水乙酸镝 $[(CH_3CO_2)_3Dy \cdot 6H_2O]$ 和六亚甲基四胺（$C_6H_{12}N_4$）作为原料，在室温下能够合成出氧化镝纳米颗粒，所得氧化镝纳米颗粒由立方 Dy_2O_3 晶相构成，平均尺寸为 14 nm，带隙为 4.79 eV。采用简单的熔盐辅助法能够制备出了 ZrO_2/Dy_2O_3 纳米颗粒，所得 ZrO_2/Dy_2O_3 纳米颗粒由立方 ZrO_2 和立方 Dy_2O_3 晶相构成，尺寸 18～20 nm。光催化研究结果表明，在可见光照射下，ZrO_2/Dy_2O_3 纳米颗粒对 RhB 具有良好的光催化活性，光照 150 min 后，对 RhB 的降解率可以达到 91.73%。此种 ZrO_2/Dy_2O_3 纳米颗粒的高光催化活性是由于纳米颗粒内的缺陷、小尺寸及大比表面积引起的。

采用高能球磨和放电等离子烧结（SPS）技术能够制备出 W-4.9Ni-2.1Fe-xDy$_2$O$_3$ 复合材料，微量的 Dy_2O_3 颗粒主要分布在 W-M（M = Ni、Fe）界面中，能够显著降低钨晶粒的尺寸和界面中 O、P 杂质量，促进钨颗粒均匀分布，提高 W-4.9Ni-2.1Fe-xDy$_2$O$_3$ 复合材料的密度、硬度、耐磨性和耐腐蚀性能。然而，Dy_2O_3 过量会降低 W-4.9Ni-2.1Fe-xDy$_2$O$_3$ 复合材料的综合性能，当 Dy_2O_3 颗粒的质量分数为 0.7% 时，W-4.9Ni-2.1Fe-xDy$_2$O$_3$ 复合材料具有最好的综合性能，相对密度为 95.67%，洛氏硬度（HRA）为 82。

7.2 氟化镝纳米材料

有报道表明，氟化镝（DyF_3）在大气环境条件下是一种高效的电催化剂，在钨电极上，电位在 -0.31 V，Dy^{3+} 能够通过电化学反应还原为 Dy，因此 DyF_3 可以作为电极修饰材料，研究其电化学性能引起了人们的研究兴趣。通过液相沉淀法，在乙二醇溶液中于 120 ℃ 保温 4 h 能够制备出 DyF_3 纳米颗粒，所得 DyF_3 纳米颗粒为椭圆形形貌，尺寸为 70 nm，此种 DyF_3 纳米颗粒能够作为造影剂，在核磁共振成像（MRI）设备上具有良好的应用前景。Bi_2O_3 纳米材料具有良好的电催化活性、较窄的带隙（2.1 eV）及大比表面积等特点，能够提高电极检测不同种类生物分子的电化学传感性能。例如 Bi_2O_3/ZnO 纳米复合物修饰 GCE 对巴洛沙星具有良好的电催化活性，检测限和线性检测范围分别为 40.5 nmol/L 和 150～1000 nmol/L。双金属氧化物修饰氧化石墨烯（$Bi_2O_3/Fe_2O_3@GO$）电极对 Cd^{2+} 的检测限为 1.85 ng/L，线性检测范围为 6.2～1160.2 ng/L。纳米 DyF_3 和 Bi_2O_3 具有大量的电催化活性位点、大比表面积，增强了电极表面与被分析物之间的电子输运性能，能够提高电极的电化学分析性能。

以氟化镝和铋酸钠作为原料、SDS 作为表面活性剂，通过水热方法能够制备出 $DyF_3/$

Bi_2O_3 纳米线。所得 DyF_3/Bi_2O_3 纳米线由斜方 DyF_3（JCPDS 卡，PDF 32-0352）和三斜 Bi_2O_3（JCPDS 卡，PDF 50-1088）晶相构成，斜方 DyF_3 晶相与文献中报道的 DyF_3 纳米颗粒的晶相是相同的，三斜 Bi_2O_3 晶相与采用超声化学方法合成的四方 Bi_2O_3 晶相明显不同。

从图 7-8（a）可知，所得 DyF_3/Bi_2O_3 复合物由长度大于 10 μm 的纳米线构成。纳米线的直径为 20~100 nm［图 7-8（b）］，表面光滑、直径均匀。从 SEM 图像中只能观察到纳米线状形貌，说明此种水热方法合成的 DyF_3/Bi_2O_3 产物为单一形貌的纳米线。DyF_3/Bi_2O_3 纳米线的 TEM 和 HRTEM 图像如图 7-9 所示，进一步分析了纳米线的微观形貌和微观结构。从图 7-9（a）可以看出，TEM 图像观察到的纳米线形貌和尺寸与 SEM 图像观察到的结果是相似的。DyF_3/Bi_2O_3 纳米线具有不同方向的、清晰的晶格条纹，表明所得纳米线由高结晶度的多晶结构构成［图 7-9（b）］。通过透射电子显微镜附带的 Digital Micrograph 软件计算表明，晶面间距为 0.37 nm 和 0.72 nm，分别对应斜方 DyF_3 晶相的（011）面和三斜 Bi_2O_3 晶相的（100）面的晶面间距。透射电子显微镜观察表明，所得 DyF_3/Bi_2O_3 纳米线由多晶斜方 DyF_3 和三斜 Bi_2O_3 晶相构成。

(a) 低倍率

(b) 高倍率

图 7-8　DyF_3/Bi_2O_3 纳米线不同放大倍率的 SEM 图像

(a) TEM图像

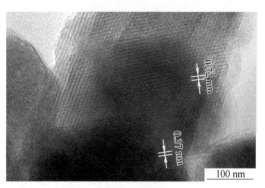
(b) HRTEM图像

图 7-9　DyF_3/Bi_2O_3 纳米线的透射电子显微镜图像

纳米线的 XPS 全谱图 [图 7-10（a）] 证实了 DyF_3/Bi_2O_3 纳米线中含有 Dy、F、O 和 Bi 元素。O 1s 的高分辨 XPS 光谱拟合后在 542.34 eV、540.79 eV 和 539.01 eV 键能处存在 3 个 XPS 峰，这是由纳米线中的 Bi-O 引起的 [图 7-10（b）]。位于 693.08 eV 键能处的 F 1s 高分辨 XPS 峰是由 DyF_3 中的 F^- 引起的 [图 7-10（c）]。在 Bi 4f 高分辨 XPS 光谱 [图 7-10（d）] 中，163.96 eV 和 158.34 eV 分别对应 $Bi^{3+} 4f_{7/2}$ 和 $Bi^{3+} 4f_{5/2}$ 的键能。位于 1308.45 eV 键能处的 Dy 3d 高分辨 XPS 光谱峰是由 Dy^{3+} 引起的 [图 7-10（e）]。

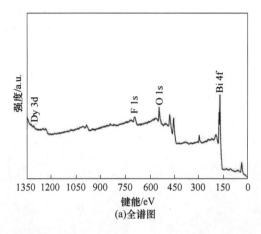

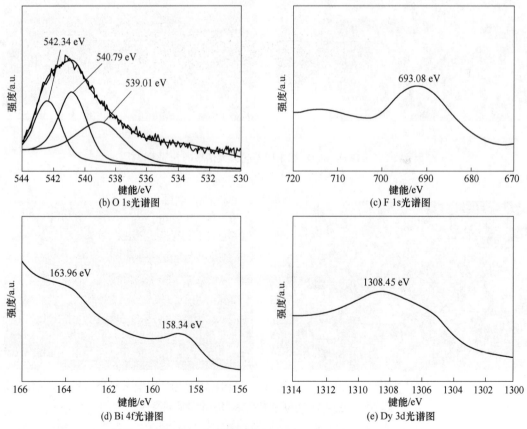

图 7-10　DyF_3/Bi_2O_3 纳米线的 XPS 光谱图

在水热反应的初始阶段，铋酸钠分解生成了三斜 Bi_2O_3 晶相的氧化铋，氧化铋在水热溶液中达到过饱和状态，从溶液中析出，与氟化镝结合形成含有斜方 DyF_3 和四方 Bi_2O_3 晶相的纳米及微米级颗粒，这些颗粒能够作为形成 DyF_3/Bi_2O_3 纳米线的晶核。当 SDS 的浓度（质量分数）相对较高（如 1%）时，在水热溶液中，SDS 由球形胶束转变为纳米棒状胶束，此种纳米棒状胶束吸附于晶核的表面，限制了晶核在直径方向上的生长，从而导致长度较短的 DyF_3/Bi_2O_3 纳米棒的形成。随着 SDS 浓度、反应温度和反应时间的增加，最终在水热溶液中形成了 DyF_3/Bi_2O_3 纳米线。

通过电化学循环伏安方法分析 DyF_3/Bi_2O_3 纳米线修饰 GCE 测定 L-半胱氨酸的电化学传感性能。从裸 GCE 在 2 mmol/L L-半胱氨酸和 0.1 mol/L KCl 溶液中的 CV 曲线中没有观察到氧化还原峰（图 7-11）表明裸 GCE 对 L-半胱氨酸没有电催化活性。DyF_3/Bi_2O_3 纳米线修饰 GCE 在 0.1 mol/L KCl 和 2 mmol/L L-半胱氨酸的 CV 曲线中存在一对 CV 峰，分别位于 +0.08 V（cvp1）和 -0.78 V（cvp1'）电位处，其氧化电流和还原电流强度不

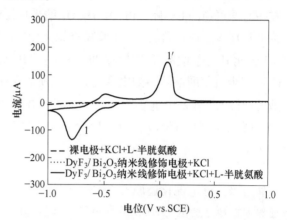

图 7-11　裸 GCE，DyF_3/Bi_2O_3 纳米线修饰 GCE 在 0.1 mol/L KCl 缓冲液，添加或不添加 L-半胱氨酸的 CV 曲线

同，表明电化学氧化还原属于准可逆过程，此种准可逆电化学 CV 峰与 Bi_2O_3/Dy_2O_3 纳米片修饰 GCE 测定 L-半胱氨酸的准可逆电化学 CV 峰是相似的。

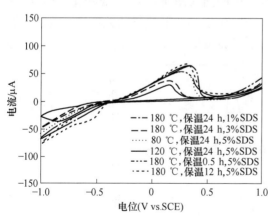

图 7-12　不同生长条件下所得 DyBi 复合物修饰 GCE 在 0.1 mol/L KCl，2 mmol/L L-半胱氨酸溶液中的 CV 曲线

作为对比，测量了不同生长条件下所得 DyBi 复合物修饰 GCE 在 2 mmol/L L-半胱氨酸和 0.1 mol/L KCl 缓冲液中的 CV 曲线，如图 7-12 所示。采用质量分数为 1% 的 SDS 在 180 ℃ 保温 24 h、3% 的 SDS 在 180 ℃ 保温 24 h、5% 的 SDS 在 80 ℃ 保温 24 h，以及 5% 的 SDS 在 180 ℃ 保温 0.5 h 这 4 种生长条件制备的 DyBi 复合修饰 GCEs 在 2 mmol/L L-半胱氨酸的 CV 曲线中，分别在 +0.37 V、+0.17 V、+0.33 V 和 +0.31 V 电位处存在一个不可逆的 CV 峰。5% 的 SDS 在 120 ℃ 保温 24 h 和 5% 的 SDS 在 180 ℃ 保温 12 h 的条件下所得 DyBi 复合修饰 GCEs 测定 L-半胱氨酸，分别在 +0.16 V、-0.83 V 和 +0.34 V、-0.57 V 电位处存在一对准可逆的 CV 峰。然而，这些 CV 峰的电流强度显著低于 DyF_3/Bi_2O_3 纳米线修饰 GCE 测定 L-半胱氨酸的 CV 峰电流强度，说明 DyF_3/Bi_2O_3 纳米线修饰 GCE 对于 L-半胱氨酸具有更强的电催化活性。因此，采用 5% 的 SDS 在 180 ℃

保温 24 h 所得 DyF_3/Bi_2O_3 纳米线用于 L-半胱氨酸的电化学分析研究。

化学修饰 GCEs 通常在不同的氧化过电位下对 L-半胱氨酸具有良好的电催化性能，然而，氧化过电位通常较高。例如二氧化钛纳米管修饰电极在 0.5 mol/L PBS 缓冲液中测定 L-半胱氨酸的氧化和还原 CV 峰分别位于 -0.46 V 和 -0.29 V 电位处。石墨烯纳米带/Nafion 纳米复合物修饰 GCE 在 1.0 mmol/L L-半胱氨酸、0.1 mol/L PBS 缓冲液（pH=7）的 CV 曲线中，在 -0.102 V 电位处存在一个不可逆的电化学 CV 峰。铋酸锌纳米棒修饰 GCE 在 2 mmol/L L-半胱氨酸、0.1 KCl 溶液中的 CV 曲线中，在 -0.07 V 和 -0.52 V 电位处存在一对准可逆的 CV 峰。Bi_2O_3/Dy_2O_3 纳米片修饰 GCE 电催化氧化 L-半胱氨酸的氧化电位为 $+0.01$ V。DyF_3/Bi_2O_3 纳米线修饰 GCE 电催化氧化 L-半胱氨酸的氧化电位为 $+0.08$ V，此氧化电位高于其他修饰电极电催化氧化 L-半胱氨酸的氧化电位。CyS^- 和 $CySH_2^+$ 是 L-半胱氨酸溶液中的电活性物质，所以考虑 DyF_3/Bi_2O_3 纳米线修饰 GCE 对 L-半胱氨酸的阳极 CV 峰是由电活性 CyS^- 引起的。DyF_3/Bi_2O_3 纳米线修饰 GCE 表面 CyS^- 的氧化形成了胱氨酸（CySSCy），与阳极峰 cvp1 对应的电化学氧化反应过程如反应方程式（7-1）所示：

$$2CySH \longrightarrow CySSCy + 2H^+ + 2e^- \qquad (7-1)$$

一些电极能够电催化还原 CySSCy，例如 Au 电极在 0.1 mol/L $KClO_4$ 缓冲液中，两个阴极还原 CV 峰分别位于 -0.5 V 和 -0.7 V 电位处。与阴极峰 cvp1′ 对应的电化学还原过程如反应方程式（7-2）所示：

$$CySSCy + 2H^+ + 2e^- \longrightarrow 2CySH \qquad (7-2)$$

图 7-13 所示为扫描速率为 50 mV/s，DyF_3/Bi_2O_3 纳米线修饰 GCE 在 0.1 mol/L KCl、不同浓度 L-半胱氨酸溶液中的 CV 曲线。随着 L-半胱氨酸的浓度从 0.001 mmol/L 增加到 2 mmol/L，阳极峰电流强度线性增加。图 7-13 中的插入图所示为 CV 峰电流与 L-半胱氨酸浓度的关系曲线，DyF_3/Bi_2O_3 纳米线修饰 GCE 测定 L-半胱氨酸的线性检测范围和检测限分别为 0.001~2 mmol/L 和 0.25 μmol/L（相关系数 $R=0.997$）。

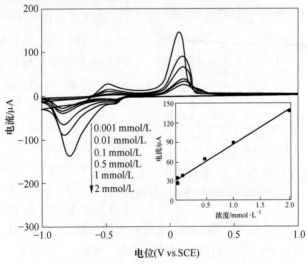

图 7-13 DyF_3/Bi_2O_3 纳米线修饰 GCE 在 0.1 mol/L KCl、
不同浓度的 L-半胱氨酸溶液中的 CV 曲线

7.3　铋镝氧化物纳米线

采用不同的镝源、不同种类的表面活性剂，通过表面活性剂辅助的水热方法合成 Bi_2O_3/Dy_2O_3 纳米片和 DyF_3/Bi_2O_3 纳米线。这些纳米铋镝氧化物作为 GCE 修饰材料，对 L-半胱氨酸具有良好的电化学分析性能。为了研究不同种类的纳米铋镝氧化物作为 GCE 修饰材料，对分析 L-半胱氨酸电化学传感性能的影响，期望进一步提高纳米铋镝氧化物修饰 GCE 检测 L-半胱氨酸的电化学传感性能，这在探索新颖的、高性能的纳米铋镝氧化物电极材料方面具有重要的研究意义。以三氟甲烷磺酸镝和铋酸钠作为原料、SDS 作为表面活性剂，通过水热方法能够合成铋镝氧化物纳米线。所得产物含有四方 $Bi_2O_2CO_3$（JCPDS 卡，PDF 41-1488）、三斜 Bi_2O_3（JCPDS 卡，PDF 50-1088）和六方 $Dy_2O_2CO_3$（JCPDS 卡，PDF 26-0588）晶相。

BiDy 复合氧化物完全由长度大于 5 μm 的纳米线构成［图 7-14（a）］，纳米线的表面光滑，直径为 20~100 nm［图 7-14（b）］。从图中未观察到其他纳米结构，表明所得产物由单一形貌的纳米线构成。通过 TEM 图像和 HRTEM 图像观察进一步分析 BiDy 氧化物纳米线的微观形貌和微观结构，如图 7-15 所示。通过 TEM 图像观察显示，BiDy 氧化物纳米线的形貌和尺寸与 SEM 图像的观察结果是相似的，纳米线的表面光滑，头部为半圆结构［图 7-15（a）］。HRTEM 图像［图 7-15（b）］显示，BiDy 氧化物纳米线具有清晰的晶格条纹和高结晶度。晶格条纹的方向不同表明所得 BiDy 氧化物纳米线为多晶结构。通过透射电子显微镜附带的 Digital Micrograph 软件计算可知，晶面间距分别为 0.68 nm、0.72 nm 和 0.76 nm，分别对应于四方 $Bi_2O_2CO_3$ 晶相的（002）面、三斜 Bi_2O_3 晶相的（100）面和六方 $Dy_2O_2CO_3$ 晶相的（002）面的晶面间距。

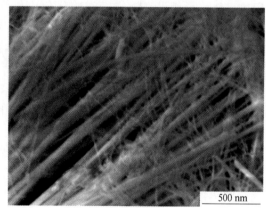

(a) 低倍率　　　　　　　　　　　　　　　(b) 高倍率

图 7-14　BiDy 氧化物纳米线不同放大倍率的 SEM 图像

XPS 全谱图［图 7-16（a）］显示了 O、C、Bi 和 Dy 的键能峰，表明所得 BiDy 氧化物纳米线中含有 Dy、Bi、O 和 C 元素。图 7-16（b）所示为 O 1s 的高分辨 XPS 光谱，主峰位于 535.56 eV 键能处，3 个伴峰分别位于 537.30 eV、534.01eV 和 531.71 eV 键能处，分别是由铋镝氧化物纳米线中的铋-氧（Bi-O）、晶格氧和表面氧引起的。位于 290.37 eV

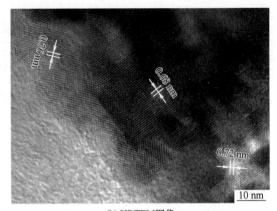

(a) TEM图像   (b) HRTEM图像

图 7-15   BiDy 氧化物纳米线的透射电子显微镜图像

键能处的 C 1s 高分辨 XPS 光谱峰 ［图 7-16 （c）］ 对应于纳米线中的 C-O 峰。Bi 4f 高分辨 XPS 光谱 ［图 7-16 （d）］ 在 164.02 eV 和 158.68 eV 键能处的两个峰，对应于 Bi $4f_{7/2}$ 和 Bi $4f_{5/2}$ 的键能，表明在 BiDy 氧化物纳米线中存在 Bi^{3+}。位于 1303.96 eV 键能处的 XPS 光谱峰是由于纳米线中的 Dy^{3+} 引起的 ［图 7-16 （e）］。

根据传统的水热核化与晶体生长理论，在水热溶液中形成了纳米颗粒，这也在反应温度和保温时间对 BiDy 氧化物纳米线形成的影响研究中得到了证实，水热温度和保温时间对于 BiDy 氧化物纳米线的形成具有至关重要的作用。这些纳米颗粒能够作为纳米线形成的晶核，随着反应温度和保温时间的增加，晶核生长形成了 BiDy 氧化物纳米线。在初始的水热反应阶段，三氟甲烷磺酸镝 （$C_3DyF_9O_9S_3$） 和铋酸钠 （$NaBiO_3$） 反应形成了四方 $Bi_2O_2CO_3$、三斜 Bi_2O_3、六方 $Dy_2O_2CO_3$ 和 $Bi_2O(OH)_2SO_4$ 晶相。当水热溶液中的复合晶相浓度达到过饱和状态时，复合晶相从水热溶液中析出，形成了 BiDy 氧化物晶核。在水热条件下，通过奥斯特瓦尔德熟化机制形成了短的 BiDy 氧化物纳米棒，水热溶液中的表面活性剂 SDS 被认为是一种 "棒状微反应器"，SDS 分子吸附于 BiDy 氧化物纳米棒的表面，抑制了纳米棒在直径方向上的生长，诱导了 BiDy 氧化物纳米线的形成。随着 SDS 浓度、反应温度和保温时间的增加，BiDy 氧化物纳米棒的直径和长度增加，最终形成了 BiDy 氧化物纳米线。

通过循环伏安方法研究了 BiDy 氧化物纳米线修饰 GCE 在 L-半胱氨酸中的电化学性能，并比较了在不同生长条件下所得 BiDy 氧化物修饰 GCE 在 L-半胱氨酸中的电化学行为。图 7-17 所示为裸 GCE、BiDy 氧化物纳米线修饰 GCE 在 0.1 mol/L KCl、未添加或添加 2 mmol/L L-半胱氨酸溶液中的 CV 曲线。裸 GCE 在 0.1 mol/L KCl 和 2 mmol/L L-半胱氨酸溶液中没有形成电化学 CV 峰，说明裸 GCE 对 L-半胱氨酸没有电催化活性，这与不同研究团队的报道结果是相似的。BiDy 氧化物纳米线修饰 GCE 在 0.1mol/L KCl 缓冲液的 CV 曲线中也没有观察到电化学 CV 峰。然而，从 BiDy 氧化物纳米线修饰 GCE 在 0.1 mol/L KCl 和 2 mmol/L L-半胱氨酸溶液的 CV 曲线中观察到了一对准可逆的电化学 CV 峰，分别位于 -0.02 V （cvp1） 和 -0.73 V （cvp'） 电位处。以上分析表明，电化学氧化还原峰 （cvp1-cvp1'） 是由 BiDy 氧化物纳米线修饰 GCE 表面 L-半胱氨酸的电化学反应引起的。

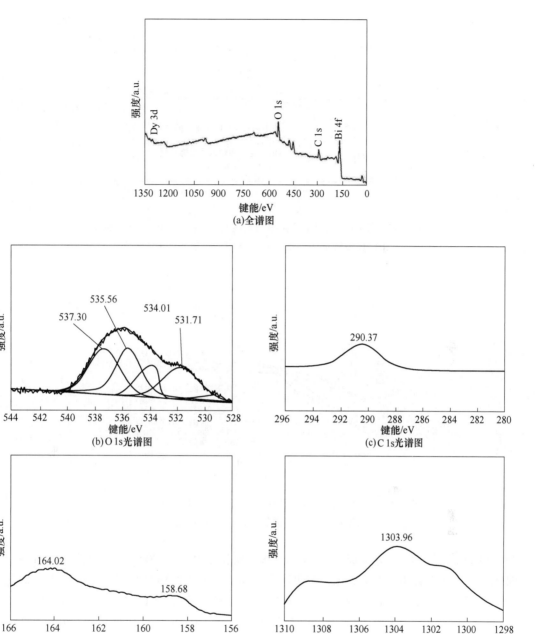

图 7-16　BiDy 氧化物纳米线的 XPS 光谱

BiDy 氧化物纳米线能够电催化 L-半胱氨酸的氧化和还原，表明 BiDy 氧化物纳米线对 L-半胱氨酸具有良好的电催化活性。

　　作为对比，分析了在不同水热条件下所得 BiDy 氧化物修饰 GCEs 在 0.1 mol/L KCl 和 2 mmol/L L-半胱氨酸溶液中的 CV 曲线，如图 7-18 所示。从图中可以观察到不同水热条件下所得 BiDy 氧化物修饰 GCEs 在 L-半胱氨酸中的电化学反应是不同的。采用质量分数

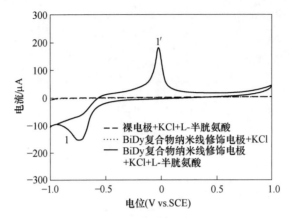

图 7-17   裸 GCE，BiDy 氧化物纳米线修饰 GCE 在 0.1 mol/L KCl、
未添加或添加 2mmol/L L-半胱氨酸溶液中的 CV 曲线

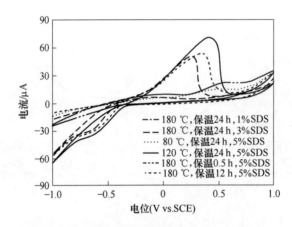

图 7-18   不同水热条件下所得 BiDy 氧化物修饰 GCEs 在 0.1 mol/L KCl 和
2 mmol/L L-半胱氨酸溶液中的 CV 曲线

为 1%的 SDS 在 180 ℃分别保温 24 h 和 0.5 h 所得 BiDy 氧化物纳米材料修饰 GCE 的 CV
曲线中，均不存在电化学 CV 峰，表明这两种条件下所得产物对 L-半胱氨酸没有电催化活
性。采用 5%的 SDS 在 80 ℃保温 24 h 所得 BiDy 氧化物修饰 GCE 在 L-半胱氨酸的 CV 曲线
中，存在一对准可逆的 CV 峰，分别位于+0.01 V 和−0.59 V 电位处。而采用 3%的 SDS
在 180 ℃保温 24 h，5%的 SDS 在 120 ℃保温 24 h 及 5%的 SDS 在 180 ℃保温 12 h 所得
BiDy 氧化物修饰 GCE 在 L-半胱氨酸的 CV 曲线中，仅仅存在一个不可逆的电化学 CV 峰，
分别位于+0.26 V、+0.35 V 和+0.42 V 电位处。尤其是这些电化学 CV 峰电流强度显著低
于 BiDy 氧化物纳米线修饰 GCE 在 L-半胱氨酸中的 CV 峰电流强度，表明 BiDy 氧化物纳米
线修饰 GCE 对 L-半胱氨酸具有更强的电催化活性。根据以上分析结果，5%的 SDS 在 180 ℃
保温 24 h 所得 BiDy 氧化物纳米线用于后续电化学分析研究。

不同种类的纳米材料修饰 GCEs 对 L-半胱氨酸均具有良好的电催化性能，然而，高氧
化过电位是电化学检测 L-半胱氨酸的重要问题。例如氧化石墨烯/Au 纳米团簇修饰 GCE
在 L-半胱氨酸溶液中存在一对可逆的电化学 CV 峰，分别位于+0.21 V 和+0.43 V 电位处。

钒酸锰纳米棒修饰 GCE 在 CH_3COONa-CH_3COOH 和 2 mmol/L L-半胱氨酸的溶液中出现了一对准可逆的电化学 CV 峰，分别位于 +0.51 V 和 +0.87 V 电位处。Au/石墨烯纳米片修饰 GCE 在 2 mmol/L L-半胱氨酸、0.1 mol/L PBS 缓冲液存在一个不可逆的 CV 峰，位于 +0.6 V 电位处。而 BiDy 氧化物纳米线修饰 GCE 位于 -0.02 V 电位处的阳极氧化峰电位远低于其他化学修饰电极电催化氧化 L-半胱氨酸的阳极氧化峰电位，表明 BiDy 氧化物纳米线对 L-半胱氨酸具有优越的电催化性能。L-半胱氨酸含有羧基、氨基及巯基官能团，可能会与含 Bi 位点和含 Dy 位点产生多种表面相互作用，从而导致 BiDy 氧化物纳米线对 L-半胱氨酸具有良好的电催化活性。因此，氧化还原峰可能是由于含有 L-半胱氨酸的 BiDy 氧化物纳米线表面存在不同的 Lewis 酸（路易斯酸）位点，例如与含 Bi 位点、含 Dy 位点的相互作用引起的。

图 7-19 所示为扫描速率 50 mV/s，BiDy 氧化物纳米线修饰 GCE 在 0.1 mol/L KCl、不同浓度的 L-半胱氨酸（0.001~2 mmol/L）溶液中的 CV 曲线。从图中可以看出，BiDy 氧化物纳米线修饰 GCE 在 L-半胱氨酸的浓度 0.001~2 mmol/L 范围内，对 L-半胱氨酸具有良好的线性响应（图 7-19 右下角插入图）。根据信噪比 $S/N=3$ 计算出对 L-半胱氨酸的检测限为 0.21 μmol/L，相关系数 R 为 0.997。

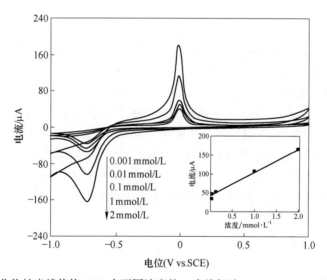

图 7-19　BiDy 氧化物纳米线修饰 GCE 在不同浓度的 L-半胱氨酸，0.1 mol/L KCl 溶液中的 CV 曲线

可重复性是 BiDy 氧化物纳米线修饰 GCE 用于传感器的一个重要参数。采用相同的 BiDy 氧化物纳米线修饰 GCE 连续循环测量 20 次，研究 BiDy 氧化物纳米线修饰 GCE 的可重复性。循环第 1 次与第 20 次 CV 曲线中的阳极峰电位和电流强度是相似的，相对标准偏差（RSD）为 2.06%，表明 BiDy 氧化物纳米线修饰 GCE 具有良好的可重复性。通过对比 BiDy 氧化物纳米线修饰 GCE 在大气环境中存储前后的 CV 峰电流强度的变化，分析 BiDy 氧化物纳米线修饰 GCE 的长期稳定性。在 BiDy 氧化物纳米线修饰 GCE 在大气环境中保存两周后，其电化学 CV 峰的电流与电位是相似的。以上分析结果表明，BiDy 氧化物纳米线作为传感器的电极修饰材料，具有良好的稳定性和可重复性。

7.4　其他含镝纳米材料

　　除了以上氧化镝、氢氧化镝纳米材料外，还有碳酸氧镝、Dy 掺杂氯氧化镝、Dy 掺杂 ZnO 纳米材料的报道。有文献报道了一种碳酸氧镝的合成方法，此方法首先将硝酸镝与过量的碳酸氢钠溶液混合得到白色沉淀，然后将所得沉淀采用蒸馏水与丙酮清洗后，于 325 ℃煅烧制备出碳酸氧镝纳米颗粒。此种纳米颗粒由六方 $Dy_2O_2CO_3$ 晶相构成，空间群为 P63/mmc，当奈尔温度（T_N）为 1.21 K 时，碳酸氧镝纳米颗粒具有反铁磁性能，居里温度为 10.6 K。

　　有研究采用水热法合成了不同质量分数的 Dy 掺杂 $CeVO_4$ 纳米棒，未掺杂及 Dy 掺杂钒酸铈纳米棒由正交 $CeVO_4$ 晶相构成。$CeVO_4$ 纳米棒的长度为 50~200 nm，质量分数 3% Dy 掺杂 $CeVO_4$ 纳米棒的长度为 50~100 nm。以 MB 和 RhB 为污染物降解模型，研究了 Dy 掺杂 $CeVO_4$ 纳米棒对有机污染物的光催化性能。经紫外光照射80 min后，Dy 掺杂 $CeVO_4$ 纳米棒能够完全降解 MB 和 RhB。Dy 掺杂降低了钒酸铈纳米棒的带隙，提高了光生电子空穴对的分离能力，抑制了电子空穴的复合，增强了 $CeVO_4$ 纳米棒降解 MB 和 RhB 的光催化性能。

　　采用共沉淀法合成一种 Dy 掺杂氯氧化铋，所得 Dy 掺杂氯氧化铋为球形结构，球状结构的尺寸为 1~2 μm。Dy^{3+}取代了 BiOCl 中的部分 Bi^{3+}，Dy 的掺杂没有改变 BiOCl 的形貌和晶体结构。光催化分析结果表明，在可见光照射 30 min 后，掺杂质量分数为 2% 的 Dy 掺杂氯氧化铋对 RhB 的降解率达到 97.3%，光催化性能提高的主要原因是 BiOCl 晶格中的 Dy 提高了光生电子-空穴对的迁移速率，抑制了光生电子-空穴对的复合。采用声化学法能够制备出 Dy 掺杂 ZnO 纳米棒，其长度为 40~200 nm，直径为 20~100 nm。光致发光光谱分析结果表明，3% Dy 掺杂 ZnO 在 376 nm、448 nm 和 487 nm 波长处分别存在 3 个光致发光发射峰。在紫外光照射下，3% Dy 掺杂 ZnO 对 MB 具有最高的光催化活性，300 min 内能够完全降解 MB，其他 Dy 掺杂量的 ZnO 在 300 min 光照后仅能降解 40%~90% 的 MB。

8 含镨氧化物纳米材料

稀土基纳米材料已经成为电化学研究领域重要的电极材料,稀土氧化物复合材料作为电极材料,在测定不同种类的生物分子时,具有电化学反应速率快、良好的电催化传感性能等特点。含镨(Pr)氧化物材料具有良好的电学、催化和光学性能,引起了人们的广泛关注,广泛应用于传感器和电子器件领域。含镨氧化物纳米材料具有良好的催化活性,作为催化剂广泛用于工业和环境领域,氧化镨/锡掺杂氧化铟作为电极材料能够有效检测多种生物分子。纳米含镨复合氧化物可以产生大量的结构缺陷、电子缺陷及氧空位,能够提供更多的催化活性位点,从而增强电极的电催化性能。目前,在含镨氧化物纳米材料方面主要集中于氧化镨和铋镨氧化物等。

8.1 氧化镨纳米材料

镨是一种轻稀土元素,镨的价电子层结构特点使其在催化方面具有独特的作用,用作催化剂时具有较高的活性、选择性和稳定性,广泛应用于石油、农业、永磁材料等领域。氧化镨属于具有阴离子缺位的萤石结构,具有良好的光学和电学特性,由于镨离子的变价特性,其化学式有以下几种:PrO_2、Pr_2O_3、Pr_5O_9、Pr_6O_{11}、Pr_7O_{12} 和 Pr_9O_{16} 等。

PrO_2 广泛应用在有色眼镜、搪瓷、陶瓷黄釉的添加剂和稀土永磁材料等领域。采用从头算方法能够计算 PrO_2 在立方相和正交相中的压力诱导结构转变和稳定性,并且基于局部密度近似(LDA)的第一性原理,结合 TB-LMTO(Tight-Binding Linear Muffin-tin Orbital)方法研究了 PrO_2 在一定压强下的电子能带结构。计算结果表明,PrO_2 在 41 GPa 时出现了立方晶相到斜方晶相的相变。随着压强的增大,费米能级逐渐向更高的能量转移,这可能是由于随着压强的增大电子浓度的增加,导带随着压强的增大而变宽造成的。

Pr_2O_3 作为一种新型的栅极介质材料可望取代传统的 SiO_2,在硅互补金属氧化物半导体器件(CMOS)中,栅极介质材料的厚度减小会引起电流的泄漏。为了保持相同栅极电容同时减少泄漏电流,需要一种具有较高介电常数的薄膜。利用金属有机化学气相沉积(MOCVD)技术在 n 型和 p 型 Si(001)衬底上得到了含有硅酸镨的 Pr_2O_3 薄膜。电学性能研究结果表明,沉积温度高于 660 ℃ 得到的多晶 Pr_2O_3 薄膜(厚度 15 nm)的介电常数为 16,在 +1 V 电位时泄漏电流密度为 $1 \times 10^{-7} A/cm^2$。沉积温度低于 600 ℃ 所得样品为非晶态 Pr_2O_3 薄膜(厚度 9 nm),其介电常数为 10,在 +1 V 时泄漏电流密度为 0.025 A/cm^2。

Pr_6O_{11} 中的 Pr 离子为 +3 和 +4 价,具有较高的氧迁移率,目前在催化剂、固体氧化物燃料电池、传感器和储能材料等领域有着广泛应用。有研究报道,以六水合硝酸镨和聚醋酸乙烯酯为原料,采用静电纺丝法制备出了 Pr_6O_{11} 纳米纤维。该纳米纤维具有立方体结构,长度约 100 nm、直径约 20 nm。Pr_6O_{11} 纳米纤维在 400～700 nm 波长范围内拥有可见光吸收能力。光致发光光谱分析表明，Pr_6O_{11} 纳米纤维在 521 nm 波长处存在一个强烈的蓝绿光发射峰，此种纳米纤维中存在强共价键 Pr—O，且具有良好的结晶性。

采用尿素和硝酸镨为原料，通过燃烧方法能够制备出 Pr_6O_{11} 纳米颗粒，分析了尿素和硝酸镨的摩尔比（0.5、1、2、4、8 和 16）和煅烧温度对 Pr_6O_{11} 形成的影响。分析结果表明，在煅烧温度为 500 ℃ 的条件下，尿素和硝酸镨摩尔比越高（≥4.0），样品中会形成杂质碳酸镨，当温度高于 500 ℃ 时，可以获得单一晶相的 Pr_6O_{11}。Pr_6O_{11} 的电导率与晶粒尺寸成反比关系，这是由于晶界电阻的减小造成的。此种 Pr_6O_{11} 纳米颗粒具有良好的电化学性能，在陶瓷和传感器等方面具有广阔的应用前景。有学者将乙二胺作为沉淀剂、聚乙二醇为覆盖剂，通过简单的沉淀方法合成了海绵状的 Pr_6O_{11} 纳米结构，此种 Pr_6O_{11} 纳米结构由直径为 30~70 nm 的纳米粒子组成。光致发光光谱表明在 405 nm 波长处的发射峰是由于 Pr_6O_{11} 纳米结构的电荷从 4f 轨道向价带跃迁引起的。在紫外光照射下，海绵状的 Pr_6O_{11} 纳米结构能够有效光催化降解 2-萘酚，光照 12 min 后，2-萘酚的降解率能够达到 100%。

通过原位加载纳米 Pr_6O_{11} 来提高固体氧化物电池（SOFC）空气电极的电学性能，通过简单的一步脲基渗透方法能够将 Pr_6O_{11} 纳米催化剂原位均匀地嵌入（La，Sr）MnO_3（LSM）、$La_{0.6}Sr_{0.4}Co_{0.2}Fe_{0.8}O_{3+\delta}$（LSCF）和 $La_{0.6}Sr_{0.4}CoO_3$（LSC）空气电极中。Pr_6O_{11} 的浸润增强了 3 种空气电极表面的氧交换和扩散过程，促进了析氧反应（ORR）和氧化还原反应（OER）的动力学，也略微降低了电池电阻，改善了电界面接触。此外，在 600~800 ℃ 温度条件下，LSM 的极化电阻可以降低到其原始值的 1/10，甚至更低，而 LSCF 和 LSC 可以降低到其原始电阻的 1/4~1/2。这种方法显著提高了电池性能，通常会增加 SOFC 的功率输出和电解电流密度，其中 LSM 超过 5 倍，LSCF 为 2 倍以上，LSC 约为 2 倍。

Pr_6O_{11} 还可以用于传感器领域，通过六亚甲基四胺辅助水热法能够合成二维片状 Pr_6O_{11} 纳米结构，采用声化学技术制备出用于检测左氧氟沙星（LFN）的 Pr_6O_{11} 复合多壁碳纳米管（Pr_6O_{11}/MWCNT）。Pr_6O_{11}/MWCNT 修饰 GCE 具有良好的电催化活性、丰富的活性位点、大比表面积和优异的导电性。由于 Pr_6O_{11} 和 MWCNT 之间的协同效应，Pr_6O_{11}/MWCNT 修饰 GCE 检测 LFN 的线性检测范围为 0.499~684 μmol/L、检测限低至 5.3 nmol/L，灵敏度为每平方厘米 7.97 μA/mmol·L^{-1}。此外，Pr_6O_{11}/MWCNT 修饰 GCE 检测 LFN 具有良好的抗干扰性、重现性、重复性和储存稳定性，能够有效检测尿液、血清和河水样本中的 LFN。

8.2 铋镨氧化物纳米颗粒

8.2.1 铋镨氧化物纳米颗粒及其聚苯胺复合物的制备

未添加任何表面活性剂，通过水热方法能够合成铋镨复合氧化物纳米颗粒，将铋镨氧化物纳米颗粒与聚苯胺复合制备出聚苯胺复合铋镨氧化物纳米颗粒。铋镨氧化物纳米颗粒的制备过程为：在室温下，首先将铋酸钠和硝酸镨加入 60 mL 蒸馏水中，并将混合溶液搅拌 15 min，铋酸钠与硝酸镨的摩尔比为 3:1，然后将混合均匀的混合溶液转移至 100 mL 的聚四氟乙烯内衬不锈钢反应釜内。将反应釜加热到 180 ℃ 并保温 24 h，再自然冷却到室温。将反应釜内的沉淀物分别用蒸馏水和乙醇清洗数次后进行离心处理，得到了灰色沉淀物。在干燥箱中于 60 ℃干燥 24 h，最终得到了铋镨复合氧化物纳米颗粒。聚苯胺复合铋镨氧化物纳米颗粒的制备过程为：将 0.2 g 铋镨氧化物纳米颗粒、聚苯胺溶液和20 mL蒸馏水相混合，在室温下采用磁力搅拌器搅拌 10 min。BiPr 氧化物纳米颗粒和聚苯胺的质量比为 8：2。将含有 BiPr 氧化物纳米颗粒和聚苯胺的混合溶液转移至 100 mL 的聚四氟乙烯内衬不锈钢反应釜中。将反应釜加热到 100 ℃并保温 24 h，自然冷却至室温。将黑色沉淀物采用蒸馏水清洗数次，并进行离心处理，然后在真空干燥箱中干燥（干燥温度为 60 ℃），最终得到了聚苯胺/BiPr 氧化物纳米颗粒。图 8-1 所示为 BiPr 氧化物纳米颗粒和聚苯胺/BiPr 氧化物纳米颗粒的合成过程示意图。

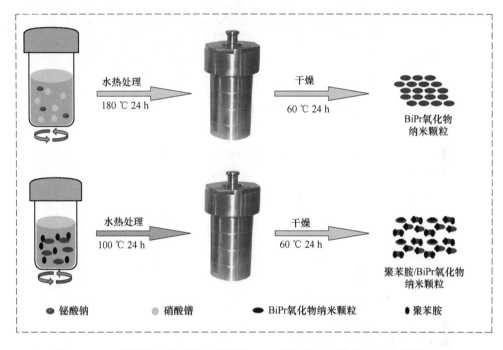

图 8-1　BiPr 氧化物纳米颗粒和聚苯胺/BiPr 氧化物纳米颗粒的合成过程示意图

8.2.2　铋镨氧化物纳米颗粒及其聚苯胺复合物的结构、成分及形貌

图 8-2 所示为以铋酸钠和硝酸镨作为原料，在 180 ℃保温 24 h 所得 BiPr 氧化物纳米颗粒的 XRD 图谱。通过国际粉末衍射标准（JCPDS）检索，所得 BiPr 氧化物纳米颗粒由菱方 $Bi_{0.4}Pr_{0.6}O_{1.5}$（JCPDS 卡，PDF 48-0407）、单斜 Bi_2O_3（JCPDS 卡，PDF 41-1449）和单斜 Pr_5O_9（JCPDS 卡，PDF 65-6219）晶相构成。除了斜方 $Bi_{0.4}Pr_{0.6}O_{1.5}$、单斜 Bi_2O_3 和单斜 Pr_5O_9 晶相之外，从 BiPr 氧化物纳米颗粒的 XRD 图谱中没有观察到其他杂相峰。XRD 图谱证实，所得 BiPr 氧化物纳米颗粒由混合的 BiPr 金属氧化物组成。

图 8-3 显示为 BiPr 氧化物纳米颗粒的 Rietveld 精修 XRD 图谱，通过 Rietveld 精修 XRD 图谱确定产物中菱方 $Bi_{0.4}Pr_{0.6}O_{1.5}$、单斜 Bi_2O_3 和单斜 Pr_5O_9 晶相的比例。经过拟合计算可知，菱方 $Bi_{0.4}Pr_{0.6}O_{1.5}$、单斜 Bi_2O_3 和单斜 Pr_5O_9 晶相的质量分数分别为 18.8%、43.1%和38.1%。通过控制铋酸钠和硝酸镨的摩尔比、反应温度和反应时间能够控制 BiPr

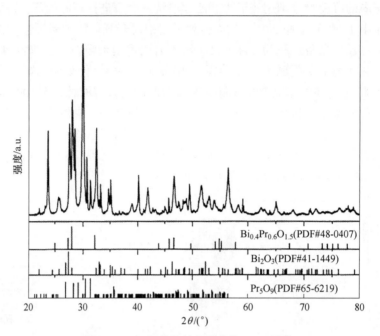

图 8-2　BiPr 氧化物纳米颗粒的 XRD 图谱

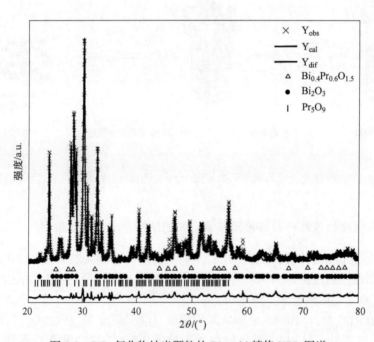

图 8-3　BiPr 氧化物纳米颗粒的 Rietveld 精修 XRD 图谱

氧化物纳米颗粒的晶相比例。采用 SEM 观察了 BiPr 氧化物纳米颗粒的形貌。BiPr 氧化物纳米颗粒不同放大倍率的 SEM 图像如图 8-4（a）和（b）所示。从图 8-4（a）可以看出，在 180 ℃ 保温 24 h 所得 BiPr 氧化物产物由球状纳米颗粒构成。球状纳米颗粒的直径为

50~200 nm［图8-4（b）］。TEM 图像［图8-4（c）］进一步证实了 BiPr 氧化物纳米颗粒的形貌和尺寸。HRTEM 图像［图8-4（d）］显示，BiPr 氧化物纳米颗粒具有清晰和规则的晶格条纹，并具有不同的晶体方向。以上结果表明，所得 BiPr 氧化物纳米颗粒为多晶结构。根据透射电子显微镜附带的 Digital Micrograph 软件计算得出，晶体的晶面间距为 0.32 nm、0.53 nm 和 1.06 nm，分别对应于菱方 $Bi_{0.4}Pr_{0.6}O_{1.5}$ 晶相的（003）晶面、单斜 Bi_2O_3 晶相的（011）晶面和单斜 Pr_5O_9 晶相的（001）晶面的晶面间距。以上分析结果表明，所得 BiPr 复合氧化物纳米颗粒由多晶菱方 $Bi_{0.4}Pr_{0.6}O_{1.5}$、单斜 Bi_2O_3 和单斜 Pr_5O_9 晶相构成。

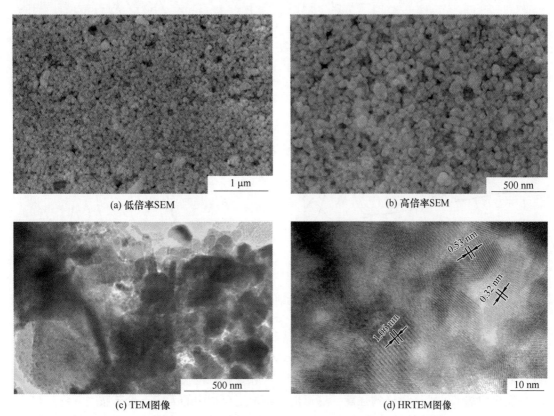

(a) 低倍率SEM

(b) 高倍率SEM

(c) TEM图像

(d) HRTEM图像

图8-4　BiPr 氧化物纳米颗粒不同放大倍率的 SEM 图像及透射电子显微镜图像

通过 XPS 对 BiPr 氧化物纳米颗粒的组成及其化学价态进行了分析（图8-5）。从 0~1200 eV 键能范围内的 XPS 全谱图［图8-5（a）］可以看出，BiPr 氧化物纳米颗粒中存在 Pr、O 和 Bi 元素。从高分辨率 XPS O 1s 光谱［图8-5（b）］可以看出，在 528.9 eV 和 526.7 eV 键能处存在两个特征峰，这是 BiPr 氧化物纳米颗粒的金属-氧（Bi-O 和 Pr-O）键引起的。高分辨 XPS Pr 3d 光谱［图8-5（c）］显示，在 950.9 eV 和 930.4 eV 键能处存在两个 XPS 特征峰，对应于 Pr $3d_{5/2}$ 和 Pr $3d_{3/2}$ 的特征峰。从高分辨 XPS Bi 4f 光谱［图 8-5（d）］中观察到了两个特征峰，分别位于 161.3 eV 和 156.0 eV 键能处，分别对应于 Bi $4f_{7/2}$ 和 Bi $4f_{5/2}$，证实了 BiPr 氧化物纳米颗粒中存在 Bi^{3+}。从图8-5（a）中还观察到两个位于 438.8 eV 和 462.6 eV 键能处的 XPS 特征峰，分别对应于 Bi $4d_{5/2}$ 和 Bi $4d_{3/2}$。XPS

分析结果进一步证实了 BiPr 氧化物纳米颗粒的化学成分。

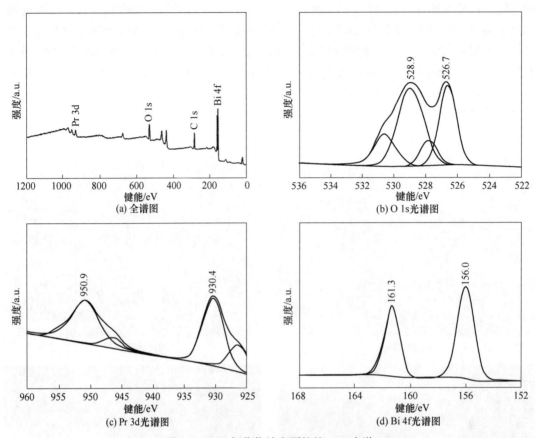

图 8-5 BiPr 氧化物纳米颗粒的 XPS 光谱

采用 XRD 分析聚苯胺/BiPr 氧化物纳米颗粒的晶相，并与 BiPr 氧化物纳米颗粒的结构进行对比分析。从图 8-6 可以看出，聚苯胺/BiPr 氧化物纳米颗粒的晶相与 BiPr 氧化物纳米颗粒的晶相相似。然而，聚苯胺/BiPr 氧化物纳米颗粒 XRD 衍射峰的强度显著低于 BiPr 氧化物纳米颗粒衍射峰的强度，这可能是纳米复合物中的无定形聚苯胺引起的。

聚苯胺/BiPr 氧化物纳米颗粒的 SEM 图像和透射电子显微镜图像如图 8-7 所示。从图 8-7（a）和（b）可以看出，聚苯胺/BiPr 氧化物纳米颗粒的微观形貌、尺寸与 BiPr 氧化物纳米颗粒的形貌、尺寸是相似的。然而，与 BiPr 氧化物纳米颗粒相比较，聚苯胺/BiPr 氧化物纳米颗粒的表面更粗糙。一些聚苯胺纳米颗粒覆盖于 BiPr 氧化物纳米颗粒的表面［图 8-7（c）］。HRTEM 图像［图 8-7（d）］显示，聚苯胺/BiPr 氧化物纳米颗粒具有多晶结构，这与 BiPr 氧化物纳米颗粒的晶体结构是相似的。

8.2.3 铋镨氧化物纳米颗粒及其聚苯胺复合物的电化学传感性能

采用 CV 技术研究了裸 GCE、BiPr 氧化物纳米颗粒及其聚苯胺复合物修饰 GCEs 在 0.1 mol/L KCl 溶液中对 L-半胱氨酸的电化学行为（图 8-8）。在 0.1 mol/L KCl 和 2 mmol/L L-半胱氨酸的混合溶液中，裸 GCE 在 −1.0～+1.0 V 的电位范围内没有观察到氧化还原峰

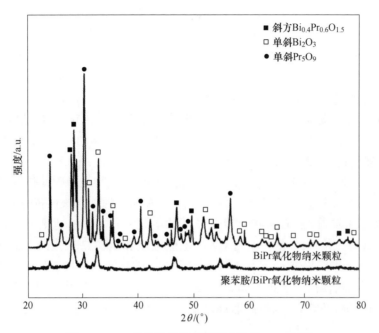

图 8-6　BiPr 氧化物及聚苯胺复合物的 XRD 图谱

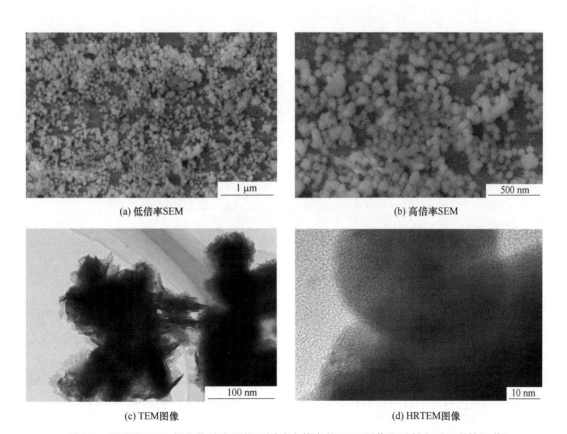

图 8-7　聚苯胺/BiPr 氧化物纳米颗粒不同放大倍率的 SEM 图像和透射电子显微镜图像

（图8-8中左上角的插入图）。从BiPr氧化物纳米颗粒修饰GCE在0.1 mol/L KCl和2 mmol/L L-半胱氨酸的混合溶液中的CV曲线中观察到了一对准可逆的电化学CV峰，分别位于-0.04 V（cvp1）和-0.67 V（cvp1′）电位处。对应于cvp1和cvp1′的CV峰电流分别为93.9 μA和91.5 μA。以上分析结果表明，BiPr氧化物纳米颗粒修饰GCE对L-半胱氨酸具有良好的电催化活性。将BiPr氧化物纳米颗粒和聚苯胺复合后，在0.1 mol/L KCl和2 mmol/L L-半胱氨酸的混合溶液中，聚苯胺/BiPr氧化物纳米颗粒修饰GCE的CV曲线中出现了一对准可逆的电化学CV峰，阳极CV峰正向移动到了+0.14 V电位处，阴极CV峰负向移动到-0.82 V电位处。尤其重要的是，对应于cvp1和cvp1′的CV峰电流强度分别增加到了289.8 μA和280.5 μA。聚苯胺/BiPr氧化物纳米颗粒修饰GCE的CV峰电流约为BiPr纳米颗粒修饰GCE的3倍。分析GCE表面的纳米颗粒膜的密度和孔隙率对于研究BiPr纳米颗粒修饰GCEs在L-半胱氨酸的电化学行为具有重要的作用。通过控制纳米颗粒在GCE表面的负载量，所得CV峰电流强度和电位是相似的。聚苯胺显著增强了BiPr氧化物纳米颗粒修饰GCE对L-半胱氨酸的电催化活性。聚苯胺对生物分子电催化活性的增强作用与其他研究者的报道是相似的。相比于BiPr氧化物纳米颗粒修饰GCE，由于聚苯胺/BiPr氧化物纳米颗粒修饰GCE对L-半胱氨酸具有更高的光催化活性，从而引起了电化学CV峰电流的增强。

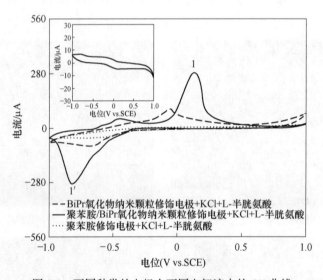

图8-8　不同种类的电极在不同电解液中的CV曲线

据报道，在含有HClO₄和HCl的碳酸丙烯酯（PC）的混合溶液中，聚苯胺修饰电极的CV曲线上出现了一个不可逆的氢析出峰，其电位高于-0.5 V。在0.1 mol/L的LiClO₄/PC溶液中，当扫描速率为20 mV/s时，聚苯胺薄膜修饰GCE的电化学行为显示在-0.5 V电位附近存在一个阳极峰，这是由于还原态聚苯胺向翠绿亚胺的氧化态转变引起的。与上述聚苯胺在不同缓冲溶液中的电化学行为不同的是，聚苯胺修饰GCE在0.1 mol/L KCl和2 mmol/L L-半胱氨酸的混合溶液中的CV曲线上没有观察到CV峰，说明聚苯胺修饰GCE在-1.0～+1.0 V的电位范围内对L-半胱氨酸没有电催化活性。当采用不同种类的纳米材料修饰电极电催化氧化L-半胱氨酸时，通常需要高的过电位。例如铋酸锌纳米棒修饰

GCE 在 0.1 mol/L KCl 溶液中，对 2 mmol/L L-半胱氨酸的阳极氧化峰电位为 +0.14 V。Au/CeO$_2$ 复合纳米纤维修饰电极对 L-半胱氨酸具有良好的电催化活性，当扫描速率为 50 mV/s 时，Au/CeO$_2$ 复合纳米纤维修饰电极在 100 μmol/L L-半胱氨酸和 0.01 mol/L 磷酸盐缓冲液（PBS）（pH = 7.4）的混合溶液中，当 +1.0 V 电位处存在一个不可逆的阳极氧化峰。具有三明治结构的分子印迹 SiO$_2$/AuNPs/SiO$_2$ 修饰电极在 1 mmol/L L-半胱氨酸和 0.1 mol/L PBS 混合溶液（pH = 7.0）中的 CV 曲线中，在 +0.5 V 电位处存在一个电催化氧化 CV 峰。当扫描速率为 5 mV/s 时，CeO$_2$-CuO 纳米异质结构修饰 GCE 在 1 mmol/L L-半胱氨酸及 0.1 mol/L PBS 的混合溶液（pH = 7.0）中，在 +0.8 V 电位处存在一个不可逆转的阳极 CV 峰。聚苯胺/BiPr 氧化物纳米颗粒修饰 GCE 对电催化氧化 L-半胱氨酸的阳极 CV 峰位于 −0.04 V 电位处，该 CV 峰电位低于上述文献中的阳极 CV 峰电位，表明聚苯胺/BiPr 氧化物纳米颗粒修饰 GCE 对于 L-半胱氨酸具有更好的电催化活性。

L-半胱氨酸由羧基、氨基和巯基组成，可能会与含 Bi、聚苯胺和含 Pr 的活性位点产生相互作用，从而使 BiPr 纳米复合物修饰 GCE 对 L-半胱氨酸具有优异的电催化活性。CyS$^-$ 和 CySH^{2+} 是 L-半胱氨酸溶液中重要的电活性成分。BiPr 复合纳米颗粒修饰 GCE 的阳极氧化峰是由 CyS$^-$ 引起的。胱氨酸（CySSCy）是由纳米颗粒修饰 GCE 表面的 CyS$^-$ 氧化产生的。

分析 BiPr 氧化物纳米颗粒及其聚苯胺复合物修饰 GCEs 对不同浓度 L-半胱氨酸的电化学反应，并确定相应的检测参数，如线性检测范围和检测限。图 8-9 和图 8-10 分别为 BiPr 氧化物纳米颗粒及其聚苯胺复合物修饰 GCEs 在 0.1 mol/L KCl 溶液及不同浓度 L-半胱氨酸中的 CV 曲线。图 8-9 和图 8-10 中的插入图显示，随着 L-半胱氨酸浓度的增加，BiPr 氧化物纳米颗粒及其聚苯胺复合物修饰 GCEs 对 L-半胱氨酸的电化学 CV 峰的电流强度呈线性增加。表 8-1 所示为 BiPr 氧化物纳米颗粒及其聚苯胺复合物修饰 GCEs 检测 L-半胱氨酸的分析数据，根据信噪比为 3 计算纳米颗粒复合物修饰 GCEs 对 L-半胱氨酸的检测限。BiPr 氧化纳米颗粒和聚苯胺/BiPr 氧化物纳米颗粒修饰 GCE 检测 L-半胱氨酸的线性

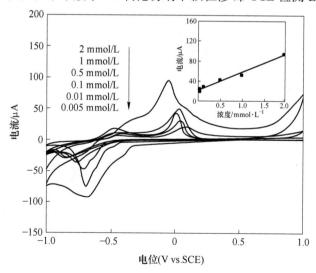

图 8-9　BiPr 纳米颗粒修饰 GCE 在不同浓度 L-半胱氨酸中的 CV 曲线

检测范围和检测限分别为 0.005 ~ 2 mmol/L、1.18 μmol/L 和 0.0005 ~ 2 mmol/L、0.16 μmol/L，BiPr 氧化物纳米颗粒及其聚苯胺复合物修饰 GCEs 检测 L-半胱氨酸具有较宽的线性检测范围和较低的检测限。

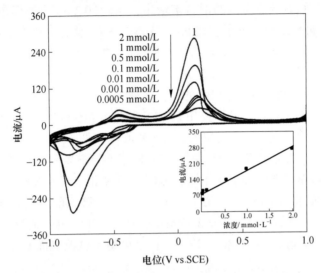

图 8-10 聚苯胺/BiPr 纳米颗粒修饰 GCE 在不同浓度 L-半胱氨酸中的 CV 曲线

表 8-1 BiPr 氧化物纳米颗粒及其聚苯胺复合物修饰 GCEs 检测 L-半胱氨酸的分析数据

电 极	CV 峰	方程式①	相关系数（R）	线性范围 /mmol·L⁻¹	检测限② /μmol·L⁻¹
BiPr 氧化物修饰 GCE	cvp1	$I_p = 31.935 + 32.176C$	0.981	0.005 ~ 2	1.18
聚苯胺/BiPr 氧化物修饰 GCE	cvp1	$I_p = 65.818 + 105.379C$	0.985	0.0005 ~ 2	0.16

①I_p 和 C 分别为 CV 峰电流强度（μA）和 L-半胱氨酸浓度（mmol/L）；

②根据信噪比为 3（$S/N = 3$）计算检测限。

将 BiPr 氧化物纳米颗粒及其聚苯胺复合物修饰 GCEs 在大气环境气氛中储存两周，分析两种修饰 GCEs 检测 L-半胱氨酸的稳定性。储存两周后，BiPr 氧化物纳米颗粒及其聚苯胺复合物修饰 GCEs 检测 L-半胱氨酸的阳极氧化峰电位和电流强度与初始氧化电位和电流强度是相似的，这是由于 BiPr 纳米颗粒复合物提供了丰富的电催化活性位点引起的。

8.3 铋镨氧化物纳米线

以铋酸钠和硝酸镨作为原料、SDS 为表面活性剂，通过水热法能够制备出铋镨氧化物纳米线，并与聚苯胺复合制备出了聚苯胺复合铋镨氧化物纳米线。系统研究了铋镨氧化物纳米线及其聚苯胺复合物修饰 GCEs 在 L-半胱氨酸中的电化学传感性能及其电化学传感机制，确定铋镨氧化物纳米线修饰电极检测 L-半胱氨酸的线性范围、检测限、可重复性和稳定性。

8.3.1 铋镨氧化物纳米线及其聚苯胺复合物的结构及形貌

图 8-11 (a) 所示为添加质量分数为 5% 的 SDS 在 180 ℃ 保温 24 h 所得 BiPr 氧化物纳米线的 XRD 图谱。根据检索 JCPDS 卡，BiPr 氧化物纳米线的 XRD 衍射峰对应于菱方 $Bi_{1.35}Pr_{0.65}O_3$（JCPDS 卡，PDF 41-0305）、单斜 Bi_2O_3（JCPDS 卡，PDF 41-1449）和单斜 Pr_5O_9（JCPDS 卡片，PDF 65-6219）晶相的 XRD 衍射峰。XRD 图谱的分析结果表明，所得 BiPr 氧化物纳米线由菱方 $Bi_{1.35}Pr_{0.65}O_3$、单斜 Bi_2O_3 和单斜 Pr_5O_9 晶相构成。

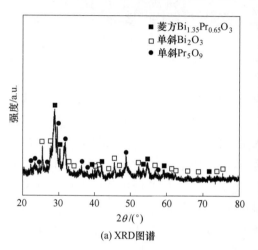

(a) XRD图谱

(b) SEM图像

图 8-11　BiPr 氧化物纳米线的 XRD 图谱与 SEM 图像

通过 SEM 图像观察了 BiPr 氧化物纳米线的尺寸和微观形貌。采用质量分数为 5% 的 SDS 在 180 ℃ 保温 24 h 所得 BiPr 氧化物产物完全由纳米线状的形貌构成 [图 8-11 (b)]。BiPr 氧化物纳米线的头部为半圆形结构，直径和长度分别为 20～100 nm 和数微米。在 BiPr 氧化物产物中除了纳米线外，不存在其他纳米结构。

TEM 图像 [图 8-12 (a)] 进一步证实了 BiPr 氧化物纳米线的形貌。BiPr 氧化物纳米线的表面光滑，为笔直的纳米线状形貌。采用 TEM 观察到的 BiPr 氧化物纳米线的形貌和尺寸与 SEM 观察结果是相似的。HRTEM 图像 [图 8-12 (b)] 显示，BiPr 氧化物纳米线具有清晰规则的、不同生长方向的晶格条纹，表明 BiPr 氧化物纳米线为多晶结构。根据透射电镜附带的 Digital Micrograph 软件的计算可知，BiPr 氧化物纳米线的晶面间距为 0.46 nm、0.53 nm 和 0.55 nm，分别对应菱方 $Bi_{1.35}Pr_{0.65}O_3$ 晶相的（006）面、单斜 Bi_2O_3 晶相的（011）面和单斜 Pr_5O_9 晶相的（100）面。XRD、SEM、TEM 和 HRTEM 的分析结果表明，采用质量分数为 5% 的 SDS 在 180 ℃ 保温 24 h 所得 BiPr 氧化物纳米线由多晶菱方 $Bi_{1.35}Pr_{0.65}O_3$、单斜 Bi_2O_3 和单斜 Pr_5O_9 晶相构成。

根据不同水热生长条件下 BiPr 氧化物的形貌和结构变化结果，提出了 BiPr 氧化物的纳米线的生长过程。在 BiPr 氧化物纳米线的形成过程中，阴离子表面活性剂 SDS 在控制产物的晶相变化、微观形貌和纳米线的形成方面具有重要作用。当表面活性剂的浓度超过临界胶束浓度（CMC）时，水溶液中的高浓度阴离子表面活性剂会形成柱状反向胶束。在水热反应过程中，这些柱状反向胶束作为微反应器促进了 BiPr 氧化物纳米线的形成。

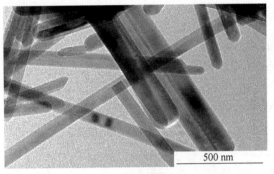

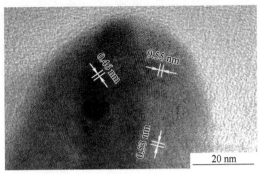

(a) TEM图像   (b) HRTEM图像

图 8-12   BiPr 氧化物纳米线的 TEM 和 HRTEM 图像

以上分析结果表明，在不添加 SDS 的情况下，产物中仅形成了微米级和纳米级尺寸的不规则颗粒。SDS 诱导了产物的晶相从菱方 $Bi_{0.4}Pr_{0.6}O_{1.5}$ 结构转变为了菱方 $Bi_{1.35}Pr_{0.65}O_3$ 晶相，形貌由不规则颗粒转变为纳米线。在初始的水热反应阶段（低水热反应温度和短保温时间），在 SDS 的辅助作用下，硝酸镨与铋酸钠反应形成菱方 $Bi_{1.35}Pr_{0.65}O_3$、单斜 Bi_2O_3 和单斜 Pr_5O_9。这些晶相在水热溶液中超过饱和度后，从溶液中析出形成了纳米级颗粒。SDS 反向胶束的内部是 BiPr 氧化物成核和晶体生长的位置。在含有 SDS 的水热体系中，当水热反应进行时，圆柱状的反向胶束微反应器作为成核中心，诱导了 BiPr 氧化物在一维方向上的生长。随着 SDS 浓度、反应温度和反应时间的增加，最终形成了 BiPr 氧化物纳米线。

    对比分析了 BiPr 氧化物纳米线和聚苯胺/BiPr 氧化物纳米线的晶体结构，如图 8-13 所示。通过检索 JCPDS 卡，BiPr 氧化物纳米线和聚苯胺/BiPr 氧化物纳米线都是由单斜

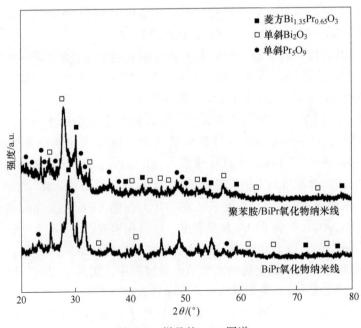

图 8-13   样品的 XRD 图谱

Bi_2O_3（JCPDS 卡，PDF 41-1449）、单斜 Pr_5O_9（JCPDS 卡，PDF 65-6219）和菱方 $Bi_{1.35}Pr_{0.65}O_3$（JCPDS 卡，PDF 41-0305）晶相构成。单斜 Pr_5O_9 晶相的衍射峰强度相似。然而，其他晶相的衍射峰强度发生了变化。例如单斜 Bi_2O_3 晶相在 $2\theta = 25.3°$、$45.5°$ 位置的衍射峰强度，菱方 $Bi_{1.35}Pr_{0.65}O_3$ 晶相在 $2\theta = 28.8°$、$42.2°$ 位置的衍射峰强度急剧降低；而单斜 Bi_2O_3 晶相在 $2\theta = 27.8°$ 和 $56.8°$ 位置的衍射峰强度有所增加。这些晶相衍射峰强度的变化可能是由于聚苯胺和 BiPr 氧化物纳米线的复合引起的。

采用 SEM 观察了聚苯胺/BiPr 氧化物纳米线的尺寸与微观形貌。从图 8-14 可以看出，聚苯胺/BiPr 氧化物样品具有典型的纳米线状形貌，长度达到了数微米，直径低于 100 nm。与 BiPr 氧化物纳米线的形貌不同的是，大量尺寸小于 100 nm 的纳米聚苯胺颗粒附着在 BiPr 氧化物纳米线的表面。聚苯胺/BiPr 氧化物纳米线的透射电子显微镜图像（图 8-15）进一步证实了聚苯胺/BiPr 氧化物纳米线的形成。尺寸约 50 nm 的聚苯胺纳米级颗粒较均匀地分散在 BiPr 氧化物纳米线的表面 [图 8-15（a）]，聚苯胺纳米级颗粒为不规则的形貌。从 HRTEM 图像 [图 8-15（b）] 可以看出，聚苯胺/BiPr 氧化物纳米线具有清晰的、不同生长方向的晶格条纹，一些无定形态的纳米结构附着在晶体 BiPr 氧化物纳米线的表面，并能够清晰地观察到无定形结构和晶体之间的界面 [图 8-15（b）中的圆圈部

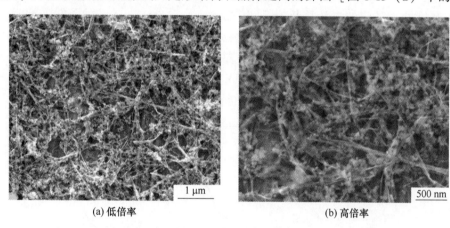

(a) 低倍率　　　　　　　　　　　　　　(b) 高倍率

图 8-14　聚苯胺/BiPr 氧化物纳米线不同放大倍率的 SEM 图像

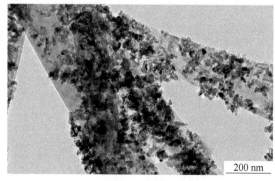
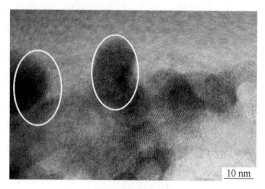

(a) TEM图像　　　　　　　　　　　　　(b) HRTEM图像

图 8-15　聚苯胺/BiPr 氧化物纳米线的透射电子显微镜图像

分]。SEM 图像、TEM 图像和 HRTEM 图像的分析结果表明，将聚苯胺与 BiPr 氧化物纳米线相复合，形成无定形聚苯胺纳米颗粒附着于 BiPr 氧化物纳米线表面的聚苯胺/BiPr 氧化物纳米线。

8.3.2　铋镨氧化物纳米线修饰电极的电化学传感性能

为了研究 BiPr 氧化物纳米线修饰 GCE 对 L-半胱氨酸的电催化作用，采用不同的修饰电极进行电化学 CV 分析。采用质量分数为5%的 SDS 在 180 ℃ 保温 24 h 所得 BiPr 氧化物纳米线作为 GCE 修饰材料。在 0.1 mol/L KCl 溶液中，裸 GCE 对 L-半胱氨酸没有电催化活性（图 8-16）。BiPr 氧化物纳米线修饰 GCE 在不含 L-半胱氨酸的 0.1 mol/L KCl 溶液中也没有电催化活性。此外，还分析了 Bi_2O_3 修饰 GCE 在 0.1 mol/L KCl 溶液中对2 mmol/L L-半胱氨酸的电化学反应。从图中可以看出，Bi_2O_3 修饰 GCE 在 2 mmol/L-半胱氨酸中存在一对弱的准可逆电化学 CV 峰，分别位于+0.01 V 和−0.37 V电位处，cvp1 和 cvp1′峰的电流强度分别为 19.2 μA 和 11.2 μA。此结果表明，Bi_2O_3 修饰 GCE 对 L-半胱氨酸具有较低的电催化活性。BiPr 氧化物纳米线修饰 GCE 在 0.1 mol/L KCl 和 2 mmol/L L-半胱氨酸的混合溶液中，存在一对准可逆的电化学 CV 峰，cvp1 和 cvp1′分别位于+0.04 V 和−0.72 V电位处，对应的电流强度分别为 86.6 μA 和 69.2 μA。在含有 L-半胱氨酸的 0.1 mol/L KCl 溶液中，仅在采用 BiPr 氧化物纳米线修饰 GCE 时才出现了强烈的电化学 CV 峰。因此，氧化和还原峰（cvp1-cvp1′）是由于 BiPr 氧化物纳米线修饰 GCE 对 L-半胱氨酸的电催化作用引起的。此外，在−0.59 V（cvp2）和−0.95V（cvp2′）电位处也观察到一对非常弱的 CV 峰，电流强度分别为 4.7 μA 和 38.4 μA。

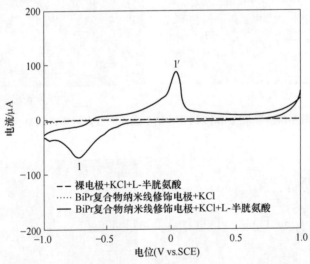

图 8-16　裸 GCE，Bi_2O_3 和 BiPr 氧化物纳米线修饰 GCE 在未含有或含有
2 mmol/L L-半胱氨酸中的 CV 曲线

为了对比不同水热生长条件下所得 BiPr 氧化物纳米材料的电化学反应，在 0.1 mol/L KCl 和 2 mmol/L L-半胱氨酸混合溶液中测量了不同种类的 BiPr 氧化物纳米材料修饰 GCE 上的 CV 曲线（图 8-17）。采用质量分数为5%的 SDS，在 80 ℃ 下保温 24 h 所得 BiPr 氧化

物对 L-半胱氨酸没有电催化活性。在 120 ℃ 下保温 24 h 和 180 ℃ 下保温 0.5 h 所得 BiPr 氧化物上只观察到了一个不可逆的电化学 CV 峰，分别位于 +0.07 V 和 -0.25 V 电位处。采用质量分数为 1% 的 SDS 和 3% 的 SDS，在 180 ℃ 下保温 24 h，以及采用质量分数为 5% 的 SDS 在 180 ℃ 下保温 12 h 所得 BiPr 氧化物修饰 GCE 都出现了一对准可逆的电化学 CV 峰，分别位于 -0.02 V 和 -0.61 V、-0.07 V 和 -0.54 V、-0.11 V 和 -0.43 V 电位处。值得注意的是，BiPr 氧化物纳米材料（不同的反应条件下制备所得）修饰 GCEs 的 CV 峰电流强度显著低于 BiPr 氧化物纳米线修饰 GCE 的 CV 峰电流强度。因此，选择质量分数为 5% 的 SDS 在 180 ℃ 保温 24 h 所得 BiPr 氧化物纳米线作为电极修饰材料用于后续的电化学分析。

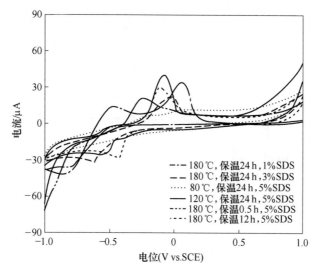

图 8-17　在 0.1 mol/L KCl 和 2 mmol/L L-半胱氨酸的混合溶液中，
BiPr 氧化物纳米材料修饰 GCE 的 CV 曲线

　　已经有研究人员报道了采用不同种类的修饰电极，通过 CV 方法测定 L-半胱氨酸的电化学行为。石墨烯氧化物-金纳米团簇修饰电极可以用于检测 L-半胱氨酸，氧化电位为 +0.387 V，线性检测范围为 0.05~20.0 mol/L，检测限为 0.02 μmol/L。在 0.067 mol/L PBS（pH = 7.4）与 2 mmol/L L-半胱氨酸混合溶液中，采用 10 mV/s 的扫描速率，在石墨修饰电极、GO/CNTs 修饰电极和 Pt/CNTs 修饰电极上分别观察到了一个宽的氧化峰，峰电位分别位为 +0.55 V、+0.53 V 和 +0.46 V 电位处。在 0.1 mol/L PBS 和 0.5 mmol/L L-半胱氨酸的混合溶液中，Au/Nafion 修饰 GCE 上分别观察到了一个不可逆的阳极氧化峰，位于 +0.344 V（pH = 7.0）和 +0.458 V（pH = 2.0）电位处。Pt/Fe$_3$O$_4$/rGO 修饰 GCE 在 0.1 mol/L NaOH 和 0.5 mmol/L L-半胱氨酸的混合溶液中显示了一个不可逆的阳极氧化峰，位于 +0.6 V 电位处。在 0.1 mol/L KCl 与 2 mmol/L L-半胱氨酸的混合溶液中，采用碲化铋纳米球修饰 GCE 检测 L-半胱氨酸时，观察到了一个阳极氧化峰，存在于 +0.14 V 电位处。采用 BiPr 氧化物纳米线修饰 GCE，L-半胱氨酸的阳极氧化峰位于 +0.04 V 电位处，低于采用其他纳米材料修饰电极的 CV 峰电位。以上分析结果表明，BiPr 氧化物纳米线对于 L-半胱氨酸具有优异的电催化活性。

在 2 mmol/L L-半胱氨酸与 0.1 mol/L KCl 混合溶液中，50 mV/s 的扫描速率下，分析了不同的 pH 值对 BiPr 氧化物纳米线修饰 GCE 对 L-半胱氨酸电化学行为的影响，如图 8-18 所示。随着 pH 值由 2 增加到 10，氧化峰电位从+0.13 V 下降到了+0.02 V，并且随着 pH 值的增加而向更负的方向移动（图 8-19）。CV 峰电位和 pH 值之间的线性关系（线性方程：$E_{p,a} = 0.161 - 0.015pH$，$E_{p,c} = -0.937 + 0.024pH$）表明，L-半胱氨酸的电化学反应是由 pH 值控制的电化学过程。随着缓冲溶液的 pH 值从 2 增加到 10，阳极 CV 峰的电流强度从 23.1 μA 增加到 177.7 μA。此结果进一步证实了 L-半胱氨酸在酸性介质中的氧化作用得到了增强。基于 E_p 与 pH 值的关系曲线，按照公式（8-1）~公式（8-3）计算得到了质子与电子的数量：

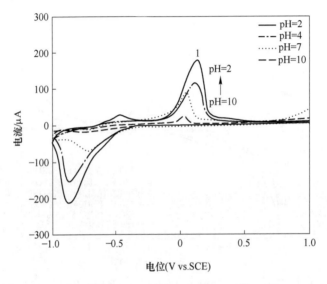

图 8-18　不同 pH 值时 BiPr 氧化物纳米线修饰 GCE 的 CV 曲线

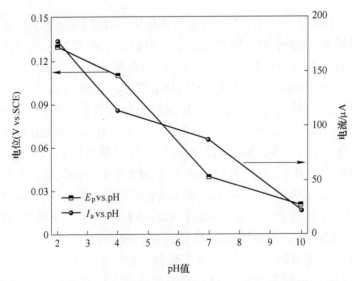

图 8-19　不同 pH 值时 BiPr 氧化物纳米线修饰 GCE 的 CV 曲线中峰值电位 E_p 和 I_a 与 pH 值的关系曲线

$$\left(\frac{\partial E_{\mathrm{p}}}{\partial \mathrm{pH}}\right) = 0.059\left(\frac{n_{\mathrm{H}^+}}{n_{\mathrm{e}^-}}\right) \tag{8-1}$$

$$E_{\mathrm{p,c}} - E_{\mathrm{p,c/2}} = \frac{0.062}{\alpha n_{\mathrm{e}^-}} \tag{8-2}$$

$$E_{\mathrm{p,a}} - E_{\mathrm{p,a/2}} = \frac{0.062}{(1-\alpha)n_{\mathrm{e}^-}} \tag{8-3}$$

式中，$E_{\mathrm{p,a}}$ 和 $E_{\mathrm{p,c}}$ 分别指阳极和阴极峰电位，$\partial E_{\mathrm{p}}/\partial \mathrm{pH}$ 是 $E_{\mathrm{p,a}}$ 和 $E_{\mathrm{p,c}}$ 与 pH 值关系曲线斜率的平均值，n_{H^+} 和 n_{e^-} 分别指质子和电子的数量，$E_{\mathrm{p,a/2}}$ 和 $E_{\mathrm{p,c/2}}$ 分别为阳极和阴极半峰电位，α 为电荷转移系数。经计算可知，$E_{\mathrm{p,a}}$ 和 $E_{\mathrm{p,c}}$ 与 pH 值关系曲线斜率的平均值为 0.02 V/pH。根据公式 (8-1)，质子与电子的比率为 0.34。考虑到在 pH = 7 时，$E_{\mathrm{p,c}}$ − $E_{\mathrm{p,c/2}}$ 的值为 0.104 V，$E_{\mathrm{p,a}}$ − $E_{\mathrm{p,a/2}}$ 的值为 0.08 V，根据公式 (8-2) 和公式 (8-3) 计算，得到的 α 和 n_{e^-} 分别为 0.43 和 1.4，n_{H^+} 值为 0.48。计算所得 α 值 (0.43) 明显低于文献报道的 Pt/CNT 修饰电极的 α 值 (0.74)。以上分析结果表明，在 BiPr 氧化物纳米线修饰 GCE 上，L-半胱氨酸更容易被氧化。H^+ 参与了 L-半胱氨酸在 BiPr 氧化物纳米线修饰 GCE 表面上的电化学反应过程。当 BiPr 氧化物纳米线处于酸性缓冲溶液中时，L-半胱氨酸的电活性成分是氨基质子化的 $CySH_2^+$。相应的电化学氧化过程可以采用公式 (8-4)~公式 (8-6) 表示：

$$CySH + H^+ \longleftrightarrow CySH_2^+ \tag{8-4}$$

$$CySH_2^+ \longrightarrow CySH^+ + H^+ + e^- \tag{8-5}$$

$$2CySH^+ \longrightarrow CySSCy + 2H^+ \tag{8-6}$$

研究了不同浓度的 L-半胱氨酸对 BiPr 氧化物纳米线修饰 GCE 电化学反应的影响。BiPr 氧化物纳米线修饰 GCE 在 0.1 mol/L KCl 溶液中，L-半胱氨酸的浓度在 0.001~2 mmol/L 范围内的 CV 曲线如图 8-20 所示。L-半胱氨酸浓度为 0.001~2 mmol/L 的范围内，电化学 CV 峰电流强度与 L-半胱氨酸浓度具有良好的线性关系 (图 8-20 中右下角的插入图)。

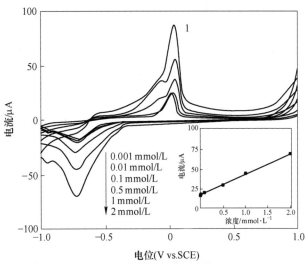

图 8-20　BiPr 氧化物纳米线修饰 GCE 在不同浓度的 L-半胱氨酸和 0.1 mol/L KCl 溶液中的电化学 CV 曲线

表 8-2 列出了 BiPr 氧化物纳米线修饰 GCE 检测 L-半胱氨酸的分析数据。根据 $S/N = 3$ 条件下计算得出检测限为 0.27 μmol/L，相关系数 R 为 0.998。将 BiPr 氧化物纳米线修饰 GCE 检测 L-半胱氨酸的分析参数与文献报道的结果比较分析表明，BiPr 氧化物纳米线修饰 GCE 检测 L-半胱氨酸具有较宽的线性检测范围和较低的检测限。

表 8-2　BiPr 氧化物纳米线修饰 GCE 检测 L-半胱氨酸的分析数据

CV 峰	方程式①	相关系数 (R)	线性范围 /mmol · L⁻¹	检测限② /μmol · L⁻¹
cvp1	$I_p = 17.901 + 25.808C$	0.998	0.001 ~ 2	0.27

①I_p 和 C 分别为 CV 峰电流强度（μA）和 L-半胱氨酸浓度（mmol/L）；
②根据信噪比为 3 （$S/N = 3$）计算检测限。

8.3.3　聚苯胺复合铋锗氧化物纳米线修饰电极的电化学传感性能

采用不同的电极对比分析了在 L-半胱氨酸中的电化学反应，如图 8-21 所示。从图中可以看出，裸 GCE 在 L-半胱氨酸溶液中没有出现任何氧化还原峰，说明在 $-1.0 \sim +1.0$ V 电位范围内，裸 GCE 对 L-半胱氨酸没有电催化活性，这与文献中的报道结果是一致的。在含有 2 mmol/L L-半胱氨酸和 0.1 mol/L KCl 的混合溶液中，BiPr 氧化物纳米线修饰 GCE 检测 L-半胱氨酸时出现了一对准可逆的电化学 CV 峰，cvp1 和 cvp1′的电位分别位于 +0.04 V 和 −0.72 V 处。与 BiPr 氧化物纳米线修饰 GCE 相对比，聚苯胺/BiPr 氧化物纳米线修饰 GCE 的 cvp1 和 cvp1′电位分别偏移到了 +0.49 V 和 −0.19 V 处。另外，聚苯胺/BiPr 氧化物纳米线修饰 GCE 检测 L-半胱氨酸的 CV 峰电流显著强于 BiPr 氧化物纳米线修饰 GCE 检测 L-半胱氨酸的 CV 峰电流。cvp1 和 cvp1′峰电流从 86.6 μA、69.2 μA（BiPr 氧化物纳米线修饰 GCE）增加到了 146.4 μA、122.9 μA（聚苯胺/BiPr 氧化物纳米线修饰 GCE）。以上分析结果表明，聚苯胺/BiPr 氧化物纳米线比 BiPr 氧化物纳米线对 L-半胱氨酸具有更好的电催化活性，聚苯胺显著增强了 BiPr 氧化物纳米线修饰 GCE 对 L-半胱氨酸的电催化活性。

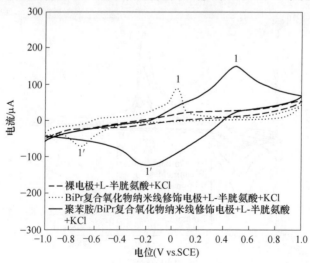

图 8-21　裸 GCE，BiPr 氧化物纳米线和聚苯胺/BiPr 氧化物纳米线修饰 GCE 在
0.1 mol/L KCl 和 2 mmol/L L-半胱氨酸混合溶液中的 CV 曲线

通过在 0.1 mol/L KCl 溶液中连续加入 L-半胱氨酸，分析聚苯胺/BiPr 氧化物纳米线修饰 GCE 在不同浓度 L-半胱氨酸的电化学行为。图 8-22 所示为聚苯胺/BiPr 氧化物纳米线修饰 GCE 在 0.1 mol/L KCl 溶液中，L-半胱氨酸的浓度对 BiPr 氧化物纳米线修饰 GCE 电化学反应的影响。随着 L-半胱氨酸的浓度从 0.001 mmol/L 增加到 2 mmol/L，阳极 CV 峰的电流强度与 L-半胱氨酸的浓度呈现良好的线性关系（图 8-22 中左上角的插入图）。相应的线性方程式如下：$I_p = 49.954 + 48.065C$，其中 I_p 是 CV 峰电流（μA），C 是 L-半胱氨酸的浓度（mmol/L）。根据 S/N 值为 3，计算出聚苯胺/BiPr 氧化物纳米线修饰 GCE 对 L-半胱氨酸的检测限为 0.095 μmol/L，相关系数 R 为 0.985。

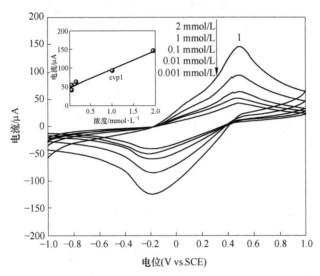

图 8-22　聚苯胺/BiPr 氧化物纳米线修饰 GCE 在 0.1 mol/L KCl 溶液中，
L-半胱氨酸浓度对电化学反应的影响

与 BiPr 氧化物纳米线修饰 GCE 相比，聚苯胺/BiPr 氧化物纳米线修饰 GCE 对 L-半胱氨酸具有更低的检测限。Pt/Fe$_3$O$_4$ 纳米颗粒/rGO 修饰电极在检测 L-半胱氨酸时，具有 0.10~1.0 mmol/L 的线性检测范围和 0.1 μmol/L 的检测限。ZnO 纳米颗粒/N 掺杂 rGO 修饰电极对 L-半胱氨酸具有良好的电催化活性，线性检测范围和检测限分别为 0.1~705.0 μmol/L 和 0.1 μmol/L。Ru/多壁碳纳米管（Ru/MWCNTs）修饰电极对 L-半胱氨酸也具有良好的电氧化活性，线性检测范围和检测限分别为 0~200 μmol/L 和 0.353 μmol/L。氮化镓纳米线修饰电极对 L-半胱氨酸也具有良好的电催化活性，检测限为 0.5 μmol/L，线性检测范围达到 0.5~75 μmol/L。与其他化学修饰电极相比较，聚苯胺/BiPr 氧化物纳米线修饰 GCE 也具有相似的检测限和线性检测范围。

根据以上电化学分析结果可知，聚苯胺显著增强了 BiPr 氧化物纳米线修饰 GCE 检测 L-半胱氨酸的电化学传感性能。聚苯胺在增强 BiPr 氧化物纳米线修饰 GCE 检测 L-半胱氨酸的电化学性能方面起到了何种作用？EIS 是用来研究聚苯胺/BiPr 氧化物纳米线修饰 GCE 的界面电子性能和电荷输运动力学的一个有效方法。图 8-23 所示为裸电极、BiPr 氧化物纳米线及其聚苯胺复合物修饰 GCEs 的 EIS 阻抗谱。EIS 阻抗谱中 Niquist 图的半圆直径对应界面电子转移电阻，能够说明电极表面的电催化氧化、还原过程的电子转移动力学。从图中可以看出，聚苯胺/BiPr 氧化物纳米线修饰 GCE 的电荷转移电阻远小于裸电极和 BiPr 氧化物纳米线修饰 GCE 的电荷转移电阻，表明由于聚苯胺和 BiPr 氧化物纳米线的协同作用，聚苯胺/BiPr 氧化物纳米线可以作为一种良好的电子转移界面进行电荷输运。显然，聚苯胺/BiPr 氧化物纳米线复合物中的聚苯胺在加速 BiPr 氧化物纳米线与缓冲溶液的界面电子输运过程起到了重要作用，这有益于提高聚苯胺/BiPr 氧化物纳米线修饰 GCE 对 L-半胱氨酸的电化学传感性能。

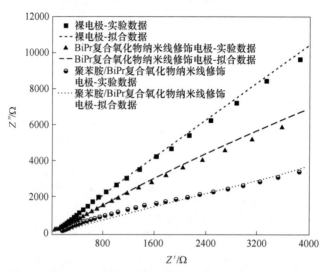

图 8-23 裸电极，BiPr 氧化物纳米线及其聚苯胺复合物修饰 GCEs 的 EIS 阻抗谱

8.4 其他含镨纳米材料

有研究报道了一种采用聚合物前驱体技术制备出了硼（B）和 Pr 掺杂氧化铋纳米复合材料。未掺杂 B 和 Pr 的纳米复合材料经过煅烧后主要由四方氧化铋构成，烧结后的未掺杂 B 纳米复合材料由于烧结作用，结构转变为了六方氧化铋镨。掺杂 B 纳米复合材料在烧结后其结构没有发生变化，说明 B 的掺杂使得铋氧化物的四方结构更加稳定。未掺杂 B 纳米复合材料在烧结后形成了片状颗粒和针状结构，掺杂 B 样品呈球形颗粒形貌。具有 K_2NiF_4 型结构的混合导电氧化物 $Pr_2NiO_{4+\delta}$ 能够作为低温固体氧化物燃料电池（$T=$ 873 K）的阴极材料，通过优化多孔阴极的微观结构，并在阴极和氧化锆之间使用二氧化铈阻挡层，提高了阴极的电化学性能。采用粒径 0.4 μm 的 $Pr_2NiO_{4+\delta}$ 粉末在 1080 ℃的温度下烧结 1 h，获得了低极化和低电阻的导电氧化物 $Pr_2NiO_{4+\delta}$ 阴极材料，极化电阻值为 0.08 $\Omega \cdot cm^2$，电阻值为 2.5 Ω。采用 $Pr_2NiO_{4+\delta}$ 为阴极，结合铈阻挡层的全尺寸阳极支撑电池的电化学性能高于 $La_{0.6}Sr_{0.4}Fe_{0.8}Co_{0.2}O_3$（LSFC）电池材料的电化学性能，其功率密度可以达到 400 mW/cm^2。

PrF_3 和 $PrCl_3$ 应用于玻璃行业，可以显著提升氟化物玻璃的光学特性和稳定性。有研究报道了掺杂 PrF_3 和 $PrCl_3$ 的氟化物玻璃 PbF_2-ZnF_2-GaF_3（PZG）和 PbF_2-InF_2-GaF_3（PIG），PIG 的玻璃转变温度和结晶温度之间的差值达到了 115 ℃，说明 PIG 玻璃具有高稳定性。掺杂 Pr 离子后，PZG 玻璃具有较高的折射率，且 Pr 离子分布均匀。对 PrF_3 和 $PrCl_3$ 掺杂 PZG 玻璃发光特性的研究结果表明，在红外区，与掺杂 PrF_3 相比，低浓度掺杂 $PrCl_3$ 样品的寿命增加了 50%，这与 Pr 离子周围声子能量和电子耦合的减少有关。

参 考 文 献

［1］ 黄剑峰. 纳米铋锗氧化物及其聚苯胺复合物的制备与电化学性能［D］. 马鞍山：安徽工业大学，2023.

［2］ 牛紫嫣，梁佳雄，李薇，等. 钙钛矿型催化剂 LaCoO₃ 的制备及其光催化降解酸性红 B 的研究［J］. 功能材料，2022，53（2）：2101-2106.

［3］ 汪艳秋，仲兆祥，邢卫红. 三维金属氧化物纳米材料的研究进展［J］. 化工学报，2021，72（5）：2339-2353.

［4］ 王慧杰，李鑫，赵小雪，等. 可用于环境修复的半导体光催化剂及其改性策略研究进展［J］. 催化学报，2022，43（2）：178-214.

［5］ 宇春虎. 纳米铋镝氧化物及其聚苯胺复合物的合成与电化学特性［D］. 马鞍山：安徽工业大学，2022.

［6］ AHMED A Y A, IKE J N, HAMED M S G, et al. Silver decorated magnesium doped photoactive layer for improved collection of photo-generated current in polymer solar cell［J］. Appl Poly, 2023, 140（14）：e53697.

［7］ ANSARI S, ANSARI M S, SATSANGEE S P, et al. Bi₂O₃/ZnO nanocomposite：Synthesis, characterizations and its application in electrochemical detection of balofloxacin as an antibiotic drug［J］. J Pharm Anal, 2021, 11（1）：57-67.

［8］ ARIF M, MUMOOD T, ZHANG M, et al. Highly visible-light active, eco-friendly artificial enzyme and 3D Bi₄Ti₃O₁₂ biomimetic nanocomposite for efficient photocatalytic tetracycline hydrochloride degradation and Cr（Ⅵ）reduction［J］. Chem Eng J, 2022, 434：134491.

［9］ ATACAN K. CuFe₂O₄/reduced graphene oxide nanocomposite decorated with gold nanoparticles as a new electrochemical sensor material for L-cysteine detection［J］. J Alloys Compd, 2019, 791（6）：391-401.

［10］ BASNET P, CHATTERJEE S. Structure-directing property and growth mechanism induced by capping agents in nanostructured ZnO during hydrothermal synthesis-A systematic review［J］. Nano-Struct Nano-Objects, 2020, 22（4）：100426.

［11］ CHEN H J, LI F Y, TAO F H, et al. Bismuth oxide/carbon nanodots/indium oxide heterojunctions with enhanced visible light photocatalytic performance［J］. J Mater Sci：Mater Electron, 2022, 33（9）：7154-7171.

［12］ DENG A J, YU C H, XUE Z Y, et al. Rare metal doping of the hexahydroxy strontium stannate with enhanced photocatalytic performance for organic pollutants［J］. J Mater Res Technol, 2022, 19（7/8）：1073-1089.

［13］ FASNA P H F, SASI S, SHARRMILA T K B, et al. Photocatalytic remediation of methylene blue and antibacterial activity study using Schiff base-Cu complexes［J］. Environ Sci Pollu Res, 2022, 29：54318-54329.

［14］ FATIMA U, TAHIR M B, NAWAZ T, et al. Synthesis of ternary photocatalysts BiVO₄/Au/black phosphorene by hydrothermal method for the photocatalytic degradation of Methylene blue［J］. Appl Nanosci, 2022, 12（8）：2979-2986.

［15］ GHEITARAN R, AFKHAMI A, MADRAKIAN T. PVP-coated silver nanocubes as RRS probe for sensitive determination of Haloperidol in real samples［J］. Spectrochim Acta Part A, 2022, 272：121025.

［16］ HOU J W, XIE Y, SUN Y R, et al. Construction of a double Z-scheme Bi₂O₃-CuBi₂O₄-CuO composite photocatalyst for the enhanced photocatalytic activity［J］. Ceram Int, 2022, 48（14）：20648-20657.

［17］ HUANG J F, CAI Z Y, ZHANG Y, et al. A simple route to synthesize mixed BiPr oxide nanoparticles and polyaniline composites with enhanced L-cysteine sensing properties [J]. J Electron Mater, 2023, 52: 613-627.

[18] HUANG J F, TAO F H, LI F Y, et al. Controllable synthesis of BiPr composite oxide nanowires electrocatalyst for sensitive L-cysteine sensing properties [J]. Nanotechnology, 2022, 33 (34): 345704.

[19] HUANG J F, TAO F H, SUN Z Z, et al. A facile synthesis route to BiPr composite nanosheets and sensitive electrochemical detection of L-cysteine [J]. Microchem J, 2022, 182 (11): 107915.

[20] IQBAL R M, SUSANTI I, RACHMAN R A, et al. Synthesis, characterization and photocatalytic activity of N-doped TiO_2/zeolite-NaY for methylene blue removal [J]. J Pure Appl Chem Res, 2021, 10 (2): 132-139.

[21] JIANG S, QIAO C D, WANG X J, et al. Structure and properties of chitosan/sodium dodecyl sulfate composite films [J]. RSC Adv, 2022, 12: 3969-3978.

[22] KIVRAK H, SELÇUK K, ER O F, et al. Nanostructured electrochemical cysteine sensor based on carbon nanotube supported Ru, Pd, and Pt catalysts [J]. Mater Chem Phys, 2021, 267 (4): 124689.

[23] KRISHNAN S A, ABINAYA S, ARTHANAREESWARAN G, et al. Surface-constructing of visible-light Bi_2WO_6/CeO_2 nanophotocatalyst grafted PVDF membrane for degradation of tetracycline and humic acid [J]. J Hazard Mater, 2022, 421 (1): 126747.

[24] LI J Q, ZHAO Q M, ZHOU Y D, et al. $CuGaO_2$/TiO_2 heterostructure nanosheets: Synthesis, enhanced photocatalytic performance, and underlying mechanism [J]. J Am Ceram Soc, 2023, 106 (5): 3009-3023.

[25] LI X Y, SU Y J, LANG X S, et al. High-performance surface optimized Mg-doped V_2O_5 ($Mg@V_2O_5$) cathode material via a surfactant-assisted hydrothermal technology for lithium-ion and lithium-sulfur batteries [J]. Ionics, 2022, 28: 1511-1521.

[26] LIAO C F, CAI B Q, WANG X, et al. Electrochemical behavior of dysprosium (Ⅲ) in eutectic LiF-DyF_3 at tungsten and copper electrodes [J]. J Rare Earths, 2020, 38 (4): 427-435.

[27] LIN H Q, YANG C J, YIN M, et al. Mesoporous NiO@ZnO nanofiber membranes via single-nozzle electrospinning for urine metabolism analysis of smokers [J]. Analyst, 2022, 147: 1688-1694.

[28] LUO X L, CHEN Q C, ZHANG Y N, et al. Morphology manipulation of $NaYbF_4$: Er^{3+} nano/microstructures by hydrothermal synthesis and enhanced upconversion red emission for bioimaging [J]. Opt Mater, 2022, 126: 112182.

[29] MANIBALAN G, MURUGADOSS G, THANGAMUTHU R, et al. CeO_2-based heterostructure nanocomposite for electrochemical determination of L-cysteine biomolecule [J]. Inorg Chem Commun, 2020, 113 (3): 107793.

[30] MANIBALAN G, MURUGADOSS G, THANGAMUTHU R, et al. Facile synthesis of CeO_2-SnO_2 nanocomposite for electrochemical determination of L-cysteine [J]. J Alloys Compd, 2019, 792 (7): 1150-1161.

[31] MENG J Y, ZOU Z G, LIU X, et al. VO_2 nanobelts decorated with a secondary hydrothermal chemical lithiation method for long-life and high-rate Li-ion batteries [J]. J Alloys Compd, 2022, 896 (3): 162894.

[32] NAJAFIAN H, MANTEGHI F, BESHKAR F, et al. Efficient degradation of azo dye pollutants on $ZnBi_{38}O_{58}$ nanostructures under visible-light irradiation [J]. Sep Purif Technol, 2018, 195: 30-36.

[33] NAJAFIAN H, MANTEGHI F, BESHKAR F, et al. Fabrication of nanocomposite photocatalyst $CuBi_2O_4$/Bi_3ClO_4 for removal of acid brown 14 as water pollutant under visible light irradiation [J]. J Hazard Mater, 2019, 361: 210-220.

［34］ NATARAJ N, KUBENDHIRAN S, GAN Z W, et al. HMTA-assisted synthesis of praseodymium oxide nanostructures integrated multiwalled carbon nanotubes for efficient levofloxacin electrochemical sensing ［J］. Mater Today Chem, 2022, 26 (3): 101136.

［35］ PRISCILLAL I, ALOTHMAN A A, WANG S F, et al. Lanthanide type of cerium sulfide embedded carbon nitride composite modified electrode for potential electrochemical detection of sulfaguanidine ［J］. Microchim Acta, 2021, 188 (9): 1-12.

［36］ RAJAN A K, CINDRELLA L. *w*-ZnO nanostructures with distinct morphologies: properties and integration into dye sensitized solar cells ［J］. Ceram Int, 2020, 46 (6): 8174-8184.

［37］ SRINIVASAN N, ANBUCHEZHIYAN M, HARISH S, et al. Efficient catalytic activity of $BiVO_4$ nanostructures by crystal facet regulation for environmental remediation ［J］. Chemosphere, 2022, 289: 133097.

［38］ SUN Z Z, WANG X Y, CONG Q M, et al. Synthesis of calcium aluminate nanoflakes for degradation of organic pollutants ［J］. ToxicolEnviron Chem, 2023, 105 (7): 42-59.

［39］ TAO F H, LI F Y, HUANG J F, et al. A general hydrothermal growth and photocatalytic performance of barium tin hydroxide/tin dioxide nanorods ［J］. Cryst Res Technol, 2022, 57 (2): 2100156.

［40］ TAO F H, XUE Z Y, HUANG J F, et al. Rb (Dy) -doped $SrSn(OH)_6$ for the photodegradation of gentian violet ［J］. J Mater Sci: Mater Electron, 2022, 33: 17343-17360.

［41］ TAO F H, YU C H, HUANG J F, et al. Synthesis and properties of BiDy composite electrode materials in electrochemical sensors ［J］. Mater Chem Front, 2022, 6 (19): 2880-2893.

［42］ TONG Y B, SHEN J M, ZHAO S X, et al. Comparative study of $BiVO_4$ and $BiVO_4/Ag_2O$ regarding their properties and photocatalytic degradation mechanism ［J］. New J Chem, 2022, 46: 11608-11616.

［43］ UDDIN A, MUHMOOD T, GUO Z C, et al. Hydrothermal synthesis of 3D/2D heterojunctions of $ZnIn_2S_4$/ oxygen doped g-C_3N_4 nanosheets for visible light driven photocatalysis of 2, 4-dichlorophenoxyacetic acid degradation ［J］. J Alloys Compd, 2020, 845 (12): 156206.

［44］ WANG J, WANG L, LIU C Y, et al. Polyoxovanadate ionic crystals with open tunnels stabilized by macrocations for lithium-ion storage ［J］. Nano Res, 2023, 16 (7): 9267-9272.

［45］ WANG S C, LIU B Y, WANG X, et al. Nanoporous $MoO_{3-x}/BiVO_4$ photoanodes promoting charge separation for efficient photoelectrochemical water splitting ［J］. Nano Res, 2022, 15 (8): 7026-7033.

［46］ WANG S, WANG Z Y, WANG Y, et al. Study on the controlled synthesis and photocatalytic performance of rare earth Nd deposited on mesoporous TiO_2 photocatalysts ［J］. Sci Total Environ, 2019, 652 (2): 85-92.

［47］ WANG X Y, FENG C X, CONG Q M, et al. Facile synthesis of gadolinium vanadate nanowires for sensitive detection of cobalt ions ［J］. J Alloys Compd, 2023, 966 (12): 171458.

［48］ WANG X Y, HUANG J F, YU C H, et al. A facile route to synthesize DyF_3/Bi_2O_3 nanowires and sensitive L-cysteine sensing properties ［J］. J Electrochem Soc, 2022, 169 (7): 076504.

［49］ WANG X Y, SUN Z Z, YU C H, et al. Synthesis and efficient electrocatalytic performance of Bi_2O_3/Dy_2O_3 nanoflakes ［J］. Int J Mater Res, 2023, 114 (3): 207-218.

［50］ XIONG J J, WANG Y Q, YANG X M, et al. Significant performance enhancement of Nd-doped Pb ($In_{0.5}$ $Nb_{0.5}$) $O_3-PbTiO_3$ ferroelectric crystals ［J］. CrystEngComm, 2022, 24: 4341-4345.

［51］ XUE Z Y, LI F Y, YU C H, et al. Low temperature synthesis of $SnSr(OH)_6$ nanoflowers and photocatalytic performance for organic pollutants ［J］. Int J Mater Res, 2022, 113 (1): 80-90.

［52］ XUE Z Y, LI F Y, YU C H, et al. Synthesis of hexahydroxy strontium stannate nanorods for photocatalytic degradation of organic pollutants ［J］. Toxicol Environ Chem, 2021, 103 (4): 279-294.

［53］YANG G, MA R, ZHANG S F, et al. Microwave-assisted in situ ring-opening polymerization of ε-caprolactone in the presence of modified halloysite nanotubes loaded with stannous chloride ［J］. RSC Adv, 2022, 12 （3）: 1628-1637.

［54］YANG L, YU Y Y, YANG W J, et al. Efficient visible light photocatalytic NO abatement over $SrSn(OH)_6$ nanowires loaded with Ag/Ag_2O cocatalyst ［J］. Environ Res, 2021, 201 （3）: 11521.

［55］YANG S L, LI G, XIA N, et al. Fabrication of hierarchical 3D prickly ball-like Co-La oxides/reduced grapheme oxide composite for electrochemical sensing of L-cysteine ［J］. J Alloys Compd, 2021, 853 （2）: 157077.

［56］ZENG R, HE T T, LU L, et al. Ultra-thin metal−organic framework nanosheets for chemo-photodynamic synergistic therapy ［J］. J Mater Chem B, 2021, 9 （20）: 4143-4153.

［57］ZHANG X, SHAN C C, MA S M, et al. Synthesis of nano-ZnS by lyotropic liquid crystal template method for enhanced photodegradation of methylene blue ［J］. Inorg Chem Commun, 2022, 135: 109089.